种植屋面用耐根穿刺防水材料
相关标准汇编

建筑材料工业技术监督研究中心
中　国　标　准　出　版　社　编

中国标准出版社

北　京

图书在版编目(CIP)数据

种植屋面用耐根穿刺防水材料相关标准汇编/建筑材料工业技术监督研究中心编.—北京:中国标准出版社,2019.12

ISBN 978-7-5066-9491-9

Ⅰ.①种… Ⅱ.①建… Ⅲ.①屋顶—绿化—建筑设计—防水材料—国家标准—汇编—中国 Ⅳ.①TU985.12-65

中国版本图书馆CIP数据核字(2019)第228327号

中国标准出版社出版发行
北京市朝阳区和平里西街甲2号(100029)
北京市西城区三里河北街16号(100045)

网址 www.spc.net.cn
总编室:(010)68533533 发行中心:(010)51780238
读者服务部:(010)68523946
中国标准出版社秦皇岛印刷厂印刷
各地新华书店经销

*

开本 880×1230 1/16 印张 17.25 字数 515 千字
2019年12月第一版 2019年12月第一次印刷

*

定价 95.00 元

编 委 会

前　言

城市绿化包括平面绿化、垂直绿化和屋顶绿化。屋顶绿化(包括地下建筑顶板)的功能有:节约城市中绿化占用的土地面积,扩大绿化的立体空间;减少城市的热岛效应,降低烟雾;有效地利用雨水,灌溉屋顶种植花草树木,减少建筑与城市排水系统的投资;发挥声音屏障作用,消除和降低了噪声;调节室内空气温度,有利于建筑节能;改善人类的生活和工作环境,有利于人的健康长寿。

屋顶绿化铺设的种植屋面的基本结构层次分为:(1)种植层;(2)种植土层;(3)过滤层;(4)排(蓄水)层;(5)保护层;(6)耐根穿刺防水层;(7)普通防水层;(8)找坡(找平)层;(9)绝热层;(10)基层。JC/T 1075—2008《种植屋面用耐根穿刺防水卷材》与GB/T 35468—2017《种植屋面用耐根穿刺防水卷材》就是规定了种植屋面内"耐根穿刺防水层"所采用的防水卷材产品的质量标准。2007年6月,北京市园林科学研究院参考欧洲标准,创建了我国第一个防水卷材耐根穿刺性能试验室。截至2019年8月,已试验完成489个试样,通过261个,为发展我国屋顶绿化作出了杰出贡献。

GB/T 35468—2017《种植屋面用耐根穿刺防水卷材》已经由原国家质检总局、国家标准化管理委员会2017年12月29日《中华人民共和国国家标准公告》发布,于2018年11月1日正式实施。

为了更好地贯彻实施耐根穿刺防水卷材国家标准,使生产企业、设计单位、科研院所、施工企业、质检机构和市场销售等学习新标准、掌握新标准、贯彻新标准,提高耐根穿刺防水卷材的产品质量,保证种植屋面的工程质量和使用寿命,建筑材料工业技术监督研究中心、中国标准出版社共同编辑出版了本书。在此,对支持本书编辑出版的参编生产企业、科研院所、质检机构和行业协会等表示衷心的感谢。

由于编者水平与编辑时间仓促,书中错误与不当之处在所难免,请读者不吝指正。

编　者

2019年8月

目　　录

第1部分:GB/T 35468—2017《种植屋面用耐根穿刺防水卷材》及编制说明

第2部分:相关国家标准

第3部分:JC/T 1075—2008《种植屋面用耐根穿刺防水卷材》及编制说明

第4部分:相关行业标准及编制说明

附录:相关生产企业介绍

第1部分：GB/T 35468—2017《种植屋面用耐根穿刺防水卷材》及编制说明

ICS 91.120.30
Q 17

中华人民共和国国家标准

GB/T 35468—2017

种植屋面用耐根穿刺防水卷材

Waterproofing sheets of resistance to root penetration for green roof

2017-12-29 发布　　2018-11-01 实施

中华人民共和国国家质量监督检验检疫总局
中国国家标准化管理委员会　发布

前　言

本标准按照 GB/T 1.1—2009 给出的规则起草。

本标准由中国建筑材料联合会提出。

本标准由全国轻质与装饰装修建筑材料标准化技术委员会(SAC/TC 195)归口。

本标准负责起草单位:建筑材料工业技术监督研究中心、中国建材检验认证集团苏州有限公司、北京建筑材料检验研究院有限公司、中国建筑防水协会、北京市园林科学研究院、北京东方雨虹防水技术股份有限公司、盘锦禹王防水建材集团有限公司、科顺防水科技股份有限公司、江苏宏源中孚防水材料有限公司、苏州卓宝科技有限公司。

本标准参加起草单位:中国建筑材料科学研究总院苏州防水研究院、北京世纪洪雨科技有限公司、德尉达(上海)贸易有限公司、唐山德生防水股份有限公司、辽宁大禹防水科技发展有限公司、胜利油田大明新型建筑防水材料有限责任公司、四川蜀羊防水材料有限公司、天津市禹神建筑防水材料有限公司、潍坊市宇虹防水材料(集团)有限公司、山东鑫达鲁鑫防水材料有限公司、武汉市恒星防水材料有限公司、常熟市三恒建材有限责任公司、雨中情防水技术集团有限责任公司、天津市奇才防水材料工程有限公司、天津滨海澳泰防水材料有限公司、北京圣洁防水材料有限公司、北京固斯特国际化工有限公司、北京宇阳泽丽防水材料有限责任公司、远大洪雨(唐山)防水材料有限公司、思扬国际贸易南通有限公司、泰州市奥佳新型建材发展有限公司、苏州市力星防水材料有限公司、苏州市月星建筑防水材料有限公司、江苏欧西建材科技发展有限公司、华高科(宁波)集团有限公司、湖州红星建筑防水有限公司、青岛大洋灯塔防水有限公司、河南省华瑞防水防腐有限公司、河南彩虹建材科技有限公司、上海台安实业集团有限公司、上海建材集团防水材料有限公司、成都大邑县飞翎化工防水材料厂、昆明滇宝防水建材有限公司、深圳蓝盾控股有限公司、吉林省豫王建能实业股份有限公司、江苏凯伦建材股份有限公司。

本标准主要起草人:杨斌、朱志远、檀春丽、朱冬青、王茂良、韩丽莉、陈斌、胡冲、戴玭、于秋菊、李文超、聂秋枫、王月宾、吴士玮、王颖、陈伟忠、郑贤国、邹先华、孙侃、李伶、李德生、苑冰、张广彬、李冬凤、沈国兴、李杏三、孙美峰、张卫、吴建明、耿进玉。

种植屋面用耐根穿刺防水卷材

1 范围

本标准规定了种植屋面用耐根穿刺防水卷材的术语和定义、分类和标记、一般要求、技术要求、试验方法、检验规则及标志、包装、运输和贮存等。

本标准适用于种植屋面用具有耐根穿刺性能的防水卷材,不适用于由不同类型的卷材复合而成的系统。

2 规范性引用文件

下列文件对于本文件的应用是必不可少的。凡是注日期的引用文件,仅注日期的版本适用于本文件。凡是不注日期的引用文件,其最新版本(包括所有的修改单)适用于本文件。

GB/T 328.12 建筑防水卷材试验方法 第12部分:沥青防水卷材 尺寸稳定性

GB/T 328.13 建筑防水卷材试验方法 第13部分:高分子防水卷材 尺寸稳定性

GB/T 328.20 建筑防水卷材试验方法 第20部分:沥青防水卷材 接缝剥离强度

GB/T 328.21 建筑防水卷材试验方法 第21部分:高分子防水卷材 接缝剥离强度

GB/T 1741—2007 漆膜耐霉菌性测定法

GB/T 6682 分析实验室用水规格和试验方法

GB 12952—2011 聚氯乙烯(PVC)防水卷材

GB/T 18173.1—2012 高分子防水材料 第1部分:片材

GB 18242—2008 弹性体改性沥青防水卷材

GB 18243—2008 塑性体改性沥青防水卷材

GB 18967—2009 改性沥青聚乙烯胎防水卷材

GB 27789—2011 热塑性聚烯烃(TPO)防水卷材

3 术语和定义

下列术语和定义适用于本文件。

3.1

根穿刺 root penetration

在试验条件下,植物根已经生长进入或穿透试验卷材的平面或者接缝中,在植物的地下部分主动形成根穴,引起卷材的破坏。

3.2

阻根剂 root retardants

在防水卷材或接缝材料中,加入的阻止或延缓植物根生长的化学添加剂。

4 分类和标记

4.1 分类

种植屋面用耐根穿刺防水卷材按采用的主要材料类别分为:沥青类、塑料类和橡胶类。

4.2 标记

产品的标记由本标准号、产品名称、采用卷材所执行的标准标记组成。

示例：10 m^2 面积、4 mm 厚、上表面为矿物粒料、下表面为聚乙烯膜、聚酯毡Ⅱ型弹性体改性沥青种植屋面用耐根穿刺防水卷材标记为：

GB/T 35468—2017　耐根穿刺防水卷材 GB 18242 SBS Ⅱ PY M PE 4 10

5 一般要求

5.1 安全和环保要求

种植屋面用耐根穿刺防水卷材的生产与使用不应对人体、生物与环境造成有害的影响，所涉及与生产和使用有关的安全与环保要求，应符合我国相关国家标准和规范的规定。

5.2 阻根剂

防水卷材和接缝材料中若掺有阻根剂，应将阻根剂的生产企业、类别及掺量在产品订购合同、产品说明书和包装上明示。

6 技术要求

6.1 厚度

改性沥青类防水卷材厚度不小于 4.0 mm，塑料、橡胶类防水卷材厚度不小于 1.2 mm，其中塑料类中聚乙烯丙纶类防水卷材芯层厚度不得小于 0.6 mm。

6.2 基本性能

种植屋面用耐根穿刺防水卷材的基本性能应符合表 1 相应现行国家标准中的全部相关要求(含人工气候加速老化)，剥离强度应符合表 2 的规定。其他聚合物改性沥青防水卷材类产品除耐热性外应符合 GB 18242—2008 中Ⅱ型的全部相关要求。

表 1　基本性能及相关要求

序号	材料名称	要　求
1	弹性体改性沥青防水卷材	GB 18242—2008 中Ⅱ型全部要求
2	塑性体改性沥青防水卷材	GB 18243—2008 中Ⅱ型全部要求
3	聚氯乙烯防水卷材	GB 12952—2011 中全部相关要求(外露卷材)
4	热塑性聚烯烃(TPO)防水卷材	GB 27789—2011 中全部相关要求(外露卷材)
5	高分子防水材料	GB/T 18173.1—2012 中全部相关要求
6	改性沥青聚乙烯胎防水卷材	GB 18967—2009 中 R 类全部要求

6.3 应用性能

种植屋面用耐根穿刺防水卷材应用性能应符合表 2 的要求。

表 2　应用性能及其要求

序号	项　目				技术指标
1	耐霉菌腐蚀性	防霉等级			0 级或 1 级
2	接缝剥离强度	无处理/(N/mm)	沥青类防水卷材	SBS	≥1.5
				APP	≥1.0
			塑料类防水卷材	焊接	≥3.0 或卷材破坏
				粘结	≥1.5
			橡胶类防水卷材		≥1.5
		热老化处理后保持率/%			≥80 或卷材破坏

6.4　耐根穿刺性能

产品应通过附录 A 耐根穿刺性能试验。

7　试验方法

7.1　厚度

改性沥青防水卷材按 GB 18242—2008 或 GB 18243—2008 的规定测量厚度。聚氯乙烯防水卷材按 GB 12952—2011 的规定测量厚度;热塑性聚烯烃防水卷材按 GB 27789—2011 的规定测量厚度;其他高分子防水片材按 GB/T 18173.1—2012 的规定测量厚度。

7.2　基本性能

材料的基本性能按表 1 中相应的国家标准规定进行试验。

7.3　应用性能

7.3.1　耐霉菌腐蚀性

按 GB/T 1741—2007 中 5.3.3 外墙涂料的试验方法进行。裁取 50 mm×50 mm 卷材试件 6 块,不用载体直接试验。

7.3.2　接缝剥离强度

7.3.2.1　无处理接缝剥离强度

卷材与卷材的无处理接缝剥离强度,改性沥青防水卷材按 GB/T 328.20 进行试验,塑料和橡胶类防水卷材按 GB/T 328.21 进行试验,取 5 个平均剥离强度的平均值为试验结果。所有卷材接缝搭接按生产商规定的搭接方法进行。热融、热焊接搭接的养护时间为 24 h,胶带、胶粘剂方式搭接的养护时间为 168 h。

7.3.2.2　热老化处理后接缝剥离强度保持率

将按 7.3.2.1 搭接养护好的卷材水平放置在撒有滑石粉的瓷砖上,放入(80±2)℃的烘箱中处理 168 h,取出后在(23±2)℃条件下放置 24 h,再按 7.3.2.1 进行试验,并与无处理接缝剥离强度进行比较，计算热老化处理后接缝剥离强度保持率。

7.4 耐根穿刺性能

按附录A进行。卷材的耐根穿刺性能应在材料的基本性能与应用性能试验结果全部符合相应国家标准要求后进行。

8 检验规则

8.1 检验分类

按检验类型分为出厂检验和型式检验。

8.2 出厂检验

出厂检验项目按表1中相关产品的国家标准的规定。

8.3 型式检验

型式检验项目包括第6章的全部要求。有下列情况之一时，应进行型式检验：

a) 新产品投产或产品定型鉴定时；
b) 正常生产时，每年进行一次。耐根穿刺性能每8年进行一次；
c) 原材料、工艺等发生较大变化，可能影响产品质量时；
d) 出厂检验结果与上次型式检验结果有较大差异时；
e) 产品停产一年以上恢复生产时。

8.4 组批

按相关国家标准的规定进行，试样数量应满足试验需要。

8.5 判定规则

全部试验结果符合第6章规定，则判该批产品合格。

耐根穿刺项目不符合本标准规定，则判该批产品不合格。

若其他试验结果中仅有一项不符合本标准规定时，允许在保存的试样上取样对此项进行单项复验。若复验结果试验符合本标准规定，则判该批产品合格；否则，判为不合格。

9 标志、包装、运输和贮存

9.1 标志

产品标志应在产品包装的明显位置明示，产品标志内容应包括：

a) 生产厂名、地址；
b) 商标；
c) 产品标记及产品类型；
d) 产品耐根穿刺形式(若掺加阻根剂，应注明其生产企业、产品名称与掺量；若采用的多层组成中有防侵入和防穿刺层的材料，亦应注明其名称与厚度)；
e) 使用说明；
f) 生产日期或批号；

g） 贮存与运输注意事项；

h） 产品贮存期。

9.2 包装

产品应成卷包装。

9.3 运输

运输、装卸过程中，不同类型、规格产品应分别堆放，不应混杂，避免日晒雨淋。

9.4 贮存

9.4.1 产品应按类型、规格、生产日期分别贮存。贮存场地应干燥、通风、避免日晒雨淋，并不得与容易发生反应的化学物质接触。

9.4.2 产品应规定贮存期，并在产品说明书与包装上明示用户。产品贮存期自生产之日起开始计算。

附 录 A
（规范性附录）
种植屋面用防水卷材耐根穿刺性能试验方法

A.1 范围

本附录规定了种植屋面用沥青类、塑料类和橡胶类柔性防水卷材耐根穿刺性能的试验方法。

本附录只涉及专用的防水卷材，不适用于试验由不同类型卷材复合而成的柔性防水系统。

本附录不包括防水卷材应遵守的环保要求的评估。

A.2 原理

卷材耐根穿刺试验在箱中进行，并在规定条件下将卷材置于根的下方。

试验卷材的试样安装在 6 个试验箱中(见图 A.1)，每个试验箱内卷材有 4 条立角接缝，2 条底边接缝和一条中心 T 型接缝(见图 A.2)。另外，需要 2 个不安装试验卷材的对照箱，以便在整个试验期间比较试验箱和对照箱中植物的生长情况。

试验箱中包含种植土层和密集的植物覆盖层，这样将产生来自根部的高的生长应力，为了保持这种高的生长应力应适度施肥并浇水灌溉。

试验和对照箱安放在可控温的温室里。由于环境条件对植物的生长具有影响，因此，生长条件应具有可控性。

最短试验周期为 2 年。

试验结束后，将种植土层去除，观察并评价试验卷材是否有根穿刺发生。

A.3 试验用植物

A.3.1 试验植物的种类

火棘(*Pyracantha fortuneana*)，栽在 2 L 的容器中，植物高度(70±10)cm。

A.3.2 试验植物生长量的要求

挑选火棘时，确保长势一致。

整个试验期间，试验箱中的植物至少达到对照箱中植物平均生长量的 80%(高度、干茎直径)。

A.3.3 试验植物的数量

每个试验箱与对照箱中种 4 株火棘。

A.4 试验设备和材料

A.4.1 温室

温室应有温度和通风的调节设备。温室内温度，白天应不低于(18±2)℃，夜晚应不低于(16±2)℃。当温室温度达到(22±2)℃时应通风，避免温室温度超过 35 ℃。

注：如果试验区域的光照条件与北京地区差异显著，为了保证植物生长良好，采取相应的光照或遮阴措施。

试验箱尺寸为 800 mm×800 mm；每个试验箱约需 2 m^2 的占地面积。

A.4.2 试验和对照箱

每个试验样品需要 6 个试验箱和 2 个对照箱。

试验箱的内部尺寸至少为(800×800×250)mm。如果需要，考虑到安装要求，也可使用较大的试验箱。试验箱底部应安装透明的底板，以便在试验过程中无需取出种植土层即可观察植物根的穿刺情况。为了预防在潮湿层里生长藻类，箱底应遮光(如箔)。

为了供给潮湿层水分，箱体下部需安装直径为 35 mm 的注水管，注水管顶端需向上倾斜(见图 A.1)。

单位为毫米

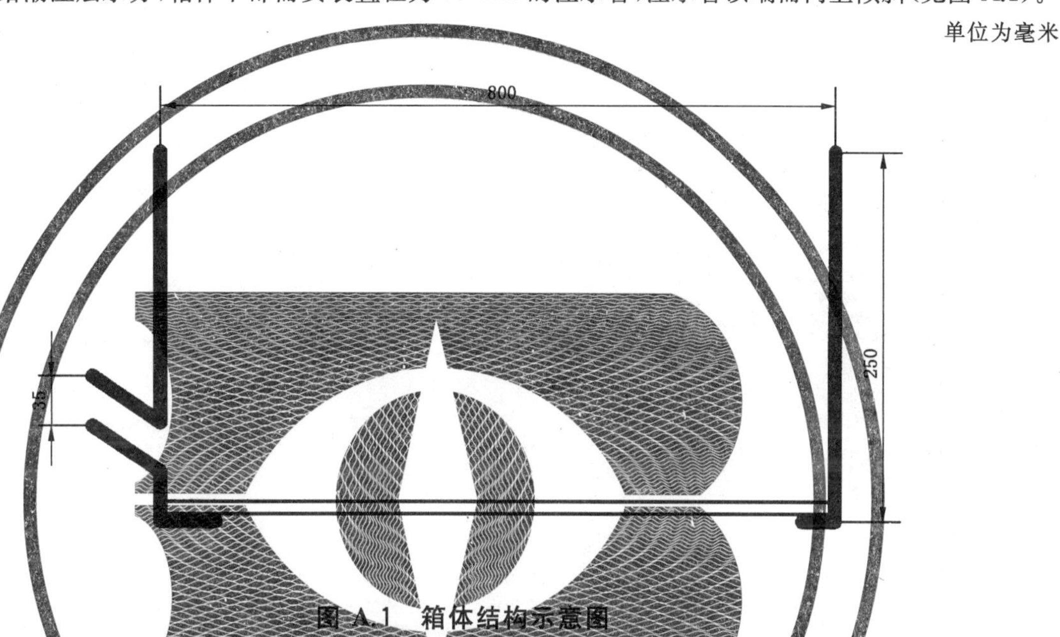

图 A.1 箱体结构示意图

A.4.3 潮湿层

透明底板上放置一层粗糙的矿物颗粒，并始终保持潮湿状态，以使根部向下面的透明底板方向生长，便于尽早观察到根穿刺情况。

该层由一种优良的适合于水栽培系统的陶粒(颗粒度 8 mm～16 mm)组成，电导率小于 15.0 mS/m，厚度为(50±5)mm。

A.4.4 保护层

为了使压力分布均匀，应将单位面积质量不小于 170 g/m^2 且与试验卷材相容的聚酯无纺布直接放在潮湿层上试验卷材的下面。

A.4.5 种植土层

种植土层应是一种质量优良适用、性能长期稳定、匀质原料的混合物。它应具有结构上的稳定性并具有适宜的水/气比率和含有适量的基肥，以保证试验植物根部最适宜的生长。

种植土层构成如下：

——70%(体积比)刚分解腐烂的泥炭，其电导率小于 8.0 mS/m，pH 值为 4.0±1.0；

——30%(体积比)的陶粒(颗粒度为 8 mm～16 mm)，其要求应符合 A.4.3 的规定。

种植土层应直接和试验卷材接触。

A.4.6 肥料

A.4.6.1 基肥(和种植土混合)

基肥应符合以下要求:

a) 种植土用的基肥应包含氮(N)、磷(P)、钾(K)元素,氯化物的含量小于 0.5% Cl;基肥的成分和数量应符合种植土的要求(见 A.6.1);

b) 种植土用的基肥应包含微量的铁(Fe)、铜(Cu)、钼(Mo)、锰(Mn)、硼(B)和锌(Zn)元素,微量营养基肥的用量按照生产商的推荐使用。

A.4.6.2 缓释肥(在试验期间使用)

缓释肥有效期为 6~8 个月,包含(15±5)%氮(N),(7±3)%磷(P)和(15±5)%钾(K)。

缓释肥的使用量应符合每 800 mm×800 mm 试验箱中 5 g 氮(N)的需求量。

A.4.7 土壤水分测量仪

为控制水分,需配备土壤水分测量仪,测量土壤体积含水量。

A.4.8 浇灌用水

浇灌用水需符合如下要求:

a) 电导率:<70 mS/m;

b) 重碳酸盐(HCO_3):(3±1)me/L;

c) 硫酸盐(SO_4):<250 mg/L;

d) 氯化物(Cl):<50 mg/L;

e) 钠(Na):<50 mg/L;

f) 硝酸盐(NO_3):<50 mg/L。

注:me 为毫克当量;1 me=1 毫摩尔电子电荷。

水的质量可以向水的供应商确认。

A.5 试样

需从试验前、后的卷材上切取留存参比样品。参比样品至少含 1 个接缝并不少于 1 m^2。试验过程中参比样品应当存放在黑暗、干燥、温度在(15±10)℃的试样贮存室(如试验用实验室)。

为了能清楚地确认试验卷材,下列信息在试验开始时需注明:

a) 产品名称;

b) 用途;

c) 材料类型;

d) 试验卷材的厚度(塑料和橡胶卷材是有效厚度);

e) 产品设计/结构;

f) 生产日期;

g) 在试验室的铺设方法(搭接、迭合、接缝技术、接缝剂处理、接缝封边带、接缝密封类型、特殊的角和拐角的搭接);

h) 加入阻根剂的生产企业、类别和掺量。

注:由第三方进行试验时,卷材生产商可向试验机构提供施工说明书(附带有效日期)。

A.6 试验步骤

A.6.1 种植土的准备

由泥炭和陶粒构成的种植土的pH值(见A.4.5)应通过添加碳酸钙的用量将其调节在pH(6.2±0.8)范围内。

可通过下列程序测定碳酸钙用量：

a) 每1 L混合好的种植土分为5个试样；

b) 用自来水将试样弄湿；

c) 每个试样中分别加入不同的碳酸钙量(4 g、5 g、6 g、7 g、8 g)；

d) 将每个试样都放入塑料袋中，密封、标记；

e) 在(20±5)℃条件下将试样贮存3 d；

f) 测定pH值；

g) 根据设定的pH值，通过在1 L体积中所需添加的碳酸钙的数量外推整个实际种植土体积中所需碳酸钙的数量。

基肥应和种植土混合均匀，并测定其pH值、电导率和氮、磷、钾含量。

种植土应符合：

a) pH值：(6.5±0.8)；

b) 电导率：<30 mS/m；

c) 氮：(100±50)mg/L；

d) 磷：(40±20)mg/L；

e) 钾：(100±50)mg/L。

A.6.2 试验箱的准备和安装

试验箱中的各层应按下列顺序安装(从底层到顶层)：潮湿层、保护层、试验卷材、种植土层。

潮湿层应直接安放在透明底板上，厚度均匀，为(50±5)mm。

保护层裁剪成适当的尺寸，直接铺到潮湿层上。

试验卷材的样品在试验箱中安装按下列步骤进行：

a) 试验卷材的样品由试验的委托者裁剪为合适试验箱安装的尺寸；

b) 试样的搭接和安装由试验的委托者根据生产商的说明施工，每个试样应有4条立角接缝、2条底边接缝及一条底部中心T型接缝(见图A.2)。在立面上卷材试样应向上延伸到试验箱边缘。

在试验中允许使用不同接缝工艺的组合，只要达到同类的材料接缝的目的(如热熔焊接和热风焊接)。这些接缝方式被看作是同等的。然而，无胶粘剂搭接和用胶粘剂搭接或者用2种不同的胶粘剂搭接这种接缝工艺认为是不相同的，应分别试验。边角部位的处理按生产商的要求进行，并记录和保存图像资料。

其他材料的安装应根据工程应用状况参考采用。

单位为毫米

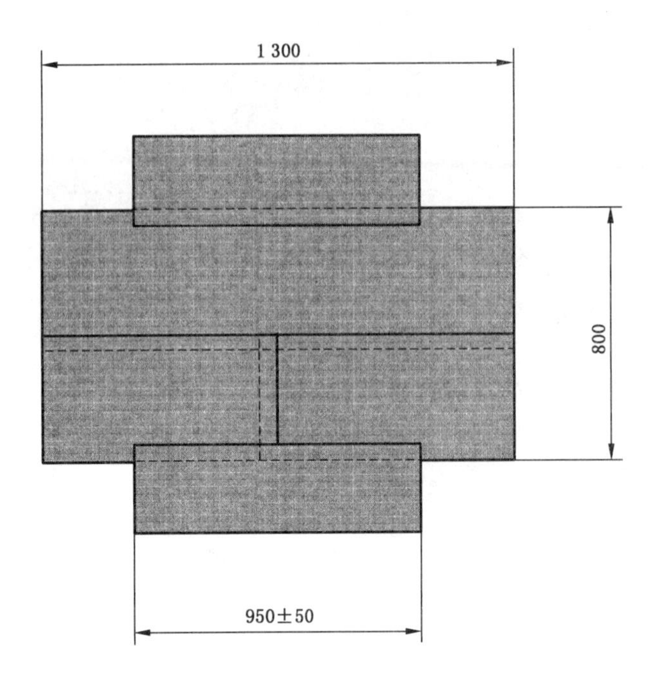

图 A.2 试样接缝示意图

铺设完卷材试样后，均匀放置厚度为(150±10)mm 的种植土。

将试验用植物(4 株火棘)均匀地分植在试验箱整个表面(见图 A.3)。如果需要使用更大尺寸的试验箱，为了获得同样的种植密度，应增加植物数量(至少 6 株/m^2)。

单位为毫米

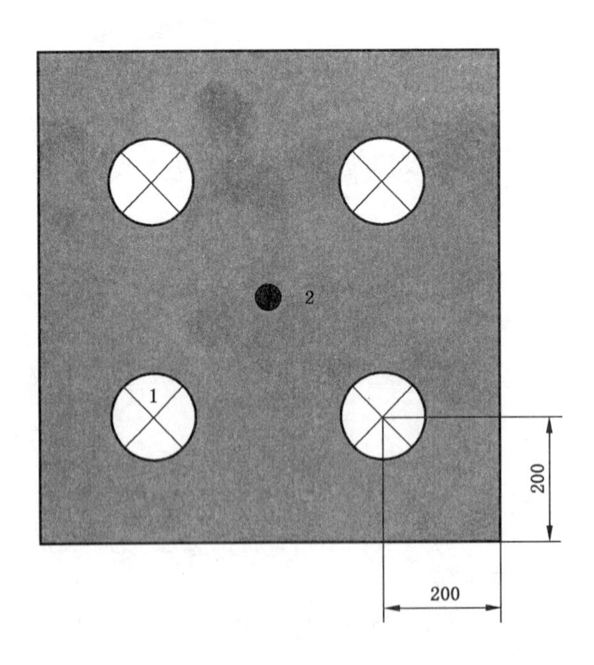

说明：

1——试验用植物；

2——土壤水分测量点的位置。

图 A.3 种植土层中试验植物和土壤水分测量位点

为了在试验期间能观察根穿刺情况,试验箱四周至少保证 0.4 m 净间距。试验箱和对照箱在温室中应随机放置。

A.6.3 对照箱的准备和安装

按 A.6.2 准备无试验卷材的试验箱,将种植土直接放在保护层上。

A.6.4 植物养护

根据植物的需要从上面向种植土层浇水,以调整土层的含水量。应采用土壤水分测量仪测量种植土层的湿度。每周 2 次测量种植土的体积含水量。当体积含水量小于 16%时,应及时浇水,每个试样箱每次浇水量为(15±0.5)L。整个种植土层应均匀地湿润(尤其要注意边角处),避免其底部持续积水。

潮湿层应通过试验箱上的注水管每周一次,注水溢出。

将符合 A.4.6.2 的缓释肥每 6 个月使用一次,第一次使用在种植 3 个月后。

任何与试验无关的植物无论是否存活都应从试验箱中移除。

种植后 3 个月内死掉的植物应替换。为了不干扰保留的植物的根系的生长,替换只允许在第一个 3 个月内进行。

试验植物不准许修剪,但在试验箱之间的通道里允许修剪侧芽。

若出现了病虫害,要采取适当的保护植物的措施。

在试验期间,若超过 25%的植物死亡,则试验无效。

A.7 试验结果

A.7.1 概述

下列情况不属于卷材被根穿刺,但应在试验报告中注明:

a) 为了有利于评估,在试验开始时,生产商应清楚的注明这种卷材是否含有阻根剂。当卷材含有阻根剂时,植物根侵入卷材平面或者接缝不大于 5 mm,不判定为被根穿刺,因为只有当植物根侵入后阻根剂才能发挥作用。

b) 为了有利于评估,产品由多层组成时(如带有铜箔胎的沥青卷材或者带有聚酯无纺布的 PVC 卷材),试验开始时生产商应清楚地注明是否使用了阻根作用材料层。当植物根侵入该产品的平面,若起防止根穿刺作用的材料层并没有被损害的话,不判定为被根穿刺。

c) 接缝封边是在焊接过程中挤压出的熔化物或者是用以保护接缝边缘的一种液体材料。根侵入接缝封边,但接缝没有损害,不判定为被根穿刺。

A.7.2 试验期间

每 6 个月通过透明底板观察 6 个试验箱的潮湿层是否有根穿刺现象发生。

当有根刺现象发生时,通知试验委托者,此次试验可以终止。

每年记录对照箱和试验箱中植物的生长量。方法是记录高度和(20±2)cm 高度处干茎的直径。并应评价试验植物的平均生长量。受损的植物(如生长变形、叶变色等)应单独记录。

A.7.3 试验结束

应通知试验的委托者试验结束的日期,以便让其参加最终检验。

最终检验应记录:

——每个试验箱中侵入和穿透卷材的植物根的数量。对卷材平面和接缝处的穿刺分别记录。

——试验卷材无论是否被根穿刺破坏,均应照相记录作为证明资料。

——根据 A.7.1 对试验植物的生长进行描述。

判定前提条件是整个试验期间试验箱中植物的生长量至少达到对照箱植物平均生长量的 80%(高度、干茎直径),且在每个试验箱中都没有任何根穿刺现象发生,判定此卷材为耐根穿刺试验通过。

在卷材上取的参比样品应根据 A.5 进行保存。

A.8 试验报告

试验报告至少应包含如下信息:

a) 根据 A.5 所取的产品试验的所有详细资料;

b) 引用的标准;

c) 根据 A.5 取样的资料;

d) 根据 A.6 试样制备的资料;

e) 根据 A.7 得到的试验结果;

f) 依照 A.7.3 对试验卷材的总的评价;

g) A.7.1 所需的所有试验资料;

h) 试验日期和地点。

《种植屋面用耐根穿刺防水卷材》国家标准编制说明

1 工作简况

1.1 任务来源

国标委综合〔2012〕50号文《关于下达2012年第一批国家标准制修订计划的通知》，下达了《绿色屋面用防水材料 耐根穿刺防水材料》国家标准制定计划，项目编号20120904-T-609，由建筑材料工业技术监督研究中心、中国建筑材料科学研究总院苏州防水研究院、北京建筑材料科学研究总院和中国建筑防水协会负责组织有关生产企业、科研院所、质检机构等参加起草。

本标准负责起草单位：建筑材料工业技术监督研究中心、中国建材检验认证集团苏州有限公司（由中国建筑材料科学研究总院苏州防水研究院分出）、北京建筑材料检验研究院有限公司（北京建筑材料科学研究总院下属子公司）、中国建筑防水协会、北京市园林科学研究院、北京东方雨虹防水技术股份有限公司、盘锦禹王防水建材集团有限公司、科顺防水科技股份有限公司、江苏宏源中孚防水材料有限公司、苏州卓宝科技有限公司。

本标准参加起草单位：中国建筑材料科学研究总院苏州防水研究院、北京世纪洪雨科技有限公司、德尉达（上海）贸易有限公司、唐山德生防水股份有限公司、辽宁大禹防水科技发展有限公司、胜利油田大明新型建筑防水材料有限责任公司、四川蜀羊防水材料有限公司、天津市禹神建筑防水材料有限公司、潍坊市宇虹防水材料（集团）有限公司、山东鑫达鲁鑫防水材料有限公司、武汉市恒星防水材料有限公司、常熟市三恒建材有限责任公司、雨中情防水技术集团有限责任公司、天津市奇才防水材料工程有限公司、天津滨海澳泰防水材料有限公司、北京圣洁防水材料有限公司、北京固斯特国际化工有限公司、北京宇阳泽丽防水材料有限责任公司、远大洪雨（唐山）防水材料有限公司、思扬国际贸易南通有限公司、泰州市奥佳新型建材发展有限公司、苏州市力星防水材料有限公司、苏州市月星建筑防水材料有限公司、江苏欧西建材科技发展有限公司、华高科（宁波）集团有限公司、湖州红星建筑防水有限公司、青岛大洋灯塔防水有限公司、河南省华瑞防水防腐有限公司、河南彩虹建材科技有限公司、上海台安实业集团有限公司、上海建材集团防水材料有限公司、成都大邑县飞翎化工防水材料厂、昆明滇宝防水建材有限公司、深圳蓝盾控股有限公司、吉林省豫王建能实业股份有限公司、江苏凯伦建材股份有限公司。

标准主要起草人为：杨斌、朱志远、檀春丽、朱冬青、王茂良、韩丽莉、陈斌、胡冲、戴玭、于秋菊、李文超、聂秋枫、王月宾、吴士玮、王颖、陈伟忠、郑贤国、邹先华、孙侃、李伶、李德生、苑冰、张广彬、李冬凤、沈国兴、李杏三、孙美峰、张卫、吴建明、耿进玉。

1.2 主要工作过程

2012年10月23日，标准负责起草单位在北京联合召开了《绿色屋面用防水材料 耐根穿刺防水材料》国家标准制定第一次工作会议。参加会议的有来自全国的生产企业、科研院所、质检机构与行业协会等45个单位的代表49人。会议交流了自JC/T 1075—2008《种植屋面用耐根穿刺防水卷材》行业标准发布实施以来的执行情况与经验。中国建筑防水协会汇报了当前种植屋面发展的形势与取得的成绩，介绍了修订后JGJ 155—2013《种植屋面技术规程》报批稿的内容。北京市园林科学研究院作了筹建我国第一个防水材料耐根穿刺性能实验室、防水材料测定耐根穿刺性能所取得的试验成果的报告。中国建筑材料科学研究总院苏州防水研究院和北京建筑材料科学研究总院作了关于耐根穿刺防水材料基本性能测试结果的报告，并对试验方法改进与国家标准制定提出了一些建议。

会上，代表对负责起草单位提出的国家标准草案进行了认真的讨论，对标准的内容，包括标准适用的范围、分类、技术要求、试验方法、检验规则等的制定提出了不少建设性的意见与建议。会议就以下四点达成共识：

1）在JC/T 1075—2008《种植屋面用耐根穿刺防水卷材》行业标准基础上，制定《绿色屋面用防水材料　耐根穿刺防水材料》国家标准。对于新增列入国家标准的耐根穿刺防水材料应严格审慎把关。一是要符合防水材料的基本性能与应用性能要求；二是符合耐根穿刺性能的要求，符合新修订的JGJ 155—2013《种植屋面技术规程》设计施工与验收的要求。国家标准中的技术要求、试验方法、检验规则等均应根据上述要求进行制定。

2）试验工作应认真总结与充分利用近五年来绿色屋面系统耐根穿刺防水材料生产与使用实践的经验、防水材料耐根穿刺和基本性能测试方面取得的试验结果与科研成果，适当和有重点地进行补充验证试验。如防水材料耐根穿刺性能试验方法中EN(欧盟标准)与FLL(德国美化与环境发展协会)的比较，研究修改人工气候加速老化的时间、耐霉菌性能、尺寸稳定性等。

3）耐根穿刺防水材料性能检验程序，应先进行产品的基本性能与应用性能试验。判定上述性能符合标准JC/T 1075—2008要求后，再委托进行防水材料耐根穿刺性能试验。上述两个部分性能均符合标准规定时，判该试样合格。所送或抽取的试样应为同一类型，从同一批次产品中抽取。

4）本国家标准的制定由建筑材料工业技术监督研究中心负责，包括国家标准的申请立项、标准工作方案的制定与计划的拟定、任务分工与协调、标准编制说明与调研报告的编写、标准制定经费的筹集等。中国建筑材料科学研究总院苏州防水研究院(中国建材检验认证集团苏州有限公司)主持标准的验证试验工作，提出验证试验方案，并与北京建筑材料科学研究总院共同承担耐根穿刺防水材料基本性能与应用性能的验证试验。北京市园林科学研究院负责防水材料耐根穿刺性能的验证试验，并且提出标准验证试验报告。中国建筑材料科学研究总院苏州防水研究院协助主编单位，共同制定工作方案与计划，编写标准与编制说明，协调分工与筹集经费。中国建筑防水协会协助主编单位做好标准协调工作，组织赴欧洲进行防水材料耐根穿刺试验方法等技术考察。

在此基础上起草单位开展了验证试验，收集了国内市场上的主要产品，针对目前耐根穿刺防水卷材基本性能与耐根穿刺性能等开展试验。

2013年5月11日～22日，中国建筑防水协会组织了赴欧洲种植屋面技术考察团，一行14人，访问了欧洲多个种植屋面相关协会、企业、科研机构，就阻根剂、耐根穿刺防水材料检测、种植屋面技术、柔性防水卷材标准化等方面的内容，开展了技术交流与考察。

欧洲耐根穿刺试验方法标准有EN 13948和FLL(德国美化与环境发展协会)标准。FLL标准已使用了20多年，是被市场接受的标准。EN 13948:2007是近年来开始实施的，凡是在欧洲销售的耐根穿刺卷材均应符合EN标准试验，才能获得CE(欧洲统一)的认证标识。2006年～2013年，在德国共有108个产品通过了耐根穿刺试验，其中84个通过了FLL试验，24个通过了EN试验。

为了及时交流情况，发现问题，总结经验，在本标准制定过程中除召开三次国家标准起草小组全体代表参加的大型工作会议外，还召开了标准主编单位、标准起草单位和生产企业参加的五次小型工作组会议。

2013年7月12日中国建筑防水协会召开了国家标准工作组第二次会议。会议主要讨论安排了我国绿色屋面防水材料的耐根穿刺试验方法采用EN标准与FLL标准的对比试验与聚脲防水涂料的耐根穿刺试验。EN与FLL的对比试验由北京市园林科学研究院负责。第一阶段FLL试验中使用偃麦草采种、繁殖，2013年8月以后采种，试种。同时在国内寻找相似功能的草本植物(具有根状茎的)替代。采用羽扇豆作为防水材料耐根穿刺性能试验对象，进行探索并作出评价。聚脲防水涂料耐根穿刺性能定性试验方法，由北京市园林科学研究院与北京东方雨虹防水技术股份有限公司负责，中国建材检验认证集团苏州公司给予指导。

2013年11月20日下午在北京市裕龙大酒店召开了《绿色屋面用防水材料　耐根穿刺防水材料》国家标准工作组第三次会议，会上标准负责起草单位建筑材料工业技术监督研究中心汇报了前一阶段工作进展情况，并安排了下一阶段的工作，CTC苏州公司介绍了赴欧洲考察和耐根穿刺防水材料的物理力学性能中修订的项目，北京建筑材料科学研究总院介绍了前期工作情况，北京市园林科学研究院介绍了偃麦草试验替代草与耐根穿刺试验的情况，北京东方雨虹防水技术股份有限公司介绍了聚脲涂料耐根穿刺试验样品模拟工程制作的情况，中国建材检验认证中心介绍了阻根剂的定性、定量分析的进展。并对下一步的工作进行了讨论，要继续完成前期的验证试验工作，同时进行一些补充试验。CTC苏州公司和北京建材院就目前耐根穿刺试验中出现较多的问题进行一些试验，将卷材老化后进行搭接，检测剥离强度；同时将卷材搭接后也进行老化并检测剥离强度，与原始剥离强度进行比较。北京市园林科学研究院用白茅草替代偃麦草进行试验。另外将进行过耐根穿刺试验的有阻根剂的卷材表面的土壤送中国建材检验认证中心进行分析，并提供正在进行耐根穿刺试验的改性沥青防水卷材的样品及企业反馈的实际阻根剂含量和种类，供中国建材检验认证集团股份有限公司进行定性定量分析。

2014年4月22日在北京召开了第四次工作组会议。会议由标准负责起草单位主持，北京市园林科学研究院、北京建筑材料科学研究总院、北京东方雨虹防水技术(股份)有限公司的相关人员参加了会议。会议就前一阶段标准制定工作进行了交流，汇报了基本性能验证试验、耐根穿刺试验、偃麦草的试验、化学阻根剂的快速检测和防水涂料耐根穿刺试件制备方法等方面的情况。

前期验证试验发现的问题有：防水材料基本性能方面，有些企业试样在可溶物含量、材料吸水率、尺寸稳定性、热老化保持率、耐酸碱盐、接缝剥离强度等方面达不到标准要求，尤其是热老化后接缝搭接的剥离强度，不少产品存在大幅衰减的情况。建议在标准中修改尺寸稳定性、耐霉菌的技术指标与接缝剥离强度。

与JC/T 1075—2008相比，国家标准草案中建议新增产品的种类方面，仅增加了TPO防水卷材。SBS、APP改性沥青防水卷材、PVC防水卷材、EPDM等防水卷材仍列入其中。对于防水涂料，由于目前缺乏实验室系统研究结果与工程长期应用的案例，本次国家标准制定不予列入。因此本标准名称中“耐根穿刺防水材料”改为“耐根穿刺防水卷材”。但在耐根穿刺试验方法中，防水涂料可以参照采用本方法，但试件制备需另行拟定。

耐根穿刺试验方面，目前现行标准是参照的EN标准，采用火棘种植。本次标准制定，试图将德国FLL方法列入标准，开展了该方法的试验研究，主要是增加偃麦草种植，试验中收集了欧洲的偃麦草种子开展试验，并且选取了与偃麦草性状相近的白茅草进行平行试验，采用种子和分株进行种植试验。从2007年6月至2016年10月采用EN标准已进行了193组试样试验。按FLL方法进行试验的样品于2016年8月完成。最终试验的结果试验卷材均被穿刺，试验失败。分析可能的原因，一是阻根剂对茎穿刺无效，卷材自身的物理阻根性能不高，未能通过试验；二是试验方法还在摸索阶段，如采用的草种、试验条件等方面的差异。

化学阻根剂是目前建设单位与生产企业非常关注的问题，按照JGJ 155—2013的规定，改性沥青耐根穿刺防水卷材必须含有化学阻根剂。目前国内应用的化学阻根剂由两家国外公司供应，价格较高。国内生产的耐根穿刺防水卷材是否添加阻根剂无法快速判别，影响客户的选择，因此建议开展研究化学阻根剂的快速检测方法。

2015年7月21在青岛召开国家标准第二次工作会议，会上汇报了上一阶段验证试验情况，讨论了国家标准征求意见稿草案，中国建材检验认证集团股份有限公司介绍了前期化学阻根剂快速测定工作的情况，北京园林科学研究院介绍了耐根穿刺试验的情况。与会代表对标准草案稿进行了讨论，基本同意标准征求意见稿的内容，提出了一些意见与修改建议，产品厚度要求中增加聚乙烯丙纶类产品芯层厚度不小于0.5 mm，接缝剥离强度中塑料防水卷材搭接分为焊接和粘结两种方式。

2015年8月20日在北京建筑材料工业技术监督研究中心召开了第五次工作组会议，讨论化学阻根剂检测方法并安排了下一阶段工作。德国朗盛公司提供此产品的检测方法，中国建材检验认证集团股份有限公司将按此验证，在此基础上其他检测机构进行比较试验。

2015年11月根据第二次国家标准工作会议的讨论与修改意见，提出了标准征求意见稿及相关文件，发到全国有关生产企业、检验机构、科研院所、工程建设等91家单位广泛征求意见。回函单位20个，其中6个单位无意见，14个单位提出了57条修改意见与建议，其中采纳22条，部分采纳11条，未采纳24条。

2016年8月，根据国家标准征求意见稿返回的意见与验证试验，对国家标准(征求意见稿)及编制说明等文件作了修改，提出了国家标准(送审稿草案)及有关文件，提请《绿色屋面用防水材料　耐根穿刺防水材料》国家标准第三次工作会议讨论、修改、定稿。

2016年9月20日在杭州召开了标准第三次工作会议，会上起草小组介绍标准送审稿草案，与会代表除了对标准文本提出编辑修改意见外，还对主要内容提出了如下修改建议：

技术要求的基本性能改为：耐根穿刺防水卷材基本性能，应符合相应国家标准中的全部相关要求(含人工气候加速老化)，标准中表1为现行国家标准及要求。其他聚合物改性沥青防水卷材类产品除耐热性外应符合GB 18242的Ⅱ型全部相关要求，尺寸变化率应符合标准中表2的规定，明确人工老化的要求和采用其他类型改性沥青防水卷材主体材料的规定。

标准起草小组根据国家标准第三次工作会议的意见对标准文本进行了修改，起草了标准送审稿及有关文件提交标准审查会审议。

2016年11月21日，全国轻质与装饰装修建筑材料标准化技术委员会建筑防水材料分技术委员会(SAC/TC 195/SC 1)在北京主持召开了《绿色屋面用防水材料　耐根穿刺防水材料》国家标准审查会，由13名代表组成了标准审查委员会，对标准提出了一些修改意见与建议。国家标准起草小组根据会上意见，研究后作修改，形成了国家标准(报批稿)及有关文件，上报上级国家标准化主管部门审批颁布。

1.3　国内外发展状况

屋顶绿化具有美化城市景观、净化空气、充分利用雨水灌溉、调节环境温度、降低热岛效应等优点。世界上屋顶绿化已有4 000多年悠久的历史，从古代幼发拉底河下游(现伊拉克)的城堡庙塔至巴比伦王国宫庭的屋顶花园，从明代南京旧城墙、山西古长城至承德宗庙石筑平台上种植的花木，均展示了屋顶绿化发展的历史足迹。现代屋顶绿化在欧洲从20世纪70年代开始发展，并得到推广应用。在1984年FLL(德国美化与环境发展协会)开始了耐根穿刺试验的研究，早期采用在花盆中种植豆类种子的方法进行试验，时间约8周，但该方法不能体现根穿刺结果，很快被种植植物代替。目前采用的方法是用11个800 mm×800 mm×250 mm的铝制箱子，其中8个箱子内有被试验的根阻材料，3个箱子内没有被试验的根阻材料；箱子的底部都是透明的有机玻璃，可以从底部观察是否有植物的根穿出。FLL每个种植箱中种植4棵欧洲火棘和偃麦草，在温室中种植2年，室外4年，在此期间观察是否有根从防水卷材中穿出。欧盟EN 13948:2007《柔性防水卷材-沥青、塑料和橡胶屋面防水卷材-耐根穿刺性能的测定》是在FLL协会试验方法的基础上制定的，基本与FLL方法类似，用8个800 mm×800 mm×250 mm的铝制箱子，其中6个箱子内有被试验的根阻材料，2个箱子内没有被试验的根阻材料，EN 13948仅种植火棘，只有室内试验。欧洲使用的耐根穿刺防水卷材主要是改性沥青防水卷材，约占总量的75%，其他是PVC、TPO等高分子防水卷材。2012年，德国种植屋面面积有800万m^2，相当于平屋面的4%，其中70%是维修屋面，年产耐根穿刺改性沥青防水卷材约1 700万m^2。北美没有专门的耐根穿刺防水材料标准及试验方法，市场通常按照FLL方法进行试验，日本是参考FLL的方法进行耐根穿刺试验。

我国从20世纪80年代初开始发展屋顶绿化，特别是随着绿色建筑的推广，屋顶绿化得到广泛重视和采用，并于2007年颁布了JGJ 155—2007《种植屋面工程技术规程》。在屋顶绿化领域有一种重要的使用材料是耐根穿刺防水卷材，用于防止植物根刺破防水层，防止建筑渗漏。为了保证耐根穿刺防水卷材的质量，我国制定了JC/T 1075—2008《种植屋面用耐根穿刺防水卷材》，标准规定产品应符合相应产品标准的要求，同时符合耐根穿刺性能的规定，试验方法参照prEN 13948:2006(EN 13948的草案)。

2007年北京市园林科学研究所按照prEN 13948:2006欧洲标准草案，即后来颁布实施的

JC/T 1075—2008《种植屋面用耐根穿刺防水卷材》行业标准附录 A，建立了我国第一个防水卷材耐根穿刺性能检验实验室，开始接收国内外产品检验，自 2007 年 6 月至 2016 年 12 月，共接收试样 374 个，其中改性沥青卷材 272 个，合成高分子卷材 102 个，为推广屋顶绿化做出积极的贡献。

我国屋顶绿化起步于 20 世纪 80 年代初，北京一些涉外饭店如长城饭店、首都大酒店开始修建屋顶花园。2005 年，北京市政府率先推广屋顶绿化，至 2015 年底，共完成全国政协、国家体育总局、红桥市场、北大口腔医院等屋顶绿化工程，面积约 1 500 000 万 m^2。上海市在 20 世纪 90 年代初推广轻型屋顶草坪，在“十二五”计划中，5 年内拟新增 100 万 m^2 屋顶绿化面积，全市新建公共建筑（适宜）屋顶绿化率将达 95%。广东深圳、重庆、成都、武汉等省市也纷纷制定规划，大力推广屋顶绿化，改善城市生态与居住环境。

2 标准编制原则和主要内容

2.1 标准编制原则

本标准是依据 GB/T 1.1—2009 规定的原则和有关标准、政策法规进行编制的。制定本标准时充分考虑到满足我国的技术发展和生产需要，充分体现行业进步和发展趋势，符合国家产业政策，推动行业技术水平提高，促进国际贸易，做到技术上先进，使用上安全、经济上合理，生产上可行，与其他标准规程协调配套。标准文本格式、条款主要是根据 GB/T 1.1—2009《标准化工作导则　第 1 部分：标准的结构和编写规则》进行编制，本标准的主要内容是对《种植屋面用耐根穿刺防水卷材》的产品性能提出要求。规定了该产品的分类和标记、要求、试验方法、检验规则、包装、标志、运输和贮存等内容。

2.2 制定的理由和目的

大规模的城市开发，产生了热岛效应，改变了气候与人的生存环境，而抑制城市热岛效应最有效的途径之一是绿化。屋顶绿化、地面绿化与垂直绿化构成了城市绿化的三大支柱，而地面绿化要占用大量的城市土地，但屋顶绿化则充分利用建筑物的屋顶，这样就使得屋顶绿化成为现代建筑发展的一种趋势。屋顶绿化是绿色建筑的重要组成，绿色建筑是国际潮流，“十二五”计划要求完成新建绿色建筑 10 亿 m^2；到 2015 年末，20% 的城镇新建建筑达到绿色建筑标准要求。屋顶绿化（包括地下建筑的顶板）是绿色屋面的一个重要组成，屋顶绿化的耐根穿刺防水卷材主要功能是具备防水材料功能的同时，满足耐根穿刺性能。目前国际耐根穿刺试验方法主要是德国的 FLL 和欧盟的 EN 13948，我国 JC/T 1075中的耐根穿刺试验方法参照了 EN 标准。

目前 JC/T 1075 标准存在的主要问题：

1）　JC/T 1075 表 1 中引用的有些产品标准已修订，且有的新产品应增列在内；

2）　原耐霉菌性能方法引用的标准已经修订，取消了耐霉菌方法；此外霉菌处理后拉力保持率不能完全反映产品特性；

3）　规定的尺寸变化率未考虑不同类型产品的差异；

4）　对影响耐根穿刺性能的接缝剥离强度未作规定；

5）　根据目前的经验，改性沥青类耐根穿刺防水卷材必须掺加化学阻根剂，但鉴于市场上假冒伪劣产品存在，依据产品外观和物理性能不能判别是否含有化学阻根剂，建议研究化学阻根剂的快速分析方法；

6）　耐根穿刺试验方法；根据 JC/T 1075 实施以来的试验结果，研究是否能采用 FLL 的方法，保证耐根穿刺性能，同时进一步细化试验步骤；

7）　屋顶绿化已经成为国家绿色建筑政策中的一个重要组成部分，需要进一步修改和完善所采用的材料标准；

8）　原参考的 prEN 13948:2006 已被欧盟批准颁布为 EN 13948:2007。

因此需要制定一个国家标准，既能够满足屋顶绿化的要求，保证产品的耐根穿刺性能与工程使用寿命，提高工程质量，又能够适应不断发展的城乡工程建设需要，改善人民的生活与工作环境。

3 标准编制情况和主要验证（或验证）情况分析

3.1 标准的名称

国家标准委下达的标准项目名称为《绿色屋面用防水材料　耐根穿刺防水材料》。

有些人提出“绿色屋面”的概念较本标准名称内涵广泛，除屋顶绿化外，还应包括光伏屋面、节能、保温屋面与盆栽绿化等。本标准所规定的“绿色屋面”只是其中一个方面，即屋顶绿化（包括地下建筑顶板），为避免误导与混淆，建议将标准“正名”，改为“屋顶绿化”。但国际上定义的“Green Roofing”，即本标准所指的“绿色屋面”。目前社会上传播的“绿色建筑”“绿色食品”“绿色屋面”等，其中的“绿色”是一个概念词，内涵外延相当广泛。本标准所定义的“绿色屋面”，“绿色”是形容词，是指的“颜色”，专指“屋顶绿化”。

JC/T 1075—2008《种植屋面用耐根穿刺防水卷材》行业标准中，“种植屋面”一词引用自 JGJ 155—2007《种植屋面工程技术规程》。

国际上通用的英文名称是“Green Roofing”，中文直译为“屋顶绿化”或“绿色屋面”。德国 FLL（环境美化与环境发展研究协会）1995 年发布的版本为《屋顶绿化的种植、施工、养护指南—屋顶绿化指南》，2008 年修订后发布的版本为“Guidelines for the planning，Construction and Maintenance of Green Roofing—Green Roofing Guideline”，2011 年由建筑材料工业技术监督研究中心编辑的《绿色屋面系统在国内外的发展》与 2015 年 8 月建筑材料工业技术情报研究所与建筑材料工业技术监督研究中心撰写的《屋顶绿化技术跟踪研究》（内部资料）中，采用的是“绿色屋面”或“屋顶绿化”一词，相对应的英文为“Green Roofing”。

在国办发〔2015〕75 号文《国务院办公厅关于推进海绵城市建设的指导意见》中指出：“通过海绵城市建设，综合采取‘渗、滞、蓄、用、排’等措施，最大限度减少城市开发建设对生态环境的影响，将 70%的降雨就地消纳和利用。到 2020 年，城市建成区 20%以上的面积达到目标要求；到 2030 年，城市建成区 80%以上的面积达到目标要求。”其中“因地制宜采取屋顶绿化、雨水调蓄与收集利用、微地形等措施，提高建筑与小区的雨水积存和蓄滞能力”，“屋顶绿化”是建设海绵城市的主要措施之一。国家发布的正式文件中采用的也是“屋顶绿化”一词。

综上所述，在国内外文献资料、农业园林部门和国家发布的文件中，通常用“绿色屋面”或“屋顶绿化”两个词予以表述，英文为“Green Roofing”。所以本标准征求意见稿中，仍采用国家标准委下达计划文中的名称《绿色屋面用防水材料　耐根穿刺防水材料》，此次广泛征求意见后，认为“绿色屋面”涵义广泛，不确切，在标准送审稿时改为“屋顶绿化”。本标准名称改为《屋顶绿化用耐根穿刺防水卷材》（Waterproofing sheets of resistance to root penetration for green roofing）。

下达标准计划中的《绿色屋面用防水材料　耐根穿刺防水材料》包括“防水卷材”外，还试图将“防水涂料”也列入标准，并进行了探索性试验研究。但由于试样样品太少，试验方法存在一些问题，未能列入。因此，将原标准计划中标准化对象 “防水材料”改为“防水卷材”。

在 2016 年 11 月 21 日召开的《绿色屋面用防水材料　耐根穿刺防水材料》国家标准审查会上，专家对国家标准的名称有两种意见，一是采用《屋顶绿化用耐根穿刺防水卷材》；二是采用《种植屋面用耐根穿刺防水卷材》。最后通过达成统一意见，采用《种植屋面用耐根穿刺防水卷材》作为国家标准名称，与 JC/T 1075—2008《种植屋面用耐根穿刺防水卷材》和 JGJ 155—2013《种植屋面工程技术规程》保持一致。

3.2 标准范围和分类

标准制定内容首先是产品的范围，本标准适用于种植屋面（包括地下建筑顶板）用具有耐根穿刺能力的防水卷材，不适用于由不同类型的卷材复合而成的系统。

耐根穿刺防水卷材按材料分为：沥青类、塑料类、橡胶类。

3.3 主要修改内容

与JC/T 1075—2008相比，主要修改内容是：

1）对根穿刺的术语进行修改，增加了阻根剂术语；

2）一般要求增加5.2阻根剂的要求；

3）规定改性沥青防水卷材或接缝材料可以掺有化学阻根剂。防水卷材中化学阻根剂的生产企业、类别、掺量应由卷材生产企业根据日常生产记录在产品订购合同、产品说明书和包装上明示；

4）根据目前国内外的研究，改性沥青防水卷材要达到耐根穿刺性能必须加入化学阻根剂，否则无论采用何种方法，胎体与接缝处都无法避免根穿刺。由于国内市场诚信体系不健全，有的生产企业生产少掺甚至不掺阻根剂的假冒产品，建设单位对于材料是否掺入阻根剂及掺入量多少存在疑虑。因此，研究制定一种快速测定化学阻根剂的方法就显得非常必要，但这需要进行大量的基础研究工作，需要一定的时间，在本标准制定周期内不可能完成。因此，建议另立项目，开展标准制订；

5）技术要求中厚度部分增加了聚乙烯丙纶的要求，基本性能修改为种植屋面用耐根穿刺防水卷材基本性能，应符合相应国家标准中的全部相关要求（含人工气候加速老化），标准中表1为现行国家标准及要求。其他聚合物改性沥青防水卷材类产品除耐热性外应符合GB 18242的Ⅱ型全部相关要求。增加了GB 27789，修改了GB 18967引用标准；

6）应用性能修改了耐霉菌要求与相应的试验方法，删除了尺寸变化率及其试验方法，将其归入材料基本性能，按相应的国家标准执行；增加了接缝剥离强度；

7）明确了耐根穿刺性能应是在产品材料基本性能和应用性能试验结果符合标准要求后进行试验；

8）型式检验中，耐根穿刺试验改为8年一次；

9）标志中增加了“应注明耐根穿刺形式，阻根剂的生产企业、产品名称、掺量等”；

10）根据EN 13948:2007对耐根穿刺试验方法附录A进行了编辑修改，技术内容差异不大，主要对肥料和种植土进行了修改。

3.4 标准试验项目和指标

“根穿刺”术语是依据EN 13948:2007制定的，另增加了“阻根剂”的术语。

要求是产品的重要性能指标，分为一般要求和技术要求。

其中一般要求：屋顶绿化用耐根穿刺防水卷材的生产与使用不应对人体、生物与环境造成有害的影响，所涉及与使用有关的安全与环保要求，应符合我国相关国家标准和规范的规定。也就是说产品选用的原材料、配方、生产工艺、以及工程施工和应用过程，都不能含有或产生有害物质，以防止对环境和人体与生物造成危害，并且应符合相关国家标准和规范中的安全与环保规定。其中改性沥青耐根穿刺防水卷材与接缝材料中掺入了阻根剂，阻根剂属于植物生长抑制剂的一种，其生产与使用不应对土壤、水与植物生长造成有害影响。由于改性沥青自身强度低，需要加入阻根剂才能具有耐根穿刺功能。

3.4.1 厚度

本标准规定了耐根穿刺防水卷材的最小厚度要求，主要依据是JGJ 155和相应的国家与行业产品标准的规定，改性沥青类防水卷材厚度不小于4.0 mm，塑料、橡胶类防水卷材不小于1.2 mm，其中聚乙烯丙纶类防水卷材芯层厚度不应小于0.6 mm。

3.4.2 基本性能

采用的防水卷材主要是目前国内外生产使用成熟、经工程实践考验，通过耐根穿刺试验，可以保证产品长期安全使用的产品种类。标准正文的表1列入了六大类产品标准，分别是：GB 18242—2008《弹性体改性沥青防水卷材》、GB 18243—2008《塑性体改性沥青防水卷材》、GB 12952—2011《聚氯乙烯防水卷材》、GB 18967—2009《改性沥青聚乙烯胎防水卷材》、GB 27789—2011《热塑性聚烯烃防水卷材》、GB/T 18173.1—2012《高分子防水材料　第1部分：片材》等6个国家标准。

国外屋顶绿化系统的使用寿命一般是20年～30年。本标准规定采用用于屋顶绿化的耐根穿刺防水卷材的基本性能与应用性能，其目的是保证材料的耐久性与使用寿命，也就是延长屋顶绿化系统的全生命使用周期。

基本性能应符合相应国家标准中的全部相关要求(含人工气候加速老化)，其他聚合物改性沥青防水卷材类产品除耐热性外应符合GB 18242的Ⅱ型全部相关要求。

3.4.3 应用性能

产品的应用性能是满足屋顶绿化用耐根穿刺防水卷材用途的特有性能，包括耐霉菌、接缝剥离强度、耐根穿刺性能等，是产品使用过程中根据工程性质与使用环境条件需要规定的技术要求。

3.4.3.1 耐霉菌腐蚀性

种植屋面用防水卷材在长期有水潮湿环境下使用，会受到霉菌及植物分泌物的影响，检测项目主要是外观及性能的变化。标准考虑到检测数据的可行性，由于拉力变化不明显，删除了原JC/T 1075中的拉力保持率，参考大部分装饰材料采用的耐霉菌试验的规定，指标为外观防霉等级，规定至少为0级或1级。

3.4.3.2 尺寸变化率

由于防水卷材搭接施工，若产品尺寸变化率太大，容易产生接缝拉开，引起渗漏，因此需要规定此项目。目前现行的产品标准中有的有规定，有的未规定，同时试验方法也有差异。JC/T 1075中不分卷材类型，尺寸变化率统一规定为1.0%。但不同类型卷材的尺寸变化率是不同的，不能用同一个指标去衡量。本标准送审稿中根据验证数据结果和相关产品标准规定：匀质材料不大于2%，纤维、织物胎基或带背衬材料不大于0.5%。在国家标准审查会上，审查委员对不同卷材规定不同尺寸变化率要求提出异议，讨论后提出修改意见，在标准的表2中删除了尺寸变化率要求，7.3.2试验方法中也一并删除。尺寸变化率要求与试验方法按相应卷材的国家标准规定。

3.4.3.3 接缝剥离强度

在耐根穿刺试验中，出现根穿刺现象最多的是卷材搭接缝中根钻入或刺穿，因此接缝剥离强度对耐根穿刺防水卷材就非常重要。不同材质的产品随着储存期的延长材料会产生老化。已老化的卷材搭接后的剥离强度会明显降低。对于已经搭接好的接缝，经过验证其剥离强度随时间变化不大。因此还规定了储存后的剥离强度变化，采用热老化处理后保持率表示。不同产品、不同搭接方式其剥离强度也不相同，根据验证试验和相关产品标准和工程规范规定：SBS改性沥青防水卷材不小于1.5 N/mm，APP改性沥青防水卷材不小于1.0 N/mm，焊接搭接的塑料防水卷材不小于3.0 N/mm或卷材破坏，粘结搭接的塑料防水卷材不小于1.5 N/mm，橡胶防水卷材不小于1.5 N/mm。热老化处理后保持率不小于80%，或卷材破坏。

3.4.3.4 耐根穿刺性能

耐根穿刺性能是材料的关键性能，通过模拟植物生长对卷材的破坏，判别卷材是否具有耐根穿刺性能，规定卷材的耐根穿刺性能应在材料的基本性能与应用性能试验合格后进行。

3.5 试验方法和验证试验情况

试验方法尽量采用现行国家标准与行业标准规定的方法，并尽可能细化，以减少试验误差，提高试验结果的复演性与准确性。

基本性能与应用性能的验证试验由中国建材检验认证集团苏州有限公司（以下简称“苏州”）和北京建筑材料科学研究总院（以下简称“北京”）进行。

3.5.1 试样信息

标准验证试验单位共收到 9 家企业的 12 个样品，分别进行试验。其中改性沥青防水卷材 7 个、PVC 防水卷材 2 个，TPO 防水卷材 3 个。卷材厚度见表 1。

表 1 卷材厚度

单位为毫米

编号	1	2	3	4	5	6	7	8	9	10	11	12
类型厚度	SBS Ⅱ PY M PE 4	SBS Ⅱ PY PE PE 4	SBS Ⅱ PY M PE 4	SBS Cu+PY M PE 4	SBS Ⅱ PY PE PE 4	SBS Cu-PY PE 4	SBS Ⅱ PY PE PE 4	H 1.5 (PVC)	P 1.5 (PVC)	P 1.5 (TPO)	P 1.5 (TPO)	P 1.5 (TPO)

3.5.2 改性沥青防水卷材基本性能

3.5.2.1 可溶物含量

改性沥青卷材的可溶物含量按 GB/T 328.26 进行，试验结果见表 2。

表 2 可溶物含量

试验机构	试验项目	试验时间	试样编号						
			1	2	3	4	5	6	7
苏州	可溶物含量/(g/m²) (≥2 900 g/m²)	3 h	3 217	1 226	2 931	2 949	798	496	2 003
		完全	3 320	3 508	2 978	2 942	2 862	1 376	3 153
北京		完全	3 422	3 465	2 770	2 744	2 906	2 635	3 277

改性沥青防水卷材试样 7 个，其中可溶物含量有 3 个合格，4 个不合格，合格率为 43%。

3.5.2.2 拉力

试验按 GB/T 328.8 进行，试验结果见表 3。

表 3 拉力

试验机构	试验项目	拉力方向	试样编号						
			1	2	3	4	5	6	7
苏州	拉力/[N/(50 mm)]	纵向	1 169	1 290	1 540	1 341	1 192	1 596	1 270
北京			1 235	1 285	1 500	1 535	1 280	1 910	1 235
苏州		横向	988	1 268	1 179	993	889	1 297	999
北京			1 030	1 230	1 170	1 090	950	1 305	1 030

表3（续）

试验机构	试验项目	拉力方向	试样编号						
			1	2	3	4	5	6	7
苏州	延伸率/%	纵向	37.0	38.4	40.4	40.3	37.0	24.4	40.5
北京			48	41	51	53	47	33	48
苏州		横向	38.8	41.0	41.8	48.2	49.0	49.4	44.4
北京			50	47	51	62	56	56	50

拉力全部合格。延伸率两个机构结果差异大，主要原因是试验方法差异，由于聚酯胎卷材在夹具中滑移大，苏州采用位移计检测，北京采用夹具间距检测。共7个试样，苏州检测3个试样合格，4个试样不合格，延伸率合格率为43%。北京检测的延伸率偏高，7个试样中6个合格，1个不合格，合格率为86%。

3.5.2.3 耐热性

试验按GB/T 328.11—2007中方法A进行，温度为(105±2)℃，试验结果见表4。

表4 耐热度

试验机构	试验项目	试样编号						
		1	2	3	4	5	6	7
苏州	耐热度 105 ℃ 2 h	+	+	+	+	+	+	+
北京		+	+	+	+	+	+	+
注："+"表示符合要求。								

耐热度都符合标准要求。

3.5.2.4 低温柔性

按GB/T 328.14进行，弯曲直径50 mm，试验结果见表5。

表5 低温柔性

试验机构	试验项目	试样编号						
		1	2	3	4	5	6	7
苏州	低温柔性，−25 ℃	+	+	+	+	+	+	+
北京		+	+	+	+	+	+	+
注："+"表示符合要求。								

低温柔性试验样品都符合标准要求。

3.5.2.5 不透水性

按GB/T 328.10—2007中方法B进行，采用7孔盘，上表面迎水。上表面为细砂、矿物粒料时，下表面迎水，试验结果见表6。

表 6　不透水性

试验机构	试验项目	试样编号						
		1	2	3	4	5	6	7
苏州	不透水性，0.3 MPa	＋	＋	＋	＋	＋	＋	＋
北京		＋	＋	＋	＋	＋	＋	＋
注："＋"表示符合要求。								

不透水性试验结果都符合标准要求。

3.5.2.6　浸水后质量增加

用毛刷清除表面所有粘结不牢的砂粒，试件在(50±2)℃的烘箱中干燥24 h±30 min，然后在标准试验条件下放置1 h后称量试件质量，在干燥和放置过程中试件相互间不应接触。然后浸入(23±2)℃的水中7 d±1 h，试件应完全浸入水中。取出试件及掉落的砂粒，在(23±2)℃，相对湿度(50±5)%的条件下放置5 h±5 min。试件干燥过程中垂直悬挂，相互间距至少20 mm，然后称量试件及脱落的砂粒质量，试验结果见表7。

表 7　浸水后质量增加

试验机构	试验项目	试样编号						
		1M	2	3M	4M	5	6	7
苏州	浸水后质量增加	＋	＋	＋	＋	＋	＋	＋
北京		＋	＋	＋	＋	＋	＋	＋
注："＋"表示符合要求。								

浸水后质量增加项目共7个试样，5个试样合格，2个试样不合格(5#、6#)，合格率为71%。

3.5.2.7　热老化

试件水平放入已调节到(80±2)℃的烘箱中，在此温度下处理10 d，28 d。试验结果见表8。

表 8　热老化

试验要求			试样编号						
			1	2	3	4	5	6	7
苏州热老化(10 d)	拉力保持率/%(≥90%)	纵向	107	99	104	107	113	114	108
		横向	103	94	101	106	112	101	101
	延伸率保持率/%(≥80%)	纵向	102	97	101	100	99	90	100
		横向	100	105	100	98	91	80	102
	低温柔性－20 ℃		＋	有裂纹	＋	＋	有裂缝	＋	＋
	尺寸变化率≤0.7%		0.40	0.70	0.20	0.70	0.40	0.10	0.60
	质量损失≤1.0%		0.20	0.50	0.20	0.10	0.60	0.00	0.20

表 8（续）

试验要求			试样编号						
			1	2	3	4	5	6	7
苏州热老化（28 d）	拉力保持率/%	纵向	103	95	94	112	124	134	110
		横向	111	96	101	105	117	116	107
	延伸率保持率/%	纵向	102	85	83	96	93	87	97
		横向	95	96	92	89	84	63	100
	低温柔性－20 ℃		＋	有裂纹	＋	＋	上裂缝/下裂纹	有裂纹	＋
	尺寸变化率/%		0.50	0.80	0.10	0.20	0.40	0.00	0.60
	质量损失/%		0.40	0.50	0.20	0.10	1.40	0.10	0.40
北京热老化（10 d）	拉力保持率/%	纵向	105	102	98	97	102	107	119
		横向	102	98	98	98	109	108	108
	延伸率保持率/%	纵向	94	112	98	91	89	91	117
		横向	92	115	84	84	95	80	116
	低温柔性－20 ℃		＋	＋	＋	＋	＋	＋	＋
	尺寸变化率/%		0.1	0.6	0	0.2	0.2	0.3	0
	质量损失/%		0.6	0.3	0.2	0.1	0.3	0.3	0.2
注："＋"表示符合要求。									

10 d 老化的试验数据相对于 28 d，延伸率、低温柔性、质量损失变化要小一些。10 d 的试验结果苏州 7 个试样 5 个合格，2 个样品低温柔性不合格，合格率为 71%。北京 7 个试样全部合格，合格率为 100%。

3.5.2.8 渗油性

试件分别放在 5 层直径大于试件的滤纸上，滤纸下垫釉面砖，试件上面压 1 kg 的重物，然后将试件放入 105 ℃的烘箱中，水平放置 5 h±15 min，然后在标准试验条件下放置 1 h，检查渗油张数。试验结果见表 9。

表 9 渗油性

试验机构	试验要求	试样编号						
		1	2	3	4	5	6	7
苏州	渗油性≤2 张	2	2	2	2	3	2	2
北京		1	1	1	1	1	1	1

渗油性试验苏州对滤纸上有油污及斑点的都计算，苏州 7 个试样 6 个合格，1 个不合格，合格率为 86%。北京 7 个试样全部合格，合格率为 100%。

3.5.2.9 接缝剥离强度

按 GB/T 328.20 进行，在卷材纵向搭接边处用热熔方法进行搭接，取 5 个试件平均剥离强度的平均值。之后进行热老化处理，温度(80±2)℃，具体条件和试验结果见表10。卷材水平放置热处理后搭接是先卷材老化再搭接，搭接后老化是卷材按初始剥离强度方法搭接然后老化。

表10 接缝剥离强度

试验要求		试样编号						
		1	2	3	4	5	6	7
苏州接缝剥离强度 N/mm	无处理，≥1.5	3.1	1.2	2.3	2.0	0.9	2.3	1.2
	搭接后热处理 10 d	3.7	1.4	3.9	2.6	0.8	2.2	1.6
	搭接后热处理 14 d	4.0	1.3	3.0	2.0	1.0	1.8	2.0
	搭接后热处理 28 d	3.4	1.1	3.2	2.0	1.0	1.4	1.7
	热处理后搭接 10 d	4.4	0.9	1.5	1.1	1.1	2.0	0.5
	热处理后搭接 14 d	3.9	1.1	1.5	1.5	1.0	1.6	0.6
	热处理后搭接 28 d	3.7	0.7	1.3	1.0	0.9	1.3	0.8
	无处理，≥1.5	1.6	1.4	1.6	1.05	1.43	2.47	0.77
	搭接后热处理 7 d	2.35	1.19	2.57	1.56	0.43	2.65	1.04
	搭接后热处理 14 d	2.43	1.91	3.46	2.47	0.66	2.74	1.30
	搭接后热处理 28 d	2.41	1.57	2.82	2.93	0.89	2.28	1.58
	热处理后搭接 7 d	3.43	1.56	1.91	1.98	0.32	1.54	1.50
	热处理后搭接 14 d	1.79	1.09	0.55	0.64	0.17	1.17	0.46
	热处理后搭接 28 d	1.02	0.79	0.87	0.77	0.79	1.62	0.37

通过验证试验分析，搭接后热处理对剥离强度影响不大，基本不变，热处理后搭接剥离强度变小，热处理时间延长，特别是28 d时剥离强度下降大。共7个试样，苏州无处理有3个合格，4个样品不合格，合格率为43%。北京有4个试样合格，3个不合格，合格率为57%。

3.5.2.10 矿物料黏附性

按GB/T 328.17—2007中B法进行，取3个试件的平均值，试验结果见表11。

表11 矿物料黏附性

试验机构	试验要求	试样编号						
		1M	2	3M	4M	5	6	7
苏州	矿物料黏附性，≤2 g	1.6	—	2.8	3.6	—	—	—

矿物料黏附性共3个样品，有2个超过2 g，合格率33%。考虑到作为耐根穿刺使用，该项目意义不大，建议取消。

3.5.2.11 下表面沥青涂盖层厚度

按GB/T 328.4测量试件的厚度，每块试件测量2点，在距中间各50 mm处测量，取2点的平均值。然后用热刮刀铲去卷材下表面的涂盖层直至胎基，待其冷却到标准试验条件，再测量每个试件原来2点的厚度，取2点的平均值。每块试件前后2次厚度平均值的差值，即为该块试件的下表面沥青涂盖层厚度，取 3 个试件的平均值作为卷材下表面沥青涂盖层厚度。试验结果见表 12。

表 12　下表面沥青涂盖层厚度

试验机构	试验要求	试样编号						
		1	2	3	4	5	6	7
苏州	下表面沥青涂盖层厚度，≥1.0 mm	0.6	0.3	0.6	0.6	1.2	0.9	1.7
北京		1.0	0.8	1.0	1.0	1.2	1.1	1.1

下表面沥青涂盖层厚度，苏州结果偏低，7 个试样 2 个合格，5 个不合格，合格率为 29%。北京有 6 个试样合格，1 个样品不合格，合格率为 86%。

3.5.2.12　人工气候加速老化

按 GB/T 18244 进行，采用氙弧灯法，累计辐照能量 1 500 MJ/m²(光照时间约 720 h)，试验结果见表 13。

表 13　人工气候加速老化

试验项目			试样编号						
			1	2	3	4	5	6	7
北京人工气候加速老化	外观		+	+	+	+	+	+	+
	拉力保持率/%	纵向	87	85	97	105	101	107	94
		横向	123	101	91	95	112	116	118
	低温柔性，−20 ℃		+	+	+	+	+	+	+
注："+"表示符合要求。									

人工气候加速老化试验在北京一处进行试验结果，全部合格。

3.5.2.13　储存稳定性

样品在室内常温放置 9 个月～2 年，检测物理性能，试验结果见表 14。

表 14　储存稳定性

试验项目			试样编号						
			1	2	3	4	5	6	7
苏州储存稳定性（初始值）	拉力 N/50 mm	纵向	1 169	1 290	1 540	1 341	1 192	1 596	1 270
		横向	988	1 268	1 179	993	889	1 297	999
	延伸率/%	纵向	37.0	38.4	40.4	40.3	37.0	24.4	40.5
		横向	38.8	41.0	41.8	48.2	48.9	49.4	44.4
	低温柔性，−25 ℃		+	有裂纹	+	+	+	+	+
苏州 9 个月储存稳定性	拉力保持率/%	纵向	95	112	100	96	101	105	100
		横向	92	105	95	97	101	108	104
	延伸率保持率/%	纵向	103	94	95	96	101	101	101
		横向	101	100	100	95	93	99	110
	低温柔性，−25 ℃		+	+	+	+	有裂纹	+	+

表 14（续）

试验项目			试样编号						
			1	2	3	4	5	6	7
苏州 2 年储存 稳定性	拉力保持率/%	纵向	104	105	103	107	114	118	110
		横向	104	106	101	107	112	105	108
	延伸率 保持率/%	纵向	107	103	102	105	108	101	107
		横向	115	111	100	101	96	99	114
	低温柔性，−25 ℃		+	+	+	+	有裂纹	+	+
北京 储存 稳定性 （初始值）	拉力 N/50 mm	纵向	1 235	1 285	1 500	1 535	1 280	1 910	1 235
		横向	1 030	1 230	1 170	1 090	950	1 305	1 030
	延伸率/%	纵向	48	41	51	53	47	33	48
		横向	50	47	51	62	56	56	50
	低温柔性，−25 ℃		+	+	+	+	+	+	+
北京 9 个月 储存 稳定性	拉力保持率/%	纵向	99	101	102	100	100	101	100
		横向	97	99	96	99	101	98	98
	延伸率保持率/%	纵向	100	95	96	91	102	112	96
		横向	98	100	104	97	107	98	104
	低温柔性，−25 ℃		+	+	+	+	+	+	+
北京 2 年储存 稳定性	拉力保持率/%	纵向	106	100	103	94	100	93	93
		横向	105	108	98	94	97	114	83
	延伸率保持率/%	纵向	104	107	92	91	94	97	94
		横向	110	111	96	92	95	105	88
	低温柔性，−25 ℃		+	+	+	+	有裂缝	+	+
注：“+”表示符合要求。									

样品室温储存 9 个月后性能基本无变化，苏州 1 个试样低温柔性不合格，北京试样全部合格。

样品室温储存 2 年后性能基本无变化，除有 1 个试样的拉力保持率下降较大，1 个试样的低温柔性在苏州和北京的结果均为不合格。

表 15 列出了国内生产企业近几年来委托中国建材检验认证集团苏州有限公司进行的改性沥青类耐根穿刺防水卷材基本性能与应用性能试验结果。

表 15　委托的改性沥青防水卷材基本性能与应用性能试验结果与分析

序号	卷材类型	基本性能		应用性能		执行标准
		合格	不合格项 （项目）	合格	不合格 （项目）	
1	弹性体(SBS)改性沥青化学耐根穿刺防水卷材	不合格	渗油性	合格		JC/T 1075—2008
2	耐根穿刺 SBS 改性沥青防水卷材	合格		合格		JC/T 1075—2008

表 15（续）

序号	卷材类型	基本性能		应用性能		执行标准
		合格	不合格项（项目）	合格	不合格（项目）	
3	种植屋面用耐根穿刺防水卷材(铜复合胎 SBS)	不合格	接缝剥离	合格		JC/T 1075—2008
4	SBS 改性沥青化学耐根穿刺防水卷材	合格		不合格	尺寸变化率	JC/T 1075—2008
5	SBS 改性沥青耐根穿刺防水卷材(化学阻根)	不合格	热老化低温	合格		JC/T 1075—2008
6	种植屋面用耐根穿刺防水卷材	合格		合格		JC/T 1075—2008
7	种植屋面用耐根穿刺弹性体改性沥青防水卷材	合格		合格		JC/T 1075—2008
8	种植屋面用耐根穿刺金属铜胎改性沥青防水卷材	合格		合格		JC/T 1075—2008
9	SBS 种植屋面耐根穿刺防水卷材	不合格	延伸率	合格		JC/T 1075—2008
10	种植屋面用耐根穿刺防水卷材	合格		合格		JC/T 1075—2008
11	SBS 种植屋面耐根穿刺防水卷材	合格		合格		JC/T 1075—2008
12	种植屋面用耐根穿刺防水卷材	不合格	拉力保持率	合格		JC/T 1075—2008
13	聚合物改性沥青耐根穿刺防水卷材	不合格	浸水后质量增加	合格		JC/T 1075—2008
14	聚合物改性沥青耐根穿刺防水卷材	不合格	延伸率	合格		JC/T 1075—2008
15	种植屋面用耐根穿刺防水卷材	合格		合格		JC/T 1075—2008
16	种植屋面用耐根穿刺防水卷材	不合格	接缝剥离	合格		JC/T 1075—2008
17	种植屋面用耐根穿刺防水卷材	合格		合格		JC/T 1075—2008
18	聚合物改性沥青耐根穿刺防水卷材	合格		合格		JC/T 1075—2008
19	弹性体改性沥青复合铜胎基耐根穿刺防水卷材	不合格	浸水后质量增加	合格		JC/T 1075—2008
20	弹性体改性沥青化学耐根穿刺防水卷材	不合格	延伸率	合格		JC/T 1075—2008
21	种植屋面用耐根穿刺防水卷材	不合格	接缝剥离	合格		JC/T 1075—2008
22	SBS 耐根穿刺防水卷材	合格		合格		JC/T 1075—2008
23	弹性体改性沥青化学耐根穿刺防水卷材	不合格	热老化质量损失	合格		JC/T 1075—2008
24	种植屋面耐根穿刺防水卷材	合格		合格		JC/T 1075—2008
25	种植屋面耐根穿刺防水卷材	不合格	浸水后质量增加	合格		JC/T 1075—2008
26	种植屋面用耐根穿刺防水卷材	不合格	低温、热老化后低温	合格		JC/T 1075—2008

表 15（续）

序号	卷材类型	基本性能		应用性能		执行标准
		合格	不合格项（项目）	合格	不合格（项目）	
27	SBS 聚合物改性沥青耐根穿刺防水卷材	不合格	可溶物含量、低温柔性	合格		JC/T 1075—2008
28	种植屋面用耐根穿刺防水卷材	合格		合格		JC/T 1075—2008
29	耐根穿刺 SBS 改性沥青防水卷材	合格		合格		JC/T 1075—2008
30	耐根穿刺自粘聚合物改性沥青防水卷材	合格		不合格	尺寸变化率	JC/T 1075—2008
31	聚合物改性沥青耐根穿刺防水卷材	合格		合格		JC/T 1075—2008
32	种植屋面用耐根穿刺防水卷材(铜复合胎 SBS)	不合格	热后纵向延伸率保持率	合格		JC/T 1075—2008
33	种植屋面用耐根穿刺防水卷材	合格		合格		JC/T 1075—2008
34	种植屋面用耐根穿刺防水卷材	合格		合格		JC/T 1075—2008
35	种植屋面用耐根穿刺金属铜胎改性沥青防水卷材	不合格	浸水后质量增加	合格		JC/T 1075—2008
36	种植屋面用耐根穿刺高聚物改性沥青防水卷材	合格		合格		JC/T 1075—2008
37	种植屋面用耐根穿刺弹性体改性沥青防水卷材	不合格	浸水后质量增加	合格		JC/T 1075—2008
38	种植屋面用耐根穿刺防水卷材	合格		合格		JC/T 1075—2008
39	SBS 自粘聚合物改性沥青耐根穿刺防水卷材	不合格	渗油性	合格		JC/T 1075—2008
40	弹性体改性沥青化学耐根穿刺防水卷材	合格		合格		JC/T 1075—2008
41	复合铜胎基耐根穿刺防水卷材	合格		合格		JC/T 1075—2008
42	种植屋面用耐根穿刺防水卷材	合格		合格		JC/T 1075—2008
43	化学阻根耐根穿刺防水卷材	合格		合格		JC/T 1075—2008
44	复合铜胎基耐根穿刺防水卷材	不合格	浸水后质量增加	合格		JC/T 1075—2008
45	种植屋面用耐根穿刺防水卷材	合格		合格		JC/T 1075—2008
46	复合铜胎基耐根穿刺防水卷材	不合格	接缝剥离	合格		JC/T 1075—2008
47	种植屋面用耐根穿刺防水卷材	合格		合格		JC/T 1075—2008
48	种植屋面用耐根穿刺防水卷材	合格		合格		JC/T 1075—2008
49	耐根穿刺 SBS 改性沥青防水卷材	合格		合格		JC/T 1075—2008
50	改性沥青耐根穿刺防水卷材	不合格	渗油性	不合格	尺寸变化率	JC/T 1075—2008

表 15（续）

序号	卷材类型	基本性能		应用性能		执行标准
		合格	不合格项（项目）	合格	不合格（项目）	
51	种植屋面用耐根穿刺防水卷材	合格		合格		JC/T 1075—2008
52	聚合物改性沥青耐根穿刺防水卷材	合格		合格		JC/T 1075—2008
53	SBS 改性沥青化学阻根耐根穿刺防水卷材	不合格	可溶物含量、浸水后质量增加	合格		JC/T 1075—2008
54	聚合物改性沥青耐根穿刺防水卷材	不合格	接缝剥离	合格		JC/T 1075—2008
55	APP 改性沥青耐根穿刺防水卷材	不合格	耐热性	合格		JC/T 1075—2008
56	种植屋面用耐根穿刺防水卷材	合格		合格		JC/T 1075—2008
57	种植屋面用耐根穿刺防水卷材	合格		合格		JC/T 1075—2008
58	复合铜胎基耐根穿刺防水卷材	不合格	浸水后质量增加	合格		JC/T 1075—2008
59	SBS 耐根穿刺防水卷材	合格		合格		JC/T 1075—2008
60	聚合物改性沥青耐根穿刺防水卷材	不合格	剥离强度(卷材与铝板 上表面)、热老化(剥离强度卷材与铝板 上表面)	合格		JC/T 1075—2008
61	聚酯耐根穿刺防水卷材	合格		合格		JC/T 1075—2008
62	弹性体改性沥青复合铜胎基耐根穿刺防水卷材	合格		合格		JC/T 1075—2008
63	金属复合铜胎耐根穿刺防水卷材	合格		合格		JC/T 1075—2008
64	种植屋面用耐根穿刺防水卷材	不合格	低温柔性 裂缝、热老化（低温柔性 裂缝）、接缝剥离强度	不合格	尺寸变化率	JC/T 1075—2008
65	塑性体改性沥青耐根穿刺防水卷材	不合格	浸水后质量增加	合格		JC/T 1075—2008
66	种植屋面用耐根穿刺防水卷材	合格		不合格	尺寸变化率	JC/T 1075—2008
67	耐根穿刺化学阻根弹性体改性沥青防水卷材	合格		合格		JC/T 1075—2008
68	耐根穿刺防水卷材	合格		合格		JC/T 1075—2008
69	耐根穿刺 SBS 改性沥青防水卷材	不合格	浸水后质量增加	合格		JC/T 1075—2008
70	种植屋面用耐根穿刺防水卷材	不合格		合格		JC/T 1075—2008
71	耐根穿刺湿铺防水卷材	不合格	热卷材与卷材剥离强度、与水泥砂浆剥离强度、与水泥砂浆浸水后剥离强度	合格		JC/T 1075—2008

表 15（续）

序号	卷材类型	基本性能		应用性能		执行标准
		合格	不合格项（项目）	合格	不合格（项目）	
72	种植屋面用耐根穿刺防水卷材	不合格	与水泥砂浆剥离强度	合格		JC/T 1075—2008
73	SBS 改性沥青耐根穿刺防水卷材	合格		合格		JC/T 1075—2008
74	种植屋面用耐根穿刺防水卷材	合格		合格		JC/T 1075—2008
75	种植屋面用耐根穿刺防水卷材	不合格	延伸率	不合格	尺寸变化率	JC/T 1075—2008
76	种植屋面用耐根穿刺防水卷材	不合格	质量损失	合格		JC/T 1075—2008
77	改性沥青耐根穿刺防水卷材	合格		合格		JC/T 1075—2008
78	种植屋面用耐根穿刺防水卷材	不合格	与水泥砂浆剥离强度、与水泥砂浆浸水后剥离强度	合格		JC/T 1075—2008
79	耐根穿刺弹性体改性沥青防水卷材	不合格	渗油性、热老化（低温）	合格		JC/T 1075—2008
80	弹性体(SBS)改性沥青化学阻根耐根穿刺防水卷材	合格		合格		JC/T 1075—2008
81	种植屋面用耐根穿刺防水卷材	合格		合格		JC/T 1075—2008
82	种植屋面用耐根穿刺防水卷材	不合格	耐热性、渗油性、浸水后质量增加	合格		JC/T 1075—2008
83	种植屋面用耐根穿刺防水卷材　改性沥青类	不合格	浸水后质量增加	合格		JC/T 1075—2008
84	种植屋面用耐根穿刺防水卷材	合格		合格		JC/T 1075—2008
85	SBS 耐根穿刺改性沥青防水卷材	不合格	可溶物含量	合格		JC/T 1075—2008
86	化学阻根耐根穿刺改性沥青防水卷材	合格		合格		JC/T 1075—2008
87	种植屋面用耐根穿刺防水卷材	不合格	低温、热老化后低温	合格		JC/T 1075—2008
88	SBS 改性沥青化学耐根穿刺防水卷材	不合格	可溶物含量、浸水质量增加	合格		JC/T 1075—2008
89	自粘聚合物改性沥青耐根穿刺防水卷材	合格		合格		JC/T 1075—2008
90	弹性体改性沥青复合铜胎基耐根穿刺防水卷材	不合格	热老化（质量损失）	合格		JC/T 1075—2008
91	聚合物改性沥青耐根穿刺防水卷材	不合格	热老化（质量损失）	合格		JC/T 1075—2008

表 15（续）

序号	卷材类型	基本性能		应用性能		执行标准
		合格	不合格项（项目）	合格	不合格（项目）	
92	聚合物改性沥青耐根穿刺防水卷材	不合格	可溶物含量	合格		JC/T 1075—2008
93	种植屋面用耐根穿刺防水卷材	不合格	可溶物含量	合格		JC/T 1075—2008
94	种植屋面用耐根穿刺防水卷材	不合格	延伸率、浸水后质量增加	合格		JC/T 1075—2008
95	种植屋面用耐根穿刺防水卷材	合格		不合格	尺寸变化	JC/T 1075—2008
96	种植屋面用耐根穿刺防水卷材	不合格	浸水后质量增加	合格		JC/T 1075—2008
97	种植屋面用耐根穿刺防水卷材	合格		合格		JC/T 1075—2008
98	耐根穿刺卷材	不合格	可溶物含量、浸水后质量增加	合格		JC/T 1075—2008
99	耐根穿刺 SBS 改性沥青防水卷材	不合格	延伸率、低温柔性、老化(低温)	不合格	尺寸	JC/T 1075—2008
100	耐根穿刺 SBS 改性沥青防水卷材	不合格	接缝剥离	合格		JC/T 1075—2008
101	耐根穿刺铜复合胎 SBS 改性沥青防水卷材	不合格	浸水后质量增加	合格		JC/T 1075—2008
102	自粘耐根穿刺防水卷材	合格		合格		JC/T 1075—2008
103	种植屋面用耐根穿刺防水卷材(改性沥青类)	不合格	延伸率(纵向)、浸水后质量增加	合格		JC/T 1075—2008
104	种植屋面用耐根穿刺防水卷材	不合格	延伸率(纵向)、浸水后质量增加	合格		JC/T 1075—2008
105	耐根穿刺 SBS 改性沥青防水卷材	不合格	浸水后质量增加	合格		JC/T 1075—2008
106	种植屋面用耐根穿刺防水卷材	合格		合格		JC/T 1075—2008
107	弹性体改性沥青聚酯胎耐根穿刺防水卷材	不合格	耐热性、浸水后质量增加、渗油性	合格		JC/T 1075—2008
108	耐根穿刺 SBS 防水卷材	合格		合格		JC/T 1075—2008
109	聚物改性沥青耐根穿刺防水卷材	合格		合格		JC/T 1075—2008
110	种植屋面用耐根穿刺防水卷材	不合格	低温柔性、热老化(低温)	不合格	尺寸变化率	JC/T 1075—2008
111	SBS 改性沥青耐根穿刺防水卷材(化学阻根)	合格		合格		JC/T 1075—2008
112	种植屋面用耐根穿刺防水卷材	合格		合格		JC/T 1075—2008
113	弹性体改性沥青耐根穿刺防水卷材	不合格	耐热、渗油	合格		JC/T 1075—2008

表 15（续）

序号	卷材类型	基本性能		应用性能		执行标准
		合格	不合格项（项目）	合格	不合格（项目）	
114	耐根穿刺湿铺防水卷材	不合格	砂浆剥离无处理、热处理、卷材与卷材剥离、卷材与卷材剥离-热处理	合格		JC/T 1075—2008
115	种植屋面用耐根穿刺防水卷材	合格		合格		JC/T 1075—2008
116	种植屋面用耐根穿刺防水卷材	不合格	浸水后质量增加	合格		JC/T 1075—2008
117	种植屋面用耐根穿刺防水卷材	不合格	延伸率	不合格	尺寸变化率	JC/T 1075—2008
118	种植屋面用耐根穿刺防水卷材	合格		合格		JC/T 1075—2008
119	耐根穿刺弹性体改性沥青防水卷材	不合格	浸水后质量增加	合格		JC/T 1075—2008
120	种植屋面用耐根穿刺防水卷材	不合格	浸水后质量增加	合格		JC/T 1075—2008
121	种植屋面用改性沥青类耐根穿刺防水卷材	不合格	渗油、延伸率(纵向)	合格		JC/T 1075—2008
122	种植屋面用耐根穿刺防水卷材	合格		合格		JC/T 1075—2008
123	种植屋面用耐根穿刺防水卷材	合格		合格		JC/T 1075—2008
124	耐根穿刺自粘聚合物改性沥青防水卷材	合格		合格		JC/T 1075—2008
125	种植屋面用耐根穿刺防水卷材	不合格	热低温	合格		JC/T 1075—2008
126	种植屋面用耐根穿刺防水卷材	不合格	热老化(质量损失)	合格		JC/T 1075—2008
127	种植屋面用耐根穿刺 SBS 防水卷材	合格		合格		JC/T 1075—2008
128	种植屋面用耐根穿刺防水卷材	不合格	可溶物含量、延伸率(纵向)、接缝剥离强度	合格		JC/T 1075—2008
129	种植屋面用耐根穿刺防水卷材	不合格	渗油	合格		JC/T 1075—2008
130	耐根穿刺防水卷材	不合格	可溶物含量	合格		JC/T 1075—2008
131	种植屋面用耐根穿刺防水卷材	不合格	浸水后质量增加	合格		JC/T 1075—2008
132	高聚物改性沥青耐根穿刺防水卷材	不合格	浸水后质量增加	合格		JC/T 1075—2008

委托的沥青类试样 132 个，基本性能与应用性能全部合格的试样 57 个，合格率为 43%，不合格试样 75 个，不合格率为 57%。其中，基本性能合格的试样 61 个，合格率为 46%，不合格试样 71 个，不合格率为 54%；应用性能合格的试样 123 个，合格率为 91%，不合格试样 9 个，不合格率为 9%。

表 16 列出了改性沥青耐根穿刺防水卷材基本性能与应用性能苏州与北京进行的验证试验结果：7 个试样的耐热性、低温柔度、不透水性、拉力、渗油性、人工气候加速老化和贮存稳定性等 7 项基本符合该类产品现行国家标准的要求。其中不合格项目有可溶物含量、延伸率、浸水后质量、热老化(低温柔

性)、接缝剥离强度、矿物粒料粘附性和卷材下表面沥青涂盖层厚度等。2 家试验机构所有项目检验符合标准的试样不存在。2 家试验机构所有项目只要有 1 家检验符合标准，认为合格的有一个试样(1)，14 个项目只有 1 项不合格(矿物粒料粘附性)的有 1 个试样(4)。

表 16　改性沥青防水卷材基本性能与应用性能验证试验结果及分析

序号	试验项目			试验机构	试样编号							合格率	
					1	2	3	4	5	6	7	P/P_0	
1	可溶物含量 ≥2 900 g/m²		3 h	苏州	√	×	√	√	×	×	×	3/7	43%
			完全		√	√	√	√	×	×	√	5/7	71%
			完全	北京	√	√	×	×	√	×	√	4/7	57%
2	耐热度 105 ℃,2 h			苏州	√	√	√	√	√	√	√	7/7	100%
				北京	√	√	√	√	√	√	√	7/7	100%
3	低温柔性 −25 ℃			苏州	√	√	√	√	√	√	√	7/7	100%
				北京	√	√	√	√	√	√	√	7/7	100%
4	不透水性 0.3 MPa,30 min			苏州	√	√	√	√	√	√	√	7/7	100%
				北京	√	√	√	√	√	√	√	7/7	100%
5	拉力 ≥800 N/(50 mm)		纵向	苏州	√	√	√	√	√	√	√	7/7	100%
			横向		√	√	√	√	√	√	√	7/7	100%
			纵向	北京	√	√	√	√	√	√	√	7/7	100%
			横向		√	√	√	√	√	√	√	7/7	100%
6	延伸率 ≥40%		纵向	苏州	×	×	√	√	×	×	√	3/7	43%
			横向		×	√	√	√	√	×	√	5/7	71%
			纵向	北京	√	√	√	√	√	√	√	7/7	100%
			横向		√	√	√	√	√	√	√	7/7	100%
7	浸水后质量增加			苏州	√	√	√	√	×	×	√	5/7	71%
				北京	√	√	√	√	×	×	√	5/7	71%
8	热老化	拉力保持率 ≥90%	纵向	苏州	√	√	√	√	√	√	√	7/7	100%
			横向	北京	√	√	√	√	√	√	√	7/7	100%
			纵向	苏州	√	√	√	√	√	√	√	7/7	100%
			横向	北京	√	√	√	√	√	√	√	7/7	100%
		延伸率保持率 ≥80%	纵向	苏州	√	√	√	√	√	√	√	7/7	100%
			横向	北京	√	√	√	√	√	√	√	7/7	100%
			纵向	苏州	√	√	√	√	√	√	√	7/7	100%
			横向	北京	√	√	√	√	√	√	√	7/7	100%
		低温柔性 −25 ℃		苏州	√	×	√	√	×	√	√	5/7	71%
				北京	√	√	√	√	√	√	√	7/7	100%
		尺寸变化率 ≤0.7%		苏州	√	√	√	√	√	√	√	7/7	100%
				北京	√	√	√	√	√	√	√	7/7	100%

表 16（续）

序号	试验项目			试验机构	试样编号 1	2	3	4	5	6	7	合格率 P/P_0	
8	热老化	质量损失≤1.0%		苏州	√	√	√	√	√	√	√	7/7	100%
				北京	√	√	√	√	√	√	√	7/7	100%
9	渗油性≤2 张			苏州	√	√	√	√	×	√	√	6/7	86%
				北京	√	√	√	√	√	√	√	7/7	100%
10	接缝剥离强度，10 d N/mm	无处理≤1.5		苏州	√	×	√	√	×	√	×	4/7	57%
				北京	√	×	√	×	×	√	×	3/7	43%
		热处理后保持率≥80%或卷材未破坏	10 d	苏州	√	√	√	√	√	√	√	7/7	100%
			28 d		√	√	√	√	√	×	√	6/7	86%
			14 d	北京	√	√	√	√	×	√	√	6/7	86%
			28 d		√	√	√	√	×	√	√	6/7	86%
11	矿物粒料粘附性≤2 g			苏州	√		×	×	—	—	—	1/3	33%
12	卷材下表面沥青涂盖层厚度			苏州	×	×	×	×	√	×	√	2/7	29%
				北京	√	×	√	√	√	√	√	6/7	86%
13	人工气候加速老化			北京	√	√	√	√	√	√	√	7/7	100%
14	贮存稳定性，9 个月	拉力保持率≥90%		苏州	√	√	√	√	√	√	√	7/7	100%
				北京	√	√	√	√	√	√	√	7/7	100%
		拉力保持率≥80%		苏州	√	√	√	√	√	√	√	7/7	100%
				北京	√	√	√	√	√	√	√	7/7	100%
		低温柔性 −25 ℃		苏州	√	√	√	√	×	√	√	6/7	86%
				北京	√	√	√	√	√	√	√	7/7	100%
	贮存稳定性，2 年	拉力保持率≥90%		苏州	√	√	√	√	√	√	√	7/7	100%
				北京	√	√	√	√	√	√	×	6/7	86%
		拉力保持率≥80%		苏州	√	√	√	√	√	√	√	7/7	100%
				北京	√	√	√	√	√	√	√	7/7	100%
		低温柔性 −25 ℃		苏州	√	√	√	√	×	√	√	6/7	86%
				北京	√	√	√	√	×	√	√	6/7	86%
合格率				n_1/n	14/14 100%	10/13 77%	13/14 93%	13/14 93%	10/13 77%	10/13 77%	12/13 92%		
				n_2/n	12/14 86%	8/13 66%	11/14 79%	10/14 71%	11/13 85%	8/13 66%	10/13 77%		

注 1：n_1——2 家试验时有 1 家符合标准就判定为合格的试样数；n_2——2 家均符合标准判为合格的试样数；n——试样总数。

注 2："√"表示合格，"×"表示不合格。

3.5.3 高分子防水卷材[**PVC**(8、9)、**TPO**(10、11、12)]基本性能

3.5.3.1 中间胎基上面树脂层厚度

按 GB 12952《聚氯乙烯防水卷材》进行，中间胎基上面树脂层厚度取织物线束距上表面的最外端切线与上表面最外层的距离，试验结果见表 17。

表 17 中间胎基上面树脂层厚度

试验机构	试验项目	试样编号				
		8H	9P	10P	11P	12P
苏州	中间胎基上面树脂层厚度/mm ≥0.4 mm	—	0.62	0.56	0.6	0.59
北京		—	0.38	0.52	0.60	0.61

苏州 4 个试样均符合标准，合格率为 100%；北京 3 个试样符合标准，其中中间胎基上面树脂层厚度有一个样品(9P)数据靠近临界值，是检测只测量了表面的灰色层，而不是上表面层，其他都合格，合格率为 75%。

3.5.3.2 拉伸性能

P 类产品试件尺寸为 150 mm×50 mm，按 GB/T 328.9—2007 中方法 A 进行试验，夹具间距 90 mm，伸长率用 70 mm 的标线间距离计算，P 类伸长率取最大拉力时伸长率。L 类、GL 类伸长率取断裂伸长率。H 类按 GB/T 328.9—2007 中方法 B 进行试验，采用符合 GB/T 528 的哑铃 I 型试件，拉伸速度(250±50)mm/min。试验结果见表 18。

表 18 拉伸性能

试验机构	类别	试验项目		试样编号				
				8H	9P	10P	11P	12P
苏州	H	拉伸强度/MPa ≥10.0 MPa	纵向	23.0	—	—	—	—
			横向	22.8				
		断裂伸长率/% ≥200%	纵向	323				
			横向	360				
苏州	P	最大拉力/(N/cm) ≥250 N/cm	纵向	—	306	373	297	341
			横向		267	406	298	333
		最大伸长率/% ≥15%	纵向		17.4	18.6	16.9	19.3
			横向		18.1	23.1	29.7	20.8
北京	H	拉伸强度/MPa ≥10.0 MPa	纵向	23.5	—	—	—	—
			横向	22				
		断裂伸长率/% ≥200%	纵向	302				
			横向	338				

表 18（续）

试验机构	类别	试验项目		试样编号				
				8H	9P	10P	11P	12P
北京	P	最大拉力/(N/cm) ≥250 N/cm	纵向	—	341	415	383	355
			横向		315	443	296	329
		最大伸长率/% ≥15%	纵向		35	32	38	38
			横向		36	35	45	39

拉伸性能，由于试件在夹具中有滑移，苏州延伸率全部采用位移计检测，北京检测的 P 类采用夹具间距检测结果偏大，试验结果全部合格。

3.5.3.3 热处理尺寸变化率

按 GB/T 328.13 进行试验，将试件放置在(80±2)℃的鼓风烘箱中，不应叠放，恒温 24 h，同时进行了放置 7 d 的试验，试验结果见表 19。

表 19 热处理尺寸变化率

试验机构	试验项目			试样编号				
				8H	9P	10P	11P	12P
苏州	热处理后 尺寸变化/% H≤2.0% P≤0.5%	24 h	纵向	3.5	0.3	0.4	0.4	0.7
			横向	0.7	0	0	0.1	0.4
		7 d	纵向	3.4	0.5	0.4	0.8	0.7
			横向	−0.6	0	0	0.5	0.1
北京		24 h	纵向	2.7	1.2	0.2	0.3	1.0
			横向	1	1.0	0	0.2	0.5

热处理后尺寸变化率，24 h 和 7 d 的结果差异不大，苏州试验 H 类的产品纵向不合格，合格率为 0%；P 类 2 个产品合格，2 个产品纵向不合格，P 类产品合格率为 50%。北京试验 H 类产品纵向不合格；P 类产品 2 个合格，2 个产品纵向不合格，P 类产品合格率为 50%。

3.5.3.4 低温弯折性

按 GB/T 328.15 进行试验，试验结果见表 20。

表 20 低温弯折性

试验机构	试验项目	试样编号				
		8H	9P	10P	11P	12P
苏州	低温弯折性/℃	−25	−25	−40	−40	−40
北京		−25	−25	−40	−40	−40

低温弯折性全部合格。

3.5.3.5 不透水性

按 GB/T 328.10—2007 的方法 B 进行试验，采用十字金属开缝槽盘，压力为 0.3 MPa，保持 2 h。试验结果见表 21。

表 21 不透水性

试验机构	试验项目	试样编号				
		8H	9P	10P	11P	12P
苏州	不透水性，0.3 MPa，2 h 不透水	+	+	+	+	+
北京		+	+	+	+	+
注："+"表示合格。						

不透水性全部合格。

3.5.3.6 抗冲击性能

按 GB 12952 进行，0.5 m 高度下落，使用 1 kg 重锤，试验结果见表 22。

表 22 抗冲击性能

试验机构	试验项目	试样编号				
		8H	9P	10P	11P	12P
苏州	抗冲击性能	+	+	+	+	+
北京		+	+	+	+	+
注："+"表示合格。						

抗冲击性能全部合格。

3.5.3.7 接缝剥离强度

检测采用热风焊接搭接，按 GB/T 328.21 进行试验，对于 H 类、L 类产品，以最大剥离力计算剥离强度。对于 G 类、P 类、GL 类产品，若试件产生空鼓脱壳时，应立即用刀将空鼓处切割断，取拉伸应力应变曲线的后一半的平均剥离力计算剥离强度。试验结果见表 23。此外还进行了热老化处理，温度 80℃±2℃，具体条件和试验结果见表 23。卷材水平放置热处理后搭接是先卷材老化再搭接，搭接后老化是卷材按初始剥离强度方法搭接然后老化。

表 23 接缝剥离强度

试验机构	试验项目		试样编号				
			8H	9P	10P	11P	12P
苏州	接缝剥离强度(N/mm)	无处理，H≥4.0 或卷材无破坏，P≥3.0	10.6	1.7	7.7	4.0	5.5
		搭接后热处理 7 d	10.8	1.8	6.6	3.7	3.0
		搭接后热处理 14 d	9.4	2.7	6.5	3.4	1.2
		搭接后热处理 28 d	11.4	1.5	6.9	3.2	2.3

表 23（续）

试验机构	试验项目		试样编号				
			8H	9P	10P	11P	12P
苏州	接缝剥离强度（N/mm）	热处理后搭接 7 d	9.6	2.8	搭接不良	3.7	3.4
		热处理后搭接 14 d	9.0	2.5	搭接不良	搭接不良	搭接不良
		热处理后搭接 28 d					
北京	接缝剥离强度（N/mm）	无处理，H≥4.0 或卷材无破坏，P≥3.0	4.64	6.67	3.99	2.94	0.27
		搭接后热处理 7 d	9.34	6.17	8.28	6.04	3.54
		搭接后热处理 14 d	7.88	9.09	9.15	3.63	4.05
		搭接后热处理 28 d	9.24	6.38	12.26	6.43	3.64
		热处理后搭接 7 d	6.69	5.33	1.06	0.69	0.71
		热处理后搭接 14 d	6.69	4.33	1.61	0.63	1.62
		热处理后搭接 28 d	6.33	6.13	1.91	2.26	1.73

通过验证试验分析，无处理接缝剥离强度苏州 5 个试样，4 个合格，1 个不合格，合格率为 80％；北京 5 个试样，3 个合格，2 个不合格，合格率为 60％。搭接后热处理对剥离强度影响不大，基本无变化，热处理后搭接剥离强度变小，热处理时间延长，剥离强度变化不明显。苏州 7 d、14 d 热处理后搭接只有1 个样品合格，两家机构热处理后数据差异大，需要进一步研究改进。

3.5.3.8 撕裂强度

H 类产品按 GB/T 529 进行试验，采用无割口直角撕裂方法，拉伸速度（250±50）mm/min。P 类产品按 GB/T 328.19 进行试验梯形撕裂强度。试验结果见表 24。

表 24 撕裂强度

试验机构	试验项目			试样编号				
				8H/(N/mm)	9P/N	10P/N	11P/N	12P/N
苏州	撕裂强度	垂直≥50 N/mm 梯形≥250 N	纵向	85	461	579	625	556
			横向	77	332	674	618	531
北京			纵向	89	448	462	759	818
			横向	94	429	642	621	566

撕裂强度全部合格。

3.5.3.9 吸水率

将试件于干燥器中放置 24 h，然后取出用精度至少为 0.001 g 的天平称量试件，接着将试件放入（70±2）℃的蒸馏水中浸泡（168±2）h，浸泡期间试件相互隔开，避免完全接触。然后取出试件，放入（23±2）℃的水中 15 min，取出立即擦干表面的水迹，称量试件，晾置 24 h 再称量。试验结果见表 25。

表 25 吸水率

试验机构	试验项目		试样编号				
			8H	9P	10P	11P	12P
苏州	吸水率/%	浸水后≤4.0	1.7	5.1	3.6	5.0	2.4
		晾置后≥-0.40	0.8	1.6	—	—	—
北京		浸水后≤4.0	1.9	5.5	3.8	5.1	2.9
		晾置后≥-0.40	—	—	—	—	—

吸水率有 3 个试样合格,2 个试样不合格,合格率为 60%。

3.5.3.10 热老化

将试片按 GB/T 18244 进行热老化试验,PVC 温度为(80±2)℃,TPO 温度为(115±2)℃,时间 672 h。处理后的试片在标准试验条件下放置 24 h,试验结果见表 26。

表 26 热老化

试验机构	试验项目		试样编号				
			8H	9P	10P	11P	12P
苏州 热老化 (14 d)	拉力保持率/%	纵向	97	100	97	118	113
		横向	97	104	98	102	106
	延伸率保持率/%	纵向	105	115	110	135	122
		横向	96	105	106	94	107
	低温弯折性		+	+	+	+	+
	外观		无变化	无变化	无变化	无变化	无变化
苏州 热老化 (28d)	拉力保持率/%	横向	98	83	79	89	104
		横向	98	101	80	92	107
	延伸率保持率/%	纵向	113	94	91	96	122
		横向	100	104	85	85	113
	低温弯折性		+	+	+	+	+
	外观		无变化	无变化	无变化	无变化	无变化
北京 热老化 (28 d)	拉力保持率/%	横向	104	145	91	98	108
		横向	110	143	94	112	105
	延伸率保持率/%	纵向	124	117	97	105	98
		横向	110	89	114	100	102
	低温弯折性		+	+	+	+	+
	外观		无变化	无变化	无变化	无变化	无变化
注:"+"表示合格。							

热老化试验结果中 TPO 变化很小,PVC 强度增加,全部合格。

3.5.3.11 耐化学性

试片分别浸入10%NaCl,饱和$Ca(OH)_2$,5%H_2SO_4,试片上面离液面至少20 mm,密闭容器,浸泡28 d后取出用清水冲洗干净,擦干。在标准试验条件下放置24 h,每块试片上裁取纵向、横向拉伸性能试件各2个,在一块试片上裁取纵向低温弯折性试件2个,另1块试片裁横向2个。对于P类卷材拉伸性能试件应离试片边缘10 mm以上裁取,试验结果见表27。

表27 耐化学性

试验机构	试验项目		试样编号				
			8H	9P	10P	11P	12P
苏州 耐化学性 5%H_2SO_4	拉力保持率/%	纵向	102	96	96	85	77
		横向	96	101	87	71	87
	延伸率保持率/%	纵向	107	101	108	84	78
		横向	102	107	87	59	86
	低温弯折性		+	+	+	+	+
	外观		无变化	无变化	无变化	无变化	无变化
苏州 耐化学性 饱和 $Ca(OH)_2$ (28 d)	拉力保持率/%	纵向	97	97	93	87	88
		横向	98	103	80	75	95
	延伸率保持率/%	纵向	104	101	94	86	91
		横向	104	102	80	73	96
	低温弯折性		+	+	+	+	+
	外观		无变化	无变化	无变化	无变化	无变化
苏州 耐化学性 10%NaCl (28 d)	拉力保持率/%	纵向	101	82	97	97	84
		横向	97	103	73	87	96
	延伸率保持率/%	纵向	109	84	97	95	84
		横向	102	99	74	78	95
	低温弯折性		+	+	+	+	+
	外观		无变化	无变化	无变化	无变化	无变化
北京 耐化学性 5%H_2SO_4 (28 d)	拉力保持率/%	纵向	106	107	93	95	106
		横向	109	108	90	107	106
	延伸率保持率/%	纵向	110	80	103	105	108
		横向	116	81	100	116	92
	低温弯折性		+	+	+	+	+
	外观		无变化	无变化	无变化	无变化	无变化
北京 耐化学性 饱和 $Ca(OH)_2$ (28 d)	拉力保持率/%	纵向	105	94	91	79	104
		横向	110	97	94	95	99
	延伸率保持率/%	纵向	118	91	97	92	108
		横向	120	94	109	104	92
	低温弯折性		+	+	+	+	+
	外观		无变化	无变化	无变化	无变化	无变化

表 27（续）

试验机构	试验项目		试样编号				
			8H	9P	10P	11P	12P
北京 耐化学性 10%NaCl (28 d)	拉力保持率/%	纵向	106	103	93	80	99
		横向	106	104	94	100	97
	延伸率保持率/%	纵向	130	91	103	95	105
		横向	71	86	103	107	97
	低温弯折性		+	+	+	+	+
	外观		无变化	无变化	无变化	无变化	无变化
注："+"表示合格。							

耐化学性苏州与北京结果有一些差异，可能在P类产品裁取时，距边缘尺寸存在差异。

3.5.3.12 人工气候加速老化

按 GB/T 18244 进行氙弧灯试验，照射时间 1 500 h（累计辐照能量约 3 000 MJ/m^2），试验结果见表 28。

表 28 人工气候加速老化

试验项目			试样编号				
			8H	9P	10P	11P	12P
北京人工气候 加速老化 1 500 h	拉力保持率/%	横向	94	102	95	100	97
		横向	101	101	90	119	107
	延伸率保持率/%	纵向	69	86	91	89	97
		横向	64	83	94	89	79
	低温弯折性		+	+	+	+	+
	外观		无变化	无变化	无变化	无变化	无变化
注："+"表示合格。							

人工气候加速老化后，PVC 延伸率降低较大，TPO 变化较小，5 个试样仅 1 个合格，合格率为 20%。

3.5.3.13 储存稳定性

样品在室内常温放置 9 个月，检测物理性能，PVC 基本无变化，TPO 稳定性较差，延伸率下降较大。试验结果分析见表 29。

样品在室内常温放置 2 年，检测物理性能，苏州检测结果无较大变化，北京检测结果中除个别样品性能出现下降，其他样品结果无较大变化。

表 29　储存稳定性

试验项目			试样编号				
			8H	9P	10P	11P	12P
苏州 储存稳定性 （初始值）	最大拉力/(N/cm)	横向	—	306	373	297	341
		横向		267	406	300	333
	拉伸强度/MPa	横向	23.5	—	—	—	—
		横向	22.8				
	断裂伸长率/%	纵向	323				
		横向	360				
	最大伸长率/%	纵向	—	17.4	18.6	16.9	19.3
		横向		18.1	23.1	28.2	20.8
	低温弯折性		+	+	+	+	+
	外观						
苏州 9 个月 储存稳定性	拉力保持率/%	横向	107	101	99	93	81
		横向	102	93	92	92	97
	延伸率保持率/%	纵向	104	95	97	83	76
		横向	95	92	95	103	96
	低温弯折性		+	+	+	+	+
	外观		无变化	无变化	无变化	无变化	无变化
苏州 2 年储存稳定性	拉力保持率/%	横向	99	112	107	131	101
		横向	102	117	102	102	108
	延伸率保持率/%	纵向	97	122	112	114	101
		横向	96	109	106	95	111
	低温弯折性		+	+	+	+	+
	外观		无变化	无变化	无变化	无变化	无变化
北京 储存稳定性 （初始值）	最大拉力/(N/cm)	横向	—	341	415	383	355
		横向		315	443	296	329
	拉伸强度/MPa	横向	23.5	—	—	—	—
		横向	22.0				
	断裂伸长率/%	纵向	302				
		横向	338				
	最大伸长率/%	纵向	—	35	32	38	38
		横向		36	35	45	39
	低温弯折性		+	+	+	+	+
	外观						

表 29(续)

试验项目			试样编号				
			8H	9P	10P	11P	12P
北京 9个月储存 稳定性	拉力保持率/%	横向	95	105	93	101	102
		横向	98	102	97	105	95
	延伸率保持率/%	纵向	95	106	94	92	97
		横向	97	97	94	89	110
	低温弯折性		+	+	+	+	+
	外观		无变化	无变化	无变化	无变化	无变化
北京 2年储存 稳定性	拉力保持率/%	横向	91	92	92	86	100
		横向	92	90	91	104	98
	延伸率保持率/%	纵向	121	74	106	92	97
		横向	114	72	124	93	87
	低温弯折性		+	+	+	+	+
	外观		无变化	无变化	无变化	无变化	无变化
注:“+”表示合格。							

储存稳定性试验 TPO 的稳定性稍差,延伸率保持率下降较大。

表 30 列出了国内生产企业近几年来委托中国建材检验认证集团苏州有限公司进行的塑料类、橡胶类耐根穿刺防水卷材基本性能与应用性能试验结果。

表 30 委托的塑料类、橡胶类防水卷材(PVC、TPO)基本性能与应用性能验证试验结果及分析

序号	卷材类型	基本性能		应用性能		执行标准
		合格	不合格项 (项目)	合格	不合格 (项目)	
1	聚氯乙烯 PVC 耐根穿刺防水卷材	合格		不合格	尺寸变化率	JC/T 1075—2008
2	可焊接三元乙丙耐根穿刺防水卷材	合格		合格		JC/T 1075—2008
3	HDPE(聚乙烯)耐根穿刺高分子防水板	合格		合格		JC/T 1075—2008
4	耐根穿刺防水卷材	合格		合格		JC/T 1075—2008
5	种植屋面用耐根穿刺防水卷材	合格		合格		JC/T 1075—2008
6	高分子聚乙烯耐根穿刺防水卷材	合格		不合格	拉力保持率	JC/T 1075—2008
7	耐根穿刺聚氯乙烯(PVC)防水卷材	合格		合格		JC/T 1075—2008
8	种植屋面用耐根穿刺防水卷材	合格		合格		JC/T 1075—2008
9	耐根穿刺聚氯乙烯(PVC)防水卷材	合格		合格		JC/T 1075—2008
10	耐根穿刺聚氯乙烯(PVC)防水卷材	合格		不合格	尺寸变化率	JC/T 1075—2008
11	种植屋面用耐根穿刺防水卷材	不合格	接缝剥离	合格		JC/T 1075—2008

表 30（续）

序号	卷材类型	基本性能		应用性能		执行标准
		合格	不合格项（项目）	合格	不合格（项目）	
12	高密度聚乙烯耐根穿刺防水卷材	合格		合格		JC/T 1075—2008
13	种植屋面用耐根穿刺防水卷材	合格		合格		JC/T 1075—2008
14	种植屋面用耐根穿刺防水卷材	不合格	接缝剥离	合格		JC/T 1075—2008
15	种植屋面用耐根穿刺防水卷材	不合格	接缝剥离	合格		JC/T 1075—2008
16	种植屋面用耐根穿刺高分子防水卷材	不合格	接缝剥离	合格		JC/T 1075—2008
17	高密度聚乙烯耐根穿刺防水卷材	合格		合格		JC/T 1075—2008
18	高分子自粘防水卷材(耐根穿刺)	合格		合格		JC/T 1075—2008
19	种植屋面用耐根穿刺防水卷材	合格		合格		JC/T 1075—2008
20	种植屋面用耐根穿刺高分子防水卷材	不合格	粘结剥离	合格		JC/T 1075—2008
21	聚氯乙烯耐根穿刺防水卷材	合格		不合格	尺寸变化率	JC/T 1075—2008
22	种植屋面用耐根穿刺聚氯乙烯防水卷材	不合格	浸水后质量增加	不合格	尺寸变化率	JC/T 1075—2008
23	种植屋面用耐根穿刺防水卷材	合格		合格		JC/T 1075—2008
24	高分子耐根穿刺防水卷材	合格		合格		JC/T 1075—2008
25	聚氯乙烯(PVC)耐根穿刺防水卷材	不合格	碱处理伸长率保持率	不合格	碱处理拉力保持率	JC/T 1075—2008
26	种植屋面用耐根穿刺防水卷材	合格		合格		JC/T 1075—2008
27	种植屋面用耐根穿刺防水卷材	合格		合格		JC/T 1075—2008
28	耐根穿刺聚氯乙烯(PVC)防水卷材	合格		不合格	尺寸变化率	JC/T 1075—2008
29	耐根穿刺高分子防水卷材	不合格	接缝剥离	合格		JC/T 1075—2008
30	耐根穿刺高分子防水卷材	合格		合格		JC/T 1075—2008
31	耐根穿刺聚氯乙烯(PVC)防水卷材	合格		合格		JC/T 1075—2008
32	聚氯乙烯耐根穿刺防水卷材	不合格	浸水后质量增加	不合格	尺寸变化	JC/T 1075—2008
33	种植屋面用耐根穿刺化学阻根防水卷材	合格		合格		JC/T 1075—2008
34	种植屋面用耐根穿刺高分子防水卷材	合格		合格		JC/T 1075—2008
35	种植屋面耐根穿刺防水卷材	合格		不合格	拉力保持率	JC/T 1075—2008
36	种植屋面用耐根穿刺防水卷材	合格		合格		JC/T 1075—2008
37	种植屋面用耐根穿刺防水卷材	合格		合格		JC/T 1075—2008
38	种植屋面用耐根穿刺防水卷材	合格		合格		JC/T 1075—2008

表 30（续）

序号	卷材类型	基本性能		应用性能		执行标准
		合格	不合格项（项目）	合格	不合格（项目）	
39	耐根穿刺型热塑性聚烯烃(TPO)自粘复合防水卷材	不合格	直角撕裂强度、热老化(外观、拉伸强度保持率)、人工气候加速老化	合格		JC/T 1075—2008
40	高分子自粘耐根穿刺防水卷材	合格		合格		JC/T 1075—2008
41	耐根穿刺型热塑性聚烯烃(TPO)自粘复合防水卷材	不合格	人工气候加速老化(断裂伸长率保持率)	不合格	尺寸变化率	JC/T 1075—2008
42	耐根穿刺聚氯乙烯防水卷材	合格		合格		JC/T 1075—2008
43	耐根穿刺聚氯乙烯防水卷材	合格		合格		JC/T 1075—2008
44	种植屋面用耐根穿刺防水卷材	合格		合格		JC/T 1075—2008
45	种植屋面用耐根穿刺防水卷材	合格		不合格	拉力保持率	JC/T 1075—2008
46	种植屋面用耐根穿刺防水卷材	合格		合格		JC/T 1075—2008
47	种植屋面用耐根穿刺防水卷材	合格		合格		JC/T 1075—2008
48	高分子(PVC)耐根穿刺防水卷材	合格		不合格	尺寸变化率	JC/T 1075—2008
49	种植屋面用耐根穿刺防水卷材　塑料类	合格		合格		JC/T 1075—2008
50	高分子耐根穿刺防水卷材(TPO)	合格		合格		JC/T 1075—2008
51	高密度聚乙烯耐根穿刺防水卷材	不合格	剥离	合格		JC/T 1075—2008
52	高分子三元乙丙耐根穿刺防水卷材	不合格	接缝剥离	合格		JC/T 1075—2008
53	耐根穿刺高分子防水卷材	合格		不合格	尺寸变化率	JC/T 1075—2008
54	耐根穿刺聚氯乙烯防水卷材	合格		合格		JC/T 1075—2008
55	高分子耐根穿刺防水卷材	不合格	接缝剥离	合格		JC/T 1075—2008
56	聚氯乙烯耐根穿刺防水卷材	合格		不合格	尺寸变化率	JC/T 1075—2008
57	高密度聚乙烯耐根穿刺防水卷材	合格		合格		JC/T 1075—2008
58	耐根穿刺高分子复合自粘防水卷材	不合格	接缝剥离	合格		JC/T 1075—2008
59	三元乙丙耐根穿刺防水卷材	不合格	接缝剥离	不合格	尺寸变化率	JC/T 1075—2008
60	聚氯乙烯耐根穿刺防水卷材	不合格	接缝剥离	不合格	尺寸变化率	JC/T 1075—2008
61	种植屋面用耐根穿刺防水卷材	合格		合格		JC/T 1075—2008
62	种植屋面用耐根穿刺防水卷材	合格		合格		JC/T 1075—2008
63	种植屋面用耐根穿刺防水卷材(化学阻根剂)	不合格	伸长率保持率	不合格	拉力保持率	JC/T 1075—2008

表 30（续）

序号	卷材类型	基本性能		应用性能		执行标准
		合格	不合格项（项目）	合格	不合格（项目）	
64	种植屋面用耐根穿刺聚氯乙烯防水卷材	合格		合格		JC/T 1075—2008
65	种植屋面用耐根穿刺防水卷材	不合格	接缝剥离	合格		JC/T 1075—2008
66	种植屋面用耐根穿刺防水卷材	不合格	接缝剥离	合格		JC/T 1075—2008
67	化学阻根耐根穿刺改性沥青防水卷材	不合格	浸水后质量增加	合格		JC/T 1075—2008
68	耐根穿刺 HDPE 防水卷材	合格		合格		JC/T 1075—2008
69	种植屋面用耐根穿刺防水卷材	合格		合格		JC/T 1075—2008
70	种植屋面用耐根穿刺防水卷材	不合格	浸水后质量增加	合格		JC/T 1075—2008
71	种植屋面用耐根穿刺防水卷材	合格		合格		JC/T 1075—2008
72	耐根穿刺 PVC 防水卷材	不合格	接缝剥离	不合格	尺寸变化率	JC/T 1075—2008
73	耐根穿刺高分子防水卷材	合格		合格		JC/T 1075—2008
74	聚氯乙烯(PVC)耐根穿刺防水卷材	合格		不合格	尺寸变化率	JC/T 1075—2008
75	种植屋面用耐根穿刺防水卷材(TPO 自粘复合防水卷材)	合格		合格		JC/T 1075—2008
76	化学阻根耐根穿刺防水卷材	不合格	接缝剥离强度	合格		JC/T 1075—2008
77	耐根穿刺 PVC 防水卷材	不合格	接缝剥离	不合格	拉力保持率	JC/T 1075—2008
78	耐根穿刺 PVC 防水卷材	合格		合格		JC/T 1075—2008
79	种植屋面用耐根穿刺防水卷材	合格		不合格	尺寸变化率	JC/T 1075—2008
80	聚氯乙烯(PVC)耐根穿刺防水卷材	合格		合格		JC/T 1075—2008
81	聚氯乙烯(PVC)耐根穿刺防水卷材	合格		合格		JC/T 1075—2008
82	聚氯乙烯(PVC)耐根穿刺防水卷材	不合格	接缝剥离	合格		JC/T 1075—2008
83	聚氯乙烯(PVC)耐根穿刺防水卷材	合格		合格		JC/T 1075—2008
84	三元乙丙橡胶防水卷材(耐根穿刺)	合格		合格		JC/T 1075—2008
85	聚氯乙烯(PVC)耐根穿刺防水卷材	合格		合格		JC/T 1075—2008
86	HDPE 自粘胶膜耐根穿刺防水卷材	合格		合格		JC/T 1075—2008

共 86 个试样，基本性能与应用性能全部合格的试样 48 个，合格率为 56%，不合格试样 38 个，不合格率为 44%；其中，基本性能合格试样 60 个，合格率为 70%，不合格试样 26 个，不合格率为 30%；应用性能合格试样 65 个，合格率为 76%，不合格试样 21 个，不合格率为 24%。

PVC 类合格率为 49%，TPO 类合格率为 67%，EDPM 类合格率为 70%，HDPE 类合格率为 64%。

表 31 列出了委托苏州、北京检验机构进行塑料类、橡胶类耐根穿刺防水卷材基本性能与应用性能的试验结果。

表31 塑料类、橡胶类防水卷材(PVC、TPO)基本性能与应用性能验证试验结果及分析

序号	试验项目			试验机构	试样编号					合格率	
					8H	9P	10P	11P	12P	P/P_0	
1	中间胎基上面树脂层厚度			苏州	—	√	√	√	√	4/4	100%
				北京	—	×	√	√	√	3/4	75%
2	拉伸性能	最大拉力	纵向	苏州	—	√	√	√	√	4/4	100%
			横向		—	√	√	√	√	4/4	100%
		拉伸强度	纵向		√	—	—	—	—	1/1	100%
			横向		√	—	—	—	—	1/1	100%
		最大拉力时伸长率	纵向		—	√	√	√	√	4/4	100%
			横向		—	√	√	√	√	4/4	100%
		断裂伸长率	纵向	北京	√	—	—	—	—	1/1	100%
			横向		√	—	—	—	—	1/1	100%
		最大拉力	纵向		—	√	√	√	√	4/4	100%
			横向		—	√	√	√	√	4/4	100%
		拉伸强度	纵向		√	—	—	—	—	1/1	100%
			横向		√	—	—	—	—	1/1	100%
		最大拉力时伸长率	纵向		—	√	√	√	√	4/4	100%
			横向		—	√	√	√	√	4/4	100%
		断裂伸长率	纵向		√	—	—	—	—	1/1	100%
			横向		√	—	—	—	—	1/1	100%
3	热处理尺寸变化率,24 h H≤2.0% P≤0.5%	24 h	纵向	苏州	×	√	√	√	×	3/5	60%
			横向		√	√	√	√	√	5/5	100%
		7 d	纵向		×	√	√	×	×	2/5	40%
			横向		√	√	√	√	√	5/5	100%
		24 h	纵向	北京	×	×	√	√	×	2/4	40%
			横向		√	×	√	√	√	4/5	80%
4	低温弯折性 −25 ℃,−40 ℃			苏州	√	√	√	√	√	5/5	100%
				北京	√	√	√	√	√	5/5	100%
5	不透水性 3 MPa,2 h			苏州	√	√	√	√	√	5/5	100%
				北京	√	√	√	√	√	5/5	100%
6	抗冲击性能			苏州	√	√	√	√	√	5/5	100%
				北京	√	√	√	√	√	5/5	100%

表 31（续）

序号	试验项目			试验机构	试样编号					合格率	
					8H	9P	10P	11P	12P	P/P_0	
7	接缝剥离强度	无处理		苏州	√	×	√	√	√	4/5	80%
		搭接后热处理	7 d		√	×	√	√	√	4/5	80%
			14 d		√	×	√	√	×	3/5	60%
			28 d		√	×	√	√	×	3/5	60%
		热处理后搭接	7 d		√	×	×	√	√	3/5	60%
			14 d		√	×	×	×	√	2/5	40%
			28 d		—	—	—	—	—	—	—
		无处理		北京	√	√	√	×	×	3/5	60%
		搭接后热处理	7 d		√	√	√	√	√	5/5	100%
			14 d		√	√	√	√	√	5/5	100%
			28 d		√	√	√	√	√	5/5	100%
		热处理后搭接	7 d		√	√	×	×	×	2/5	40%
			14 d		√	√	×	×	×	2/5	40%
			28 d		√	√	×	×	×	2/5	40%
8	撕裂强度 直角 350 N/mm 梯形 250 N		纵向	苏州	√	√	√	√	√	5/5	100%
			横向		√	√	√	√	√	5/5	100%
			纵向	北京	√	√	√	√	√	5/5	100%
			横向		√	√	√	√	√	5/5	100%
9	吸水率（PVC、TPO）	浸水后≤4.0%		苏州	√	×	√	×	√	3/5	60%
		晾置后≥−0.4%			√	√	—	—	—	2/2	100%
		浸水后≤4.0%		北京	√	×	√	×	√	3/5	60%
		晾置后≥−0.4%			—	—	—	—	—	—	—
10	热老化	拉力保持率≥90%	纵向	苏州 14 d	√	√	√	√	√	5/5	100%
			横向		√	√	√	√	√	5/5	100%
		延伸率保持率≥80%	纵向		√	√	√	√	√	5/5	100%
			横向		√	√	√	√	√	5/5	100%
		低温弯折性			√	√	√	√	√	5/5	100%
		外观			√	√	√	√	√	5/5	100%
		拉力保持率≥90%	纵向	苏州 28 d	√	×	×	×	√	2/5	40%
			横向		√	√	×	√	√	4/5	80%
		延伸率保持率≥80%	纵向		√	√	√	√	√	5/5	100%
			横向		√	√	×	×	√	3/5	60%
		低温弯折性			√	√	√	√	√	5/5	100%
		外观			√	√	√	√	√	5/5	100%

表 31（续）

序号	试验项目			试验机构	试样编号					合格率	
					8H	9P	10P	11P	12P	P/P_0	
10	热老化	拉力保持率≥90%	纵向	北京 28 d	√	√	√	√	√	5/5	100%
			横向		√	√	√	√	√	5/5	100%
		延伸率保持率≥80%	纵向		√	√	√	√	√	5/5	100%
			横向		√	×	√	√	√	4/5	80%
		低温弯折性			√	√	√	√	√	5/5	100%
		外观			√	√	√	√	√	5/5	100%
11	耐化学性	拉力保持率≥90%	纵向	苏州 耐化学性 5% H_2SO_4 (28 d)	√	√	√	×	×	3/5	60%
			横向		√	√	×	×	×	2/5	40%
		延伸率保持率≥80%	纵向		√	√	√	×	×	3/5	60%
			横向		√	√	×	×	×	2/5	40%
		低温弯折性			√	√	√	√	√	5/5	100%
		外观			√	√	√	√	√	5/5	100%
		拉力保持率≥90%	纵向	苏州 耐化学 性饱和 $Ca(OH)_2$ (28 d)	√	√	√	×	×	3/5	60%
			横向		√	√	×	×	√	3/5	60%
		延伸率保持率≥80%	纵向		√	√	√	×	√	4/5	80%
			横向		√	√	×	×	√	3/5	60%
		低温弯折性			√	√	√	√	√	5/5	100%
		外观			√	√	√	√	√	5/5	100%
		拉力保持率≥90%	纵向	苏州 耐化学性 10%NaCl	√	×	√	√	×	3/5	60%
			横向		√	√	×	×	√	3/5	60%
		延伸率保持率≥80%	纵向		√	×	√	√	×	3/5	60%
			横向		√	√	×	×	√	3/5	60%
		低温弯折性			√	√	√	√	√	5/5	100%
		外观			√	√	√	√	√	5/5	100%
		拉力保持率≥90%	纵向	北京 耐化学性 5% H_2SO_4 (28 d)	√	√	√	√	√	5/5	100%
			横向		√	√	√	√	√	5/5	100%
		延伸率保持率≥80%	纵向		√	×	√	√	√	4/5	80%
			横向		√	×	√	√	√	4/5	80%
		低温弯折性			√	√	√	√	√	5/5	100%
		外观			√	√	√	√	√	5/5	100%

表 31（续）

序号	试验项目			试验机构	试样编号					合格率	
					8H	9P	10P	11P	12P	P/P_0	
11	耐化学性	拉力保持率≥90%	纵向	北京耐化学性饱和 $Ca(OH)_2$ (28 d)	√	√	√	×	√	4/5	80%
			横向		√	√	√	√	√	5/5	100%
		延伸率保持率≥80%	纵向		√	√	√	√	√	5/5	100%
			横向		×	×	√	√	√	3/5	60%
		低温弯折性			√	√	√	√	√	5/5	100%
		外观			√	√	√	√	√	5/5	100%
		拉力保持率≥90%	纵向	北京耐化学性10%NaCl (28 d)	√	√	√	×	√	4/5	80%
			横向		√	√	√	√	√	5/5	100%
		延伸率保持率≥80%	纵向		√	√	√	√	√	5/5	100%
			横向		×	×	√	√	√	3/5	60%
		低温弯折性			√	√	√	√	√	5/5	100%
		外观			√	√	√	√	√	5/5	100%
12	人工气候加速老化	拉力保持率≥90%	纵向	北京	√	√	√	√	√	5/5	100%
			横向		√	√	√	√	√	5/5	100%
		延伸率保持率≥80%	纵向		×	√	√	√	√	4/5	80%
			横向		×	×	√	√	×	2/5	40%
		低温弯折性			√	√	√	√	√	5/5	100%
		外观			√	√	√	√	√	5/5	100%
13	贮存稳定性	拉力保持率≥90%	纵向	苏州	√	√	√	√	×	4/5	80%
			横向		√	√	√	√	√	5/5	100%
		延伸率保持率≥80%	纵向		√	√	√	×	×	3/5	60%
			横向		√	√	√	√	√	5/5	100%
		低温弯折性			√	√	√	√	√	5/5	100%
		外观			√	√	√	√	√	5/5	100%
		拉力保持率≥90%	纵向		√	√	√	√	√	5/5	100%
			横向		√	√	√	√	√	5/5	100%
		延伸率保持率≥80%	纵向		√	√	√	√	√	5/5	100%
			横向		√	√	√	×	√	4/5	80%
		低温弯折性			√	√	√	√	√	5/5	100%
		外观			√	√	√	√	√	5/5	100%
合格率				n_1/n	9/12，75%	9/13，69%	11/13，85%	9/13，69%	9/13，69%		
				n_2/n	9/12，75%	6/13，46%	10/13，77%	7/13，54%	8/13，62%		

注 1：n_1——2 家试验时有 1 家符合标准就判定为合格的试样数；n_2——2 家均符合标准判为合格的试样数；n——试样总数。

注 2："√"表示合格，"×"表示不合格。

合成高分子防水卷材基本性能验证试验结果表明:5个试样,中间胎基上面树脂层厚度、拉伸性能、低温弯折性、不透水性、抗冲击强度、撕裂强度和贮存稳定性等7项性能指标符合该类产品现行国家标准,其中不合格项目有热处理后尺寸变化率、接缝剥离强度、吸水率、热老化和化学稳定性等6项,部分试验结果未达到标准规定要求。

3.5.4 耐霉菌试验

耐霉菌试验采用GB/T 14686—1993《石油沥青玻璃纤维胎油毡》中的方法进行试验,菌种为:黑曲霉、桔青霉、拟青霉、球毛壳霉、根菌,培养基为土豆、琼脂葡萄糖,时间为8周。GB/T 14686修订为2008版后,已经取消了霉菌试验方法,并且采用的菌种偏少,时间长。验证试验改为按GB/T 1741—2007《漆膜耐霉菌性测定法》,菌种为:黄曲霉、宛氏拟青霉、腊叶芽枝霉、出芽短梗霉、绿色木霉、球毛壳霉、链格孢、黑曲霉、桔青霉,培养基为无机培养基,时间为28 d,评定方法更严格,规定0级用50倍放大镜观察无明显长霉,1级肉眼看不到或很难看到长霉,用50倍放大镜可观察到明显的长霉。试验结果见表32。

表32 耐霉菌性能

试验机构	试验项目		项目编号											
			1	2	3	4	5	6	7	8	9	10	11	12
苏州	外观		1	1	1	1	1	1	1	2	1	1	1	2
	拉力保持率/%	纵向	89	114	75	91	97	93	103	103	98	89	89	87
		横向	89	104	86	101	98	86	100	92	98	99	96	99

耐霉菌性能中由于采用GB/T 1741的方法,外观评定更严格,与原来相差1个等级,12个试样中有10个合格,2个不合格,拉力保持率变化不大,并且所需样品尺寸大,不再作要求,合格率为83%。

3.5.5 耐根穿刺性能

耐根穿刺性能试验最早是在德国开始的,20世纪70年代FLL(德国美化与环境发展协会)采用羽扇豆进行试验,经过不断改进在20世纪90年代改用欧洲火棘和偃麦草进行试验,在参考了FLL的试验方法的基础上,欧盟制定了EN 13948试验方法。种植欧洲火棘,8个种植箱中6个铺有防水材料,2个作对比参照箱。我国的JC/T 1075采用了EN 13948的方法,北京园林科学研究院从2007年6月开始进行耐根穿刺检测,到2018年12月的试验结果见表33、表34。

表33 改性沥青防水卷材耐根穿刺性能

胎基	阻根剂	试样数 个	通过试验		未通过试验		破坏状况试样数 个		
			试样数/ 个	百分比/ %	试样数/ 个	百分比/ %	平面	接缝	平面与接缝
聚酯胎	有	214	108	50.5	106	49.5	11	70	25
Wsi铜离子 聚酯毡复合胎	无	1	1	100	0	0	—	—	—

表 33（续）

胎基	阻根剂		试样数 个	通过试验		未通过试验		破坏状况试样数 个		
				试样数/个	百分比/%	试样数/个	百分比/%	平面	接缝	平面与接缝
铜箔聚酯毡复合胎	有	49	49	30	61.2	19	38.8	1	17	1
	无	3	3	0	0	3	100	—	1	2
聚乙烯胎	有		4	3	75	1	25	—	1	—
高分子聚烯烃胎	有		1	0	0	1	100	—	—	1

掺加阻根剂的聚酯胎类改性沥青防水卷材共 214 个试样，108 个通过试验，占试样总数的 50.5%；106 个未通过试验，占试样总数的 49.5%，破坏情况主要是接缝破坏。铜离子-聚酯毡复合的只有一个试样，是铜离子喷在聚酯胎基上的改性沥青防水卷材，产品通过耐根穿刺试验。另 52 个都是铜箔与铜箔聚酯胎基复合的改性沥青防水卷材，掺阻根剂的 49 个试样当中，30 个通过，占 61.2%；19 个未通过，占38.8%；未掺阻根剂的 3 个试样，通过 0 个，未通过 3 个，通过率 0%。聚乙烯胎基的 4 个试样，3 个通过，占 75%；1 个未通过，占 25%。高分子聚烯烃胎基的 1 个试样，未通过检测。

表 34　塑料类、橡胶类防水卷材耐根穿刺性能

合成高分子卷材类别	试样数 个	通过试验		未通过试验		破坏状况		
		试样数/个	百分比/%	试样数/个	百分比/%	平面	接缝	平面与接缝
PVC	63	50	79.4	13	20.6	—	11	2
TPO/ TPO 自粘	17	11	64.7	6	35.3	—	6	—
EPDM	9	6	66.7	3	33.3	—	3	—
HDPE/HDPE 自粘	13	8	61.5	5	38.5	—	5	—

PVC 卷材 63 个试样当中，50 个通过试验，占试样总数的 79.4%，13 个未通过试验，占试样总数的 20.6%。TPO/TPO 自粘卷材有 17 个试样，11 个通过试验，占试样总数的 64.7%，6 个未通过试验，占试样总数的 35.3%。EPDM 有 9 个试样，6 个通过试验，占 66.7%；3 个未通过试验，占 33.3%。HDPE/HDPE 自粘卷材有 13 个试样，8 个通过试验，占试样总数的 61.5%，5 个未通过试验，占试样总数的38.5%。从表 33～表 34 可见，改性沥青防水卷材被根穿刺破坏主要发生在接缝处，部分发生在胎体本身；高分子防水卷材被根穿刺破坏全部发生在接缝处。因此，改性沥青防水卷材耐根穿刺必须掺有阻根剂，并处理好搭接。高分子防水卷材必须处理好搭接。

3.5.6　阻根剂

阻根剂采用高效液相色谱法通过与企业明示的已知化学阻根剂的谱图进行比较，确定是否含有化学阻根剂，通过谱图峰面积的比较给出定量结果。

此试验方法需进行大量的基础研究工作，需要很长时间，本标准制定周期内不可能完成。因此，本标准规定防水卷材和接缝材料中若掺有阻根剂，其生产企业、类别及掺量应在产品订购合同、产品说明书和包装上明示。

3.5.7 试验结果综述

卷材基本性能达不到产品标准规定，一是原材料配方与性能，改性沥青卷材中可溶物含量标准要求2 900 g/m²，但有的企业只有1 376 g/m²，明显是偷工减料；PVC、TPO热处理后搭接剥离强度、吸水率、人工气候加速老化等不合格项受产品材质、生产工艺等影响。二是试验方法存在问题，可溶物含量的测定，5号和6号试样3 h萃取量很低，但是完全萃取时提高很多，5号试样达到了标准要求。三是不同试验机构之间试验结果的复演性。改性沥青卷材的延伸率、卷材下表面沥青涂盖层厚度、PVC和TPO的接缝剥离强度两家试验结果相差很大，原因是采用的器具与测定方法存在差异。所以，生产企业通过调整原材料、配方和生产工艺，严格按照标准试验方法进行试验，提高试验的复演性、准确性，产品质量是能够达到标准要求的。

4 标准中所涉及的专利

通过资料查询、网上征询和征求意见阶段的反馈意见，直至目前没有产生标准内容有关专利所属权的请求，故本标准不涉及相关专利与知识产权。

5 产业化情况、经济效益分析

采用种植屋面，搞好屋顶绿化是建设海绵城市、改善与美化城乡环境、充分利用雨水、减少热岛效应、推动建筑节能等的一项重要措施。耐根穿刺防水卷材在整个防水材料市场中是新兴产品。主要用于屋面、空中连廊、地下室顶板等场合，并在相关工程规范中采用，目前生产该类材料的有上百家国内公司，年产量有上千万m²，此外也有国外公司的进口产品。

本标准发布实施后，将为检测和评定产品质量提供科学的依据和统一的平台，对提高本行业的产品质量具有重要的指导和规范作用，从而保证屋顶绿化工程的使用寿命与安全，并产生较大的社会经济效益。

6 采用国际标准和国外先进标准情况

经调研，目前没有相关的国家标准，国外先进标准主要是欧洲标准EN 13948:2007《柔性防水卷材-沥青、塑料和橡胶屋面防水卷材-耐根穿刺性能的测定》，还有是FLL耐根穿刺试验方法，国内相关的标准是JGJ 155—2013《种植屋面工程技术规程》、JC/T 1075—2008《种植屋面用耐根穿刺防水卷材》，本标准的基本性能按相关产品国家标准的规定，其他性能的比较见表35。

表35 应用性能标准比较表

序号	项目	本标准	EN 13948:2007	JGJ 155	JC/T 1075
1	厚度/mm ≥	改性沥青 4 塑料橡胶 1.2 FS 2 0.6		改性沥青 4 塑料橡胶 1.2 FS 2 0.6	改性沥青 4 塑料橡胶 1.2
2	耐霉菌腐蚀性	0级或1级	无	具有耐霉菌功能	0级或1级 拉力保持率 ≥80%

表 35（续）

<table>
<tr><th>序号</th><th>项目</th><th colspan="3">本标准</th><th>EN 13948:2007</th><th>JGJ 155</th><th>JC/T 1075</th></tr>
<tr><td>3</td><td>尺寸变化率/% ≤</td><td colspan="3">无(对应产品标准有规定)</td><td>无</td><td>塑料匀质 2.0，
玻纤增强 0.1，
织物 0.5</td><td>1.0</td></tr>
<tr><td rowspan="5">4</td><td rowspan="5">剥离强度
N/mm</td><td rowspan="2">改性沥青
防水卷材</td><td>SBS</td><td>1.5</td><td rowspan="5">无</td><td rowspan="5">无</td><td rowspan="5">无</td></tr>
<tr><td>APP</td><td>1.0</td></tr>
<tr><td rowspan="2">塑料防
水卷材</td><td>焊接</td><td>3.0 或卷
材破坏</td></tr>
<tr><td>粘结</td><td>1.5</td></tr>
<tr><td colspan="2">橡胶防水卷材</td><td>1.5</td></tr>
<tr><td>5</td><td>化学阻根剂</td><td colspan="3">根据企业生产记录，
明示用户</td><td>无</td><td>无</td><td>无</td></tr>
<tr><td>6</td><td>耐根穿刺性能</td><td colspan="3">采用 EN 13948:2007</td><td>8 个种植箱，
6 个试验耐根穿刺材料，
2 个对比试验，每个箱子
种植 4 颗欧洲火棘，
在温室中种植 2 年</td><td>EN 13948:2007</td><td>pr EN 13948</td></tr>
</table>

7　本标准与现行的相关法律、法规及相关标准(包括强制性标准)具有的一致性

经广泛调研和多方面征求意见，本标准有关技术参数、性能指标、技术要求符合现行法律、法规、规章及有关强制性标准要求并具有一致性。本标准相关的标准有 JGJ 155—2013《种植屋面工程技术规程》，其中的指标与本标准的比较见表 36。

8　重大分歧意见的处理经过和依据

经征求意见稿阶段、送审稿阶段和报批稿审查会征求意见并对反馈意见做了认真分析研究和讨论，对标准条文进行了完善和修改。在审查会议上，本标准的起草单位、科研院所、业内有关专家、学者、用户取得一致性意见，没有提出重大分歧意见。

9　标准性质

本标准为推荐性国家标准。

10　贯彻标准的要求和措施建议

待本标准批准发布后，建议由标委会组织相关生产、检验、施工、设计等有关单位进行宣贯。

11 废止现行相关标准的建议

本标准颁布实施后,JC/T 1075—2008《种植屋面用耐根穿刺防水卷材》废止。

12 其他应予说明的事项

无其他说明事项。

(本文由杨斌、朱志远、朱冬青、王茂良、韩丽莉、陈斌、李文超、胡冲等执笔)

第2部分：相关国家标准

ICS 91.120.30
Q 17

中华人民共和国国家标准

GB/T 328.12—2007

建筑防水卷材试验方法 第12部分:沥青防水卷材 尺寸稳定性

Test methods for building sheets for waterproofing—
Part 12: Bitumen sheets for waterproofing-dimensional stability

2007-03-26 发布 2007-10-01 实施

中华人民共和国国家质量监督检验检疫总局
中国国家标准化管理委员会 发布

前　言

GB/T 328《建筑防水卷材试验方法》分为如下27个部分：

——第1部分：沥青和高分子防水卷材　抽样规则；

——第2部分：沥青防水卷材　外观；

——第3部分：高分子防水卷材　外观；

——第4部分：沥青防水卷材　厚度、单位面积质量；

——第5部分：高分子防水卷材　厚度、单位面积质量；

——第6部分：沥青防水卷材　长度、宽度和平直度；

——第7部分：高分子防水卷材　长度、宽度、平直度和平整度；

——第8部分：沥青防水卷材　拉伸性能；

——第9部分：高分子防水卷材　拉伸性能；

——第10部分：沥青和高分子防水卷材　不透水性；

——第11部分：沥青防水卷材　耐热性；

——第12部分：沥青防水卷材　尺寸稳定性；

——第13部分：高分子防水卷材　尺寸稳定性；

——第14部分：沥青防水卷材　低温柔性；

——第15部分：高分子防水卷材　低温弯折性；

——第16部分：高分子防水卷材　耐化学液体(包括水)；

——第17部分：沥青防水卷材　矿物料粘附性；

——第18部分：沥青防水卷材　撕裂性能(钉杆法)；

——第19部分：高分子防水卷材　撕裂性能；

——第20部分：沥青防水卷材　接缝剥离性能；

——第21部分：高分子防水卷材　接缝剥离性能；

——第22部分：沥青防水卷材　接缝剪切性能；

——第23部分：高分子防水卷材　接缝剪切性能；

——第24部分：沥青和高分子防水卷材　抗冲击性能；

——第25部分：沥青和高分子防水卷材　抗静态荷载；

——第26部分：沥青防水卷材　可溶物含量(浸涂材料含量)；

——第27部分：沥青和高分子防水卷材　吸水性。

本部分为GB/T 328的第12部分。

本部分等同采用EN 1107-1:1999《柔性防水卷材　尺寸稳定性测定　第1部分：屋面防水沥青卷材》(英文版)。

本部分章条编号与EN 1107-1:1999章条编号一致。

为便于使用，对EN 1107-1:1999本部分作的主要编辑性修改是：

a) "本欧洲标准"改为"本部分"；

b) "ISO 5725"改为"GB/T 6379"，规范性引用文件增加GB/T 328.1；

c) 删除EN 1107-1:1999的前言，重新编写本部分的前言；

d) 将EN 1107-1:1999第6章的第二段移入第7章。

本部分与其他部分组成的标准GB/T 328.1～328.27—2007《建筑防水卷材试验方法》代替

GB/T 328—1989《沥青防水卷材试验方法》。

本部分由中国建筑材料工业协会提出。

本部分由全国轻质与装饰装修建筑材料标准化技术委员会(SAC/TC 195)归口。

本部分负责起草单位:中国化学建筑材料公司苏州防水材料研究设计所、建筑材料工业技术监督研究中心。

本部分参加起草单位:北京市建筑材料科学研究院、浙江省建筑材料研究所有限公司、盘锦禹王防水建材集团、北京中建友建筑材料有限公司、杭州绿都防水材料有限公司、北京世纪新星防水材料有限公司、北京市中兴青云建筑材料有限公司、徐州卧牛山新型防水材料有限公司、潍坊市宏源防水材料有限公司、潍坊宇虹新型防水材料有限公司、山东金禹王防水材料有限公司、广饶县祥泰防水卷材厂。

本部分主要起草人:朱志远、杨斌、檀春丽、洪晓苗、陈建华、詹福民、吴进明、章国荣。

本部分为首次发布。

建筑防水卷材试验方法
第12部分：沥青防水卷材　尺寸稳定性

1　范围

GB/T 328的本部分规定了沥青屋面防水卷材尺寸稳定性的测定方法。

2　规范性引用文件

下列文件中的条款通过GB/T 328的本部分的引用而成为本部分的条款。凡是注日期的引用文件，其随后所有的修改单(不包括勘误的内容)或修订版均不适用于本部分，然而，鼓励根据本标准达成协议的各方研究是否可使用这些文件的最新版本。凡是不注日期的引用文件，其最新版本适用于本部分。

GB/T 328.1　建筑防水卷材试验方法　第1部分：沥青和高分子防水卷材　抽样规则

GB/T 6379.2　测试方法与结果的准确度(正确度与精密度)　第2部分：确定标准测量方法重复性和再现性的基本方法(ISO 5725-2：1994，IDT)

3　术语和定义

下列术语和定义适用于GB/T 328的本部分。

尺寸变化　dimensional change

从沥青防水卷材纵向裁取的试件按规定热处理后，在无限制情况下的长度变化，以相对于起始长度的百分率表示。

4　原理

从试样裁取的试件热处理后，让所有内应力释放出来。用光学或机械方法测量尺寸变化结果。

5　仪器设备

5.1　通则

两种测量方法任选：

a)　光学方法(方法A)

本方法采用光学方法测量标记在热处理前后间的距离(见图1)。

b)　卡尺法(方法B)

本方法采用卡尺(变形测量器)测量两个测量标记间距离变化(见图2)。

5.2　方法A和B仪器设备

5.2.1　鼓风烘箱(无新鲜空气进入)　达到(80±2)℃。

5.2.2　热电偶　连接到外面的电子温度计，在温度测量范围内精确至±1℃。

5.2.3　钢板(大约280 mm×80 mm×6 mm)　用于裁切，它作为模板来去除露出的涂盖层，在放置测量标记和测量期间压平试件(见图1和图2)。

5.2.4　玻璃板　涂有滑石粉。

单位为毫米

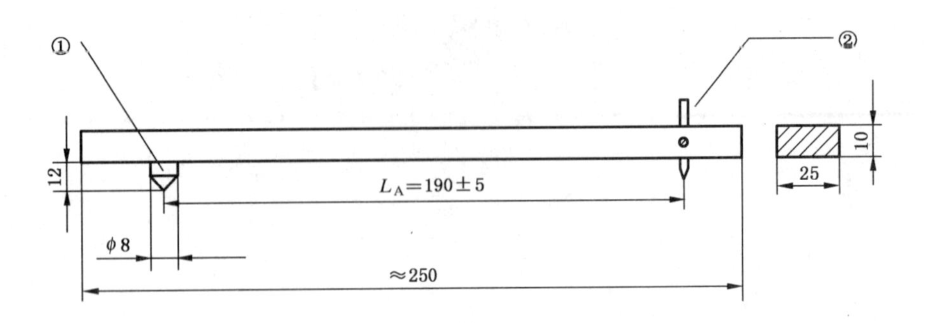

a）长臂规

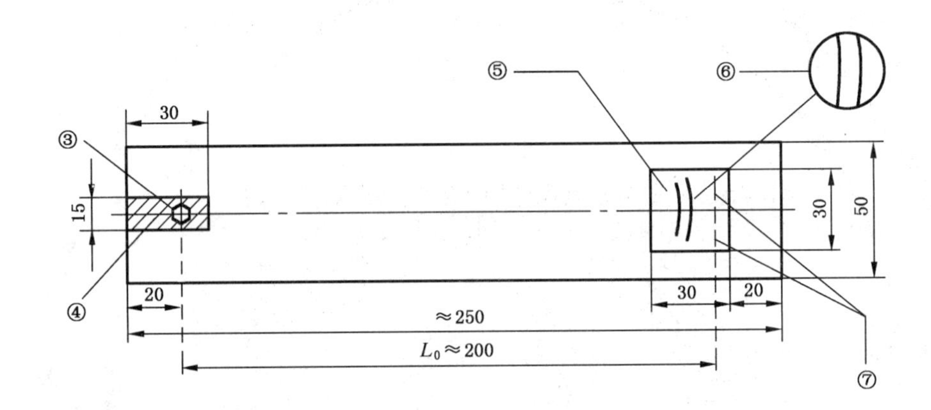

b）试件

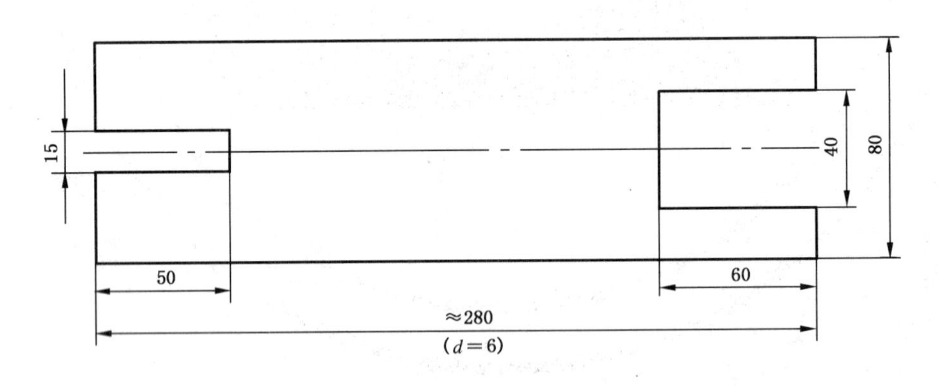

c）钢板

1——钢锥；

2——钉；

3——M5 螺母(测量基点)；

4——涂盖层去除；

5——铝标签；

6——测量标记；

7——钉书机钉。

图 1　试件及方法 A 的试验仪器设备

单位为毫米

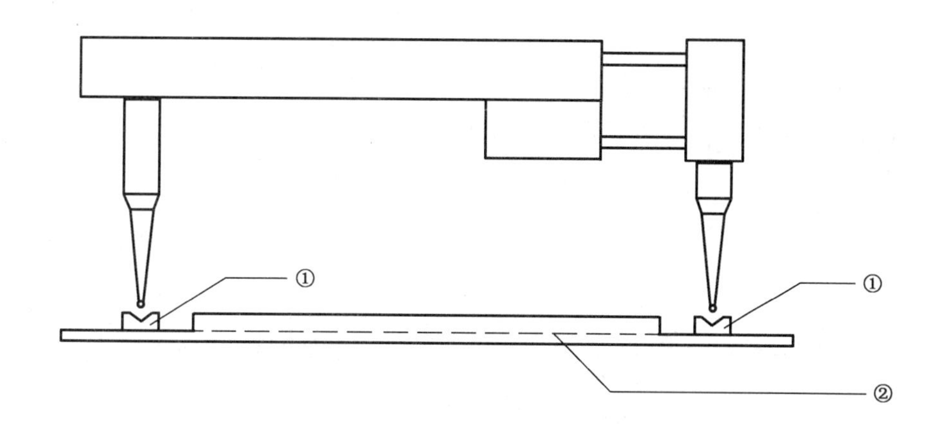

a) 卡尺测量装置(变形测量器)

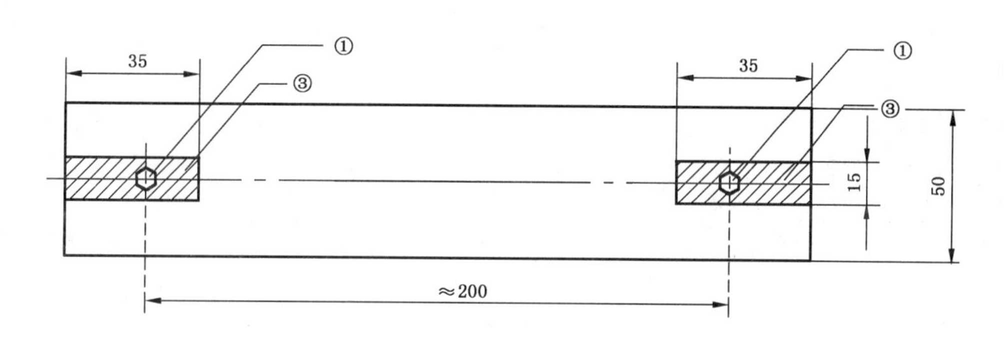

b) 试件

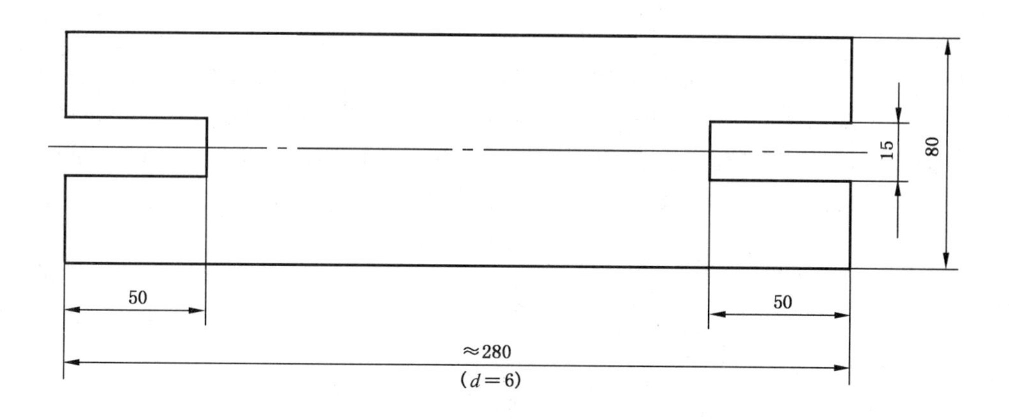

c) 钢板

1——测量基点;

2——胎体;

3——涂盖层去除。

图 2 试件及方法 B 的测量仪器设备

5.3 方法 A(光学方法)仪器设备

5.3.1 通则 除 5.2 外,需要 5.3.2 到 5.3.7 所示仪器设备。

5.3.2 长臂规 钢制,尺寸大约 25 mm×10 mm×250 mm,上配有定位圆锥(直径大约 8 mm,高度大约 12 mm，圆锥角度约 60°）及可更换的画线钉（尖头直径约 0.05 mm），与圆锥轴距离 L_A =（190±5）mm（见图 1）。

5.3.3　M5 螺母　或类似的测量标记作为测量基点。

5.3.4　铝标签（约 30 mm×30 mm×0.2 mm）　用于标测量标记。

5.3.5　办公用钉书机　用于扣紧铝标签。

5.3.6　长度测量装置　测量长度至少 250 mm，刻度至少 1 mm。

5.3.7　精确长度测量装置（如读数放大镜）　刻度至少 0.05 mm。

5.4　方法 B（卡尺方法）仪器设备

5.4.1　通则

除 5.2 外，需要 5.4.2 到 5.4.3 所示的仪器设备

5.4.2　卡尺（变形测量器）测量基点间距 200 mm，机械或电子测量装置，能测量到 0.05 mm。

5.4.3　测量基点 特制的用于配合卡尺测量的装置。

6　抽样

抽样按 GB/T 328.1 进行。

7　试件制备

从试样的宽度方向均匀的裁取 5 个矩形试件，尺寸（250±1）mm×（50±1）mm，长度方向是卷材的纵向，在卷材边缘 150 mm 内不裁试件。当卷材有超过一层胎体时裁取 10 个试件。试件从卷材的一边开始顺序编号，标明卷材上表面和下表面。

任何保护膜应去除，适宜的方法是常温下用胶带粘在上面，冷却到接近假设的冷弯温度，然后从试件上撕去胶带，另一方法是用压缩空气吹[压力约 0.5 MPa(5bar)，喷嘴直径约 0.5 mm]，假若上面的方法不能除去保护膜，用火焰烤，用最少的时间破坏膜而对试件没有其它损伤。

按图 1 或图 2 用金属模板和加热的刮刀或类似装置，把试件上表面的涂盖层去除直到胎体，不应损害胎体。

注：原文是下表面，印刷错误。

按图 1 或图 2 测量基点用无溶剂粘结剂粘在露出的胎体上。对于采用光学测量方法的试件，铝标签按图 1 用两个与试件长度方向垂直的钉书机钉固定到胎体，钉子与测量基点的中心距离约 200 mm。对于没有胎体的卷材，测量基点直接粘在试件表面，对于超过一层胎体的卷材，两面都试验。

试件制备后，在有滑石粉的平板上（23±2）℃至少放置 24 h。需要时卡尺、量规、钢板等，也在同样温度条件下放置。

8　步骤

8.1　方法 A（光学方法）

当采用光学方法（见 5.3）时，试件（见图 1）上的相关长度 L_0 在（23±2）℃用长度测量装置测量，精确到 1 mm。为此，用于裁取的钢板放在测量基点和铝标签上，长臂规上圆锥的中心此时放入测量基点，用画线钉在铝标签上画弧形测量标记。操作时不应有附加的压力，只有量规的质量，第一个测量标记应能明显的识别。

8.2　方法 B（卡尺方法）

试件采用卡尺方法（见 5.4）试验，测量装置放在测量基点上，温度（23±2）℃，测量两个基点间的起始距离 L_0，精确到 0.05 mm。

8.3　通则（方法 A 和 B）

烘箱预热到（80±2）℃，在试验区域控制温度的热电偶位置靠近试件。

然后，试件和上面的测量基点放在撒有滑石粉的玻璃板上放入烘箱，在(80±2)℃处理 24 h±15 min。整个试验期间烘箱试验区域保持温度恒定。

处理后，玻璃板和试件从烘箱中取出，在(23±2)℃冷却至少 4 h。

9 结果记录、评价和试验方法精确度

9.1 方法 A(光学方法)

试件按 8.1 画第二个测量标记，测量两个标记外圈半径方向间的距离(见图 1)，每个试件用精确长度测量装置测量精确到 0.05 mm。

每个测量值与 L_0 比给出百分率。

9.2 方法 B(卡尺方法)

按 8.2 再次测量两个测量基点间的距离，精确到 0.05 mm。计算每个试件与起始长度 L_0 比较的差值，以相对于起始长度 L_0 的百分率表示。

9.3 评价

每个试件根据直线上的变化结果给出符号(+伸长，-收缩)。

试验结果取 5 个试件的算术平均值，精确到 0.1%，对于超过一层胎体的卷材要分别计算每面的试验结果。

9.4 试验方法精确度

试验方法的精确度由相关的实验室按 GB/T 6379.2 测定，采用聚酯胎卷材。

目前对于其他胎体或无胎体的卷材没有给出数据。

9.4.1 重复性

——5 个试件偏差范围：$d_{a,5}$=0.3%

——重复性的标准偏差：σ_r=0.06%

——置信水平(95%)值：q_r=0.1%

——重复性极限(两个不同结果)：r=0.2%

9.4.2 再现性

——再现性的标准偏差：σ_R=0.12%

——置信水平(95%)值：q_R=0.2%

——再现性极限(两个不同结果)：R=0.3%

10 试验报告

试验报告至少包括以下信息：

a) 相关产品试验需要的所有数据；

b) 涉及的 GB/T 328 的本部分及偏离；

c) 根据第 6 章的抽样信息；

d) 根据第 7 章的试件制备细节；

e) 根据 9.3 的试验结果，采用的试验方法(A 或 B)；

f) 试验日期。

ICS 91.120.30
Q 17

中华人民共和国国家标准

GB/T 328.13—2007

建筑防水卷材试验方法 第13部分:高分子防水卷材 尺寸稳定性

Test methods for building sheets for waterproofing—Part 13: Plastic and rubber sheets for waterproofing-dimensional stability

2007-03-26 发布　　　　2007-10-01 实施

中华人民共和国国家质量监督检验检疫总局
中国国家标准化管理委员会 发布

前　言

GB/T 328《建筑防水卷材试验方法》分为如下 27 个部分：

——第 1 部分：沥青和高分子防水卷材　抽样规则；
——第 2 部分：沥青防水卷材　外观；
——第 3 部分：高分子防水卷材　外观；
——第 4 部分：沥青防水卷材　厚度、单位面积质量；
——第 5 部分：高分子防水卷材　厚度、单位面积质量；
——第 6 部分：沥青防水卷材　长度、宽度和平直度；
——第 7 部分：高分子防水卷材　长度、宽度、平直度和平整度；
——第 8 部分：沥青防水卷材　拉伸性能；
——第 9 部分：高分子防水卷材　拉伸性能；
——第 10 部分：沥青和高分子防水卷材　不透水性；
——第 11 部分：沥青防水卷材　耐热性；
——第 12 部分：沥青防水卷材　尺寸稳定性；
——第 13 部分：高分子防水卷材　尺寸稳定性；
——第 14 部分：沥青防水卷材　低温柔性；
——第 15 部分：高分子防水卷材　低温弯折性；
——第 16 部分：高分子防水卷材　耐化学液体(包括水)；
——第 17 部分：沥青防水卷材　矿物料粘附性；
——第 18 部分：沥青防水卷材　撕裂性能(钉杆法)；
——第 19 部分：高分子防水卷材　撕裂性能；
——第 20 部分：沥青防水卷材　接缝剥离性能；
——第 21 部分：高分子防水卷材　接缝剥离性能；
——第 22 部分：沥青防水卷材　接缝剪切性能；
——第 23 部分：高分子防水卷材　接缝剪切性能；
——第 24 部分：沥青和高分子防水卷材　抗冲击性能；
——第 25 部分：沥青和高分子防水卷材　抗静态荷载；
——第 26 部分：沥青防水卷材　可溶物含量(浸涂材料含量)；
——第 27 部分：沥青和高分子防水卷材　吸水性。

本部分为 GB/T 328 的第 13 部分。

本部分等同采用 EN 1107-2:2001《柔性防水卷材　尺寸稳定性测定　第 2 部分：屋面防水塑料和橡胶卷材》(英文版)。

本部分章条编号与 EN 1107-2:2001 章条编号一致。

为便于使用，对 EN 1107-2:2001 本部分做的主要编辑性修改是：

a)　“本欧洲标准”改为“本部分”；
b)　“EN 13416”改为“GB/T 328.1”；
c)　“塑料和橡胶屋面防水卷材”改为“高分子防水卷材”；
d)　删除 EN 1107-2:2001 的前言，重新编写本部分的前言。

本部分与其他部分组成的标准 GB/T 328.1～328.27—2007《建筑防水卷材试验方法》代替

GB/T 328—1989《沥青防水卷材试验方法》。

本部分由中国建筑材料工业协会提出。

本部分由全国轻质与装饰装修建筑材料标准化技术委员会(SAC/TC 195)归口。

本部分负责起草单位:中国化学建筑材料公司苏州防水材料研究设计所、建筑材料工业技术监督研究中心。

本部分参加起草单位:北京市建筑材料科学研究院、浙江省建筑材料研究所有限公司、中铁六局北京铁路建设有限公司、哈高科绥棱二塑有限公司、湖州红星建筑防水有限公司、山东力华防水建材有限公司。

本部分主要起草人:朱志远、杨斌、洪晓苗、檀春丽、陈建华、陈文洁、吴卫平、何少岚。

本部分为首次发布。

建筑防水卷材试验方法
第13部分:高分子防水卷材　尺寸稳定性

1　范围

GB/T 328的本部分规定了高分子屋面防水卷材加热后尺寸变化的测定方法。

2　规范性引用文件

下列文件中的条款通过GB/T 328的本部分的引用而成为本部分的条款。凡是注日期的引用文件,其随后所有的修改单(不包括勘误的内容)或修订版均不适用于本部分,然而,鼓励根据本标准达成协议的各方研究是否可使用这些文件的最新版本。凡是不注日期的引用文件,其最新版本适用于本部分。

GB/T 328.1　建筑防水卷材试验方法　第1部分:沥青和高分子防水卷材　抽样规则

3　术语和定义

下列术语和定义适用于GB/T 328的本部分。

上表面　top surface

在使用现场,卷材朝上的面,通常是成卷卷材的里面。

4　原理

试验原理是测定试件起始纵向和横向尺寸,在规定的温度加热试件到规定的时间,再测量试件纵向和横向尺寸,记录并计算尺寸变化。

5　仪器设备

试验设备由5.1和5.2组成。

5.1　鼓风烘箱

烘箱能调节试件在整个试验周期内保持规定温度±2℃,温度计或热电偶放置靠近试件处记录实际试验温度。

能保证试件放入后烘箱不会干扰试验期间的尺寸变化,例如为防止影响,试件放在涂有滑石粉的玻璃板上。

5.2　机械或光学测量装置

测量装置能测量试件的纵向和横向尺寸,精确到0.1 mm。

6　抽样

抽样按GB/T 328.1进行。

7　试件制备

取至少三个正方形试件大约250 mm×250 mm,在整个卷材宽度方向均匀分布,最外一个距卷材边缘(100±10) mm。

注:当有表面结构存在时可能需要更大的试件。

按图 1 所示在试件纵向和横向的中间作永久标记。

任何标记方法应满足按 5.2 选择的测量装置的测量精度不低于 0.1 mm。

试验前试件在(23±2)℃，相对湿度(50±5)%标准条件下至少放置 20 h。

单位为毫米

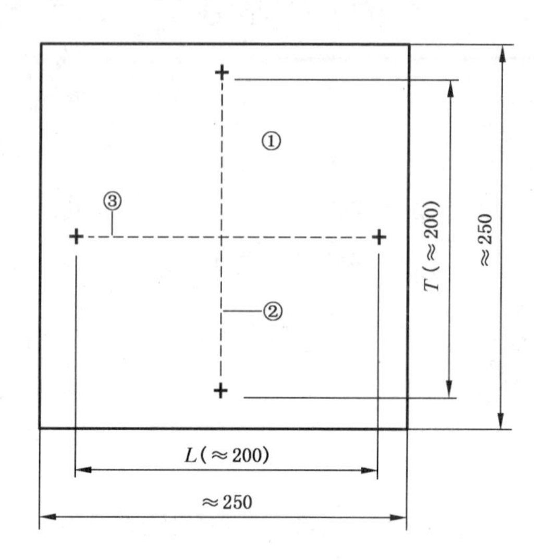

1——永久标记；

2——横向中心线；

3——纵向中心线。

图 1 试件尺寸测量

8 步骤

8.1 试验条件

试件在(80±2)℃处理 6 h±15 min。

8.2 试验方法

按图 1 测量试件起始的纵向和横向尺寸(L_0 和 T_0)，精确到 0.1 mm。

按 5.1 调节到(80±2)℃，放试件在平板上，上表面在烘箱中朝上。

在 6 h±15 min 后，从烘箱的平板上取出试件，在(23±2)℃，相对湿度(50±5)%标准条件下恢复至少 60 min。按图 1 再测量试件纵向和横向尺寸(L_1 和 T_1)，精确到 0.1 mm。

9 结果表示

9.1 评价

对每个试件，按公式计算和取尺寸变化(ΔL)和(ΔT)，以起始尺寸的百分率表示，见式(1)和式(2)。

$$\Delta L = \frac{L_1 - L_0}{L_0} \times 100 \qquad (1)$$

$$\Delta T = \frac{T_1 - T_0}{T_0} \times 100 \qquad (2)$$

式中：L_0 和 T_0——起始尺寸，单位为毫米(mm)，测量精度 0.1 mm。

L_1 和 T_1——加热处理后的尺寸，单位为毫米(mm)，测量精度 0.1 mm。

ΔL 和 ΔT——可能+或−，修约到 0.1%。

ΔL 和 ΔT 的平均值分别作为样品试验的结果。

9.2 试验方法精确度

试验方法的精确度没有规定。

10 试验报告

试验报告至少包括以下信息：

a) 涉及的 GB/T 328 的本部分及偏离；
b) 相关产品试验需要的所有数据；
c) 根据第 6 章的抽样信息；
d) 根据第 7 章的试件制备细节；
e) 根据第 9 章的试验结果；
f) 试验过程中采用的非标准步骤或遇到的异常；
g) 试验日期。

ICS 91.120.30
Q 17

中华人民共和国国家标准

GB/T 328.20—2007

建筑防水卷材试验方法 第20部分:沥青防水卷材 接缝剥离性能

Test methods for building sheets for waterproofing—Part 20:Bitumen sheets for waterproofing-resistance to peeling of joints

2007-03-26 发布　　2007-10-01 实施

中华人民共和国国家质量监督检验检疫总局
中国国家标准化管理委员会　发布

前　言

GB/T 328《建筑防水卷材试验方法》分为如下27个部分：

——第1部分：沥青和高分子防水卷材　抽样规则；
——第2部分：沥青防水卷材　外观；
——第3部分：高分子防水卷材　外观；
——第4部分：沥青防水卷材　厚度、单位面积质量；
——第5部分：高分子防水卷材　厚度、单位面积质量；
——第6部分：沥青防水卷材　长度、宽度和平直度；
——第7部分：高分子防水卷材　长度、宽度、平直度和平整度；
——第8部分：沥青防水卷材　拉伸性能；
——第9部分：高分子防水卷材　拉伸性能；
——第10部分：沥青和高分子防水卷材　不透水性；
——第11部分：沥青防水卷材　耐热性；
——第12部分：沥青防水卷材　尺寸稳定性；
——第13部分：高分子防水卷材　尺寸稳定性；
——第14部分：沥青防水卷材　低温柔性；
——第15部分：高分子防水卷材　低温弯折性；
——第16部分：高分子防水卷材　耐化学液体(包括水)；
——第17部分：沥青防水卷材　矿物料粘附性；
——第18部分：沥青防水卷材　撕裂性能(钉杆法)；
——第19部分：高分子防水卷材　撕裂性能；
——第20部分：沥青防水卷材　接缝剥离性能；
——第21部分：高分子防水卷材　接缝剥离性能；
——第22部分：沥青防水卷材　接缝剪切性能；
——第23部分：高分子防水卷材　接缝剪切性能；
——第24部分：沥青和高分子防水卷材　抗冲击性能；
——第25部分：沥青和高分子防水卷材　抗静态荷载；
——第26部分：沥青防水卷材　可溶物含量(浸涂材料含量)；
——第27部分：沥青和高分子防水卷材　吸水性。

本部分为GB/T 328的第20部分。

本部分等同采用EN 12316-1:1999《柔性防水卷材　接缝剥离性能测定　第1部分：屋面防水沥青卷材》(英文版)。

本部分章条编号与EN 12316-1:1999章条编号一致。

为便于使用，本部分与EN 12316-1:1999的主要差异是：

a) “本欧洲标准”改为“本部分”；
b) “EN 10002-2”改为“JJG 139”；
c) 删除EN 12316-1:1999的前言及参考资料，重新编写本部分的前言；
d) 增加GB/T 328.1的规范性引用文件。

本部分与其他部分组成的标准 GB/T 328.1～328.27—2007《建筑防水卷材试验方法》代替 GB/T 328—1989《沥青防水卷材试验方法》。

本部分由中国建筑材料工业协会提出。

本部分由全国轻质与装饰装修建筑材料标准化技术委员会(SAC/TC 195)归口。

本部分负责起草单位:中国化学建筑材料公司苏州防水材料研究设计所、建筑材料工业技术监督研究中心。

本部分参加起草单位:北京市建筑材料科学研究院、浙江省建筑材料研究所有限公司、盘锦禹王防水建材集团、北京中建友建筑材料有限公司、杭州绿都防水材料有限公司、北京市中兴青云建筑材料有限公司、北京世纪新星防水材料有限公司、徐州卧牛山新型防水材料有限公司、潍坊市宏源防水材料有限公司、潍坊宇虹新型防水材料有限公司、山东金禹王防水材料有限公司、广饶县祥泰防水卷材厂。

本部分主要起草人:朱志远、杨斌、檀春丽、洪晓苗、陈建华、詹福民、张星、刘凤波。

本部分为首次发布。

建筑防水卷材试验方法
第20部分：沥青防水卷材　接缝剥离性能

1　范围

GB/T 328的本部分规定相同的沥青屋面防水卷材间接缝的剥离性能测定方法。

本试验方法主要是检验机械固定的单层沥青防水卷材接缝性能。

沥青基卷材搭接宽度间的剥离特性随材料、搭接方法（火焰或热焊接、热粘结或沥青、冷粘剂等）、搭接的尺寸、操作工艺的不同而变化。

2　规范性引用文件

下列文件中的条款通过GB/T 328的本部分的引用而成为本部分的条款。凡是注日期的引用文件，其随后所有的修改单（不包括勘误的内容）或修订版均不适用于本部分，然而，鼓励根据本标准达成协议的各方研究是否可使用这些文件的最新版本。凡是不注日期的引用文件，其最新版本适用于本部分。

GB/T 328.1　建筑防水卷材试验方法　第1部分：沥青和高分子防水卷材　抽样规则

JJG 139—1999　拉力、压力和万能试验机

3　术语和定义

下列术语和定义适用于GB/T 328的本部分。

剥离性能　peel resistance

在剥离方向，拉伸制备好的搭接试件，直至试件完全分离的拉力。

4　原理

试件的接缝处以恒定速度拉伸至试件分离，连续记录整个试验中的拉力。

5　仪器设备

拉伸试验机应有连续记录力和对应距离的装置，能够按以下规定的速度分离夹具。

拉伸试验机具有足够的荷载能力（至少2 000 N）和足够的拉伸距离，夹具拉伸速度为（100±10）mm/min，夹持宽度不少于50 mm。

拉伸试验机的夹具能随着试件拉力的增加而保持或增加夹具的夹持力，夹具能夹住试件使其在夹具中的滑移不超过2 mm，为防止从夹具中的滑移超过2 mm，允许用冷却的夹具。

这种夹持方法不应在夹具内外产生过早的破坏。

力测量系统满足JJG 139—1999至少2级（即±2%）。

6　抽样及搭接试片制备

抽样按GB/T 328.1进行。

裁取试件的搭接试片应预先在（23±2）℃和相对湿度（30～70）%的条件下放置至少20 h。

根据规定的方法搭接卷材试片，并留下接缝的一边不粘接（见图1）。

应按要求的相同粘结方法制备搭接试片。

7　试件制备

从每个试样上裁取5个矩形试件，宽度（50±1）mm并与接头垂直，长度应能保证试件两端装入夹

具，其完全叠合部分可以进行试验（见图1和图2）。

试件试验前应在(23±2)℃和相对湿度30%～70%的条件下放置至少20 h。

接缝采用冷粘剂时需要根据制造商的要求增加足够的养护时间。

单位为毫米

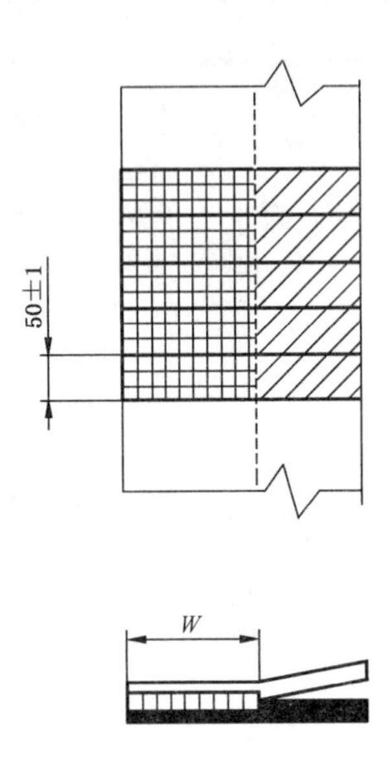

W——接缝宽度。

图1 从制好的搭接试片的留边和最终叠合处制备试件

单位为毫米

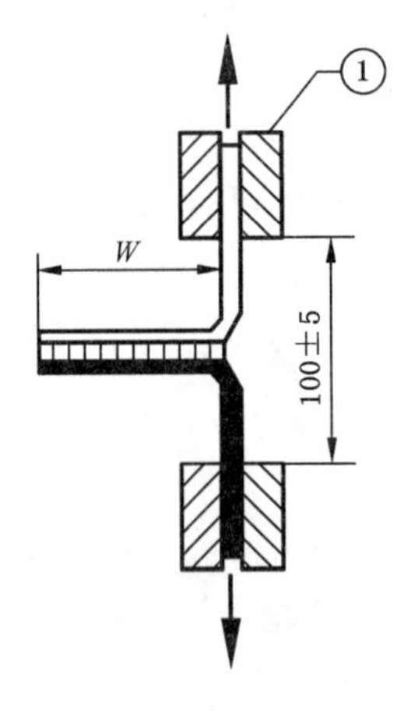

1——夹具；

W——搭接宽度。

图2 剥离强度的留边和最终叠合

8 步骤

试件稳固的放入拉伸试验机的夹具中，使试件的纵向轴线与拉伸试验机及夹具的轴线重合。

夹具间整个距离为(100±5) mm，不承受预荷载。

试验在(23±2)℃进行，拉伸速度(100±10) mm/min。

产生的拉力应连续记录直至试件分离，用N表示。

试件的破坏形式应记录。

9 结果表示、计算和试验方法的精确度

9.1 表示

画出每个试件的应力应变图。

9.1.1 最大剥离强度

记录最大的力作为试件的最大剥离强度，用 N/50 mm 表示，

9.1.2 平均剥离强度

去除第一和最后一个 1/4 的区域，然后计算平均剥离强度，用 N/50 mm 表示。平均剥离强度是计算保留部分 10 个等份点处的值(见图 3)。

注：这里规定估值方法的目的是计算平均剥离强度值，即在试验过程中某些规定时间段作用于试件的力的平均值。这个方法允许在图形中即使没有明显峰值时进行估值，在试验某些粘结材料时或许会发生。必须注意根据试件裁取方向不同试验结果会变化。

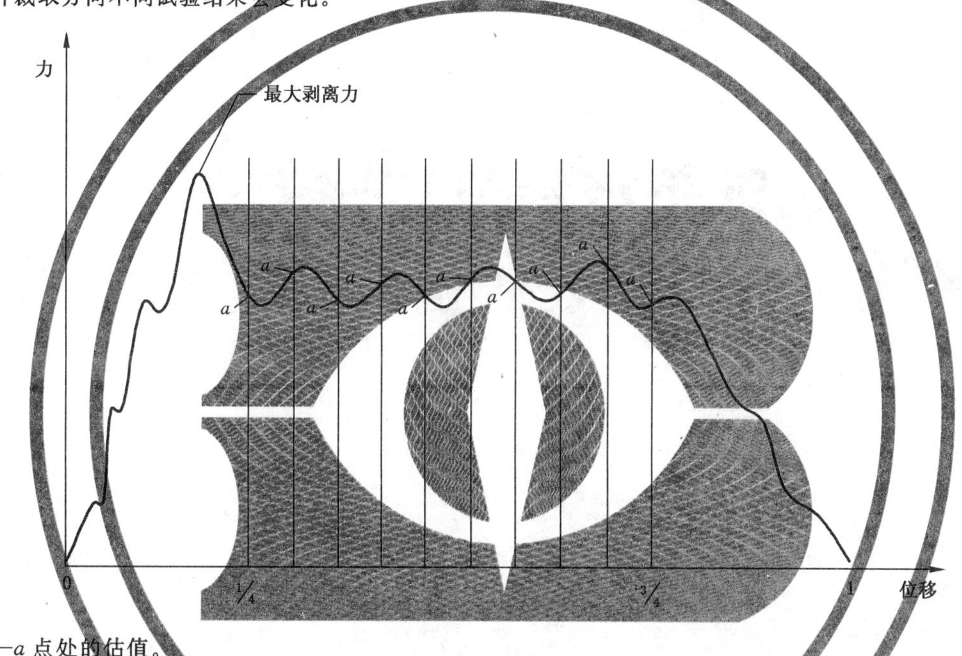

a ——*a* 点处的估值。

图 3 剥离性能计算图(示例)

9.2 计算

计算每组 5 个试件的最大剥离强度平均值和平均剥离强度，修约到 5 N/50 mm。

9.3 试验方法的精确度

试验方法的精确度没有规定。

10 试验报告

试验报告包括如下信息：

a) 确定试验产品的所有必要细节；

b) 涉及的 GB/T 328 的本部分及偏离；

c) 根据第 6 章的抽样信息；

d) 根据第 7 章的试件制备信息和搭接方法的说明；

e) 根据第 9 章的试验结果；

f) 试验日期。

ICS 91.120.30
Q 17

中华人民共和国国家标准

GB/T 328.21—2007

建筑防水卷材试验方法
第21部分：高分子防水卷材　接缝剥离性能

**Test methods for building sheets for waterproofing—
Part 21: Plastic and rubber sheets for waterproofing-resistance to peeling of joints**

2007-03-26 发布　　　　2007-10-01 实施

中华人民共和国国家质量监督检验检疫总局
中国国家标准化管理委员会　发布

前　　言

GB/T 328《建筑防水卷材试验方法》分为如下27个部分：

——第1部分：沥青和高分子防水卷材　抽样规则；

——第2部分：沥青防水卷材　外观；

——第3部分：高分子防水卷材　外观；

——第4部分：沥青防水卷材　厚度、单位面积质量；

——第5部分：高分子防水卷材　厚度、单位面积质量；

——第6部分：沥青防水卷材　长度、宽度和平直度；

——第7部分：高分子防水卷材　长度、宽度、平直度和平整度；

——第8部分：沥青防水卷材　拉伸性能；

——第9部分：高分子防水卷材　拉伸性能；

——第10部分：沥青和高分子防水卷材　不透水性；

——第11部分：沥青防水卷材　耐热性；

——第12部分：沥青防水卷材　尺寸稳定性；

——第13部分：高分子防水卷材　尺寸稳定性；

——第14部分：沥青防水卷材　低温柔性；

——第15部分：高分子防水卷材　低温弯折性；

——第16部分：高分子防水卷材　耐化学液体(包括水)；

——第17部分：沥青防水卷材　矿物料粘附性；

——第18部分：沥青防水卷材　撕裂性能(钉杆法)；

——第19部分：高分子防水卷材　撕裂性能；

——第20部分：沥青防水卷材　接缝剥离性能；

——第21部分：高分子防水卷材　接缝剥离性能；

——第22部分：沥青防水卷材　接缝剪切性能；

——第23部分：高分子防水卷材　接缝剪切性能；

——第24部分：沥青和高分子防水卷材　抗冲击性能；

——第25部分：沥青和高分子防水卷材　抗静态荷载；

——第26部分：沥青防水卷材　可溶物含量(浸涂材料含量)；

——第27部分：沥青和高分子防水卷材　吸水性。

本部分为GB/T 328的第21部分。

本部分等同采用EN 12316-2:2000《柔性防水卷材　接缝剥离性能测定　第2部分：屋面防水塑料和橡胶卷材》(英文版)。

本部分章条编号与EN 12316-2:2000章条编号一致。

为便于使用，本部分与EN 12316-2:2000的主要差异是：

a) "本欧洲标准"改为"本部分"；

b) "ISO 7500-1"、"EN 13416"改为"JJG 139"、"GB/T 328.1"；

c) 删除EN 12316-2:2000的前言及参考资料，重新编写本部分的前言；

d) "塑料和橡胶屋面防水卷材"改为"高分子防水卷材"；

e) 将范围的注改为正文。

本部分与其他部分组成的标准 GB/T 328.1～328.27—2007《建筑防水卷材试验方法》代替 GB/T 328—1989《沥青防水卷材试验方法》。

本部分由中国建筑材料工业协会提出。

本部分由全国轻质与装饰装修建筑材料标准化技术委员会(SAC/TC 195)归口。

本部分负责起草单位:中国化学建筑材料公司苏州防水材料研究设计所、建筑材料工业技术监督研究中心。

本部分参加起草单位:北京市建筑材料科学研究院、浙江省建筑材料研究所有限公司、中铁六局北京铁路建设有限公司、哈高科绥棱二塑有限公司、湖州红星建筑防水有限公司、山东力华防水建材有限公司。

本部分主要起草人:朱志远、杨斌、檀春丽、洪晓苗、陈文洁、陈建华、吴卫平、何少岚。

本部分为首次发布。

建筑防水卷材试验方法
第21部分:高分子防水卷材 接缝剥离性能

1 范围

GB/T 328的本部分规定了相同的高分子屋面防水卷材间接缝剥离性能的测定方法。

本试验方法主要用于试验机械固定的高分子防水卷材接缝。

塑料和橡胶搭接宽度间的剥离性能根据材料、搭接方法、重叠尺寸和操作工艺不同而变化。

2 规范性引用文件

下列文件中的条款通过GB/T 328的本部分的引用而成为本部分的条款。凡是注日期的引用文件,其随后所有的修改单(不包括勘误的内容)或修订版均不适用于本部分,然而,鼓励根据本标准达成协议的各方研究是否可使用这些文件的最新版本。凡是不注日期的引用文件,其最新版本适用于本部分。

GB/T 328.1 建筑防水卷材试验方法 第1部分:沥青和高分子防水卷材 抽样规则

JJG 139—1999 拉力、压力和万能试验机

3 术语和定义

下列术语和定义适用于GB/T 328的本部分。

剥离性能 peel resistance

在剥离方向,拉伸制备好的搭接试件,直至试件完全分离的拉力。

4 原理

试验的原理是以恒定速度拉伸试件剥离搭接缝至试件破坏,连续记录整个试验的拉力。

5 仪器设备

拉伸试验机应有连续记录力和对应伸长的装置,能够按以下规定的速度匀速分离夹具。

拉伸试验机有效荷载范围至少2 000 N,夹具拉伸速度为(100±10) mm/min,夹持宽度不少于50 mm。

拉伸试验机的夹具能随着试件拉力的增加而保持或增加夹具的夹持力,能夹住试件使其在夹具中的滑移不超过2 mm。

夹持的方式不应导致试件在夹具附近产生过早的断裂。

力测量系统满足JJG 139—1999至少2级(即±2%)。

6 抽样

抽样按GB/T 328.1进行。

7 试片和试件制备

用于搭接的试片应预先在(23±2)℃和相对湿度(30～70)%的条件下放置至少20 h。

卷材的试片按要求的方法搭接。搭接后,试片试验前应在(23±2)℃和相对湿度(50±5)%的条件

下放置至少 2 h,除非制造商有不同的要求。

每个搭接试片裁 5 个矩形试件,宽度(50±1) mm 与搭接边垂直,其长度应保证试件装入夹具,整个叠合部分可以进行试验并垂直于接缝(见图 1 和图 2)。

矩形搭接试件按要求的所有搭接步骤制备。

每组试验 5 个试件。

单位为毫米

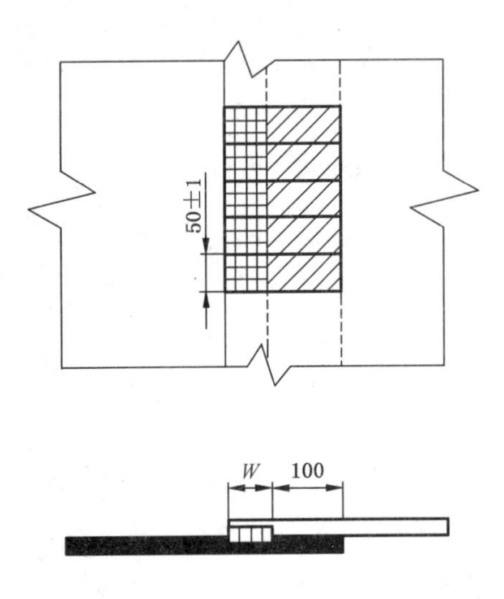

W——搭接宽度。

图 1 按规定的留边和最终叠合制备试件

单位为毫米

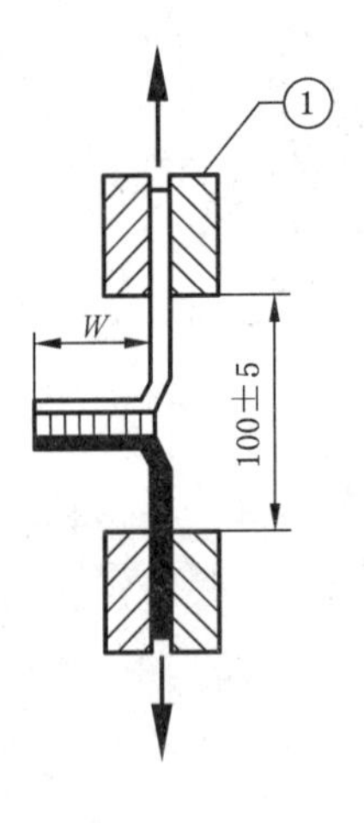

1——夹具;

W——搭接宽度。

图 2 留边和最终叠合的剥离强度试验

8 步骤

试件应紧紧的夹在拉伸试验机的夹具中,使试件的纵向轴线与拉伸试验机及夹具的轴线重合。

夹具间整个距离为(100±5) mm(见图 2),不承受预荷载。

试件试验温度为(23±2)℃,拉伸速度为(100±10) mm/min。

连续记录试件的拉力和伸长直至试件分离。

记录接缝的破坏形式。

9 结果表示

9.1 搭接信息

说明所有相关的搭接制备和条件的信息。

9.2 计算

画出应力应变图。

舍去试件距拉伸试验机夹具 10 mm 范围内的破坏及从拉伸试验机夹具中滑移超过规定值的结果，用备用件重新试验。

报告试件的破坏形式。

9.2.1 最大剥离强度

从图上读取最大力作为试件的最大剥离强度，用 N/50 mm 表示（对应于试件断裂、无剥离发生和仅有一个峰值）。

9.2.2 平均剥离强度（对应于只有剥离发生）

去除第一和最后一个 1/4 的区域，然后计算平均剥离性能，平均剥离性能是计算保留部分 10 个等份点处的值，用 N/50 mm 表示（见图 3）。

注：这里规定估值方法的目的是计算平均剥离强度值，即在试验过程中某些规定时间段作用于试件的力的平均值。这个方法允许在图形中即使没有明显峰值时进行估值，在试验某些粘结材料时或许会发生。必须注意根据试件裁取方向不同试验结果会变化。

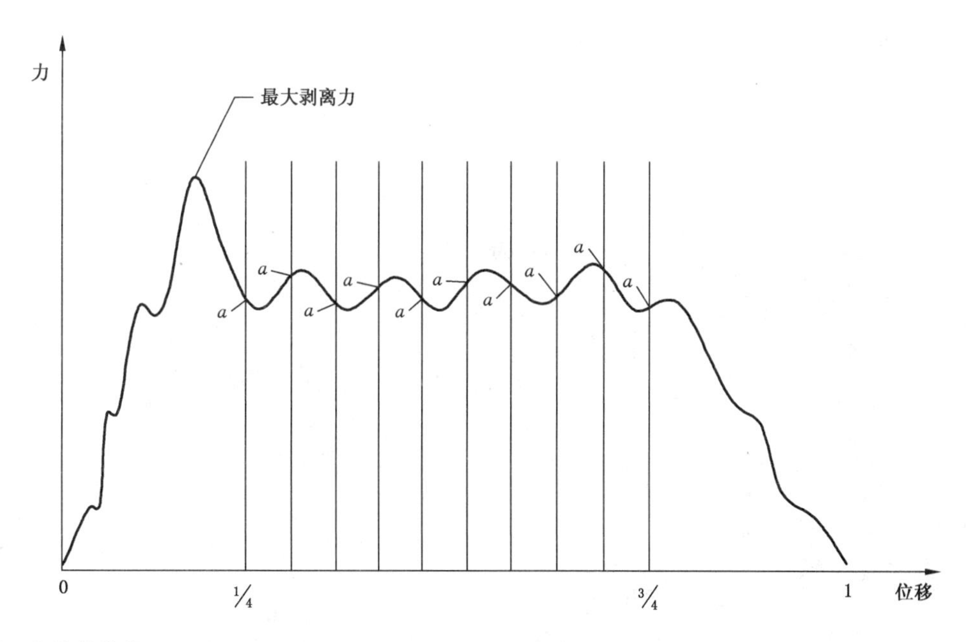

a ——a 点处的估值。

图 3 计算平均剥离强度图（示例）

9.3 计算

以每组 5 个试件计量剥离强度作为平均值（用每个试件得到的最大剥离强度或平均剥离强度），用 N/50 mm 表示。报告剥离强度精确到 1 N/50 mm，以及标准偏差。

9.4 试验方法的精确度

试验方法的精确度没有规定。

10 试验报告

试验报告包括如下信息：

a) 涉及的 GB/T 328 的本部分及偏离；

b) 确定试验产品的所有必要细节；

c) 根据第 6 章的抽样信息；

d) 根据第 7 章的制备试件信息；

e) 根据第 9 章的试验结果；

f) 试验过程中采用的非标准步骤或遇到的异常；

g) 试验日期。

ICS 87.040
G 50

中华人民共和国国家标准

GB/T 1741—2007
代替 GB/T 1741—1979(1989)

漆膜耐霉菌性测定法

Test method for determining the resistance of paints film to mold

2007-09-11 发布　　　　2008-04-01 实施

中华人民共和国国家质量监督检验检疫总局
中国国家标准化管理委员会　发布

前　言

本标准代替GB/T 1741—1979(1989)《漆膜耐霉菌测定法》。

本标准与GB/T 1741—1979(1989)相比,主要技术差异为:

——形式更加严谨。本标准划分为范围、规范性引用文件、术语和定义、试验原理、试验条件、霉菌菌种及混合霉菌孢子(种子)悬浮液的制备、检验程序、结果观察共8章。

——修改了试验方法与试验时间。前版根据不同试样选择试验方法,即甲法和乙法,这两种方法实际上为同一试验方法,即培养皿法,其试验时间为14 d。本标准的试验方法分为培养皿检测法与湿室悬挂法两种,试验时间为28 d。

——对仪器设备要求更高。本标准增加了恒温恒湿培养箱、湿度计、霉菌孢子液喷雾箱、生物安全柜、冰箱等试验设备。

——对漆膜制备作了要求。

——试验菌种的选择更具科学性,更符合实际使用环境。

——增加了阳性对照试验与阴性对照试验,以判断试验的可靠性。

——对孢子悬浮液孢子浓度作出规定。

——增加持久性防霉试验内容。

——修改了评级方法。

本标准由中国石油和化学工业协会提出。

本标准由全国涂料和颜料标准化技术委员会归口。

本标准起草单位:广东省微生物研究所(广东省微生物分析检测中心)、中国化工建设总公司常州涂料化工研究院(国家涂料质量监督检测中心)。

本标准主要起草人:彭红、赵玲、陈仪本、欧阳友生、谢小保。

漆膜耐霉菌性测定法

1 范围

本标准规定了建筑涂料中的内、外墙漆膜耐霉菌性能测试方法及结果评定。

其他漆膜耐霉性能的测定也可参照本标准执行。

本测试应该由具有一定微生物知识的人员操作。

本标准适用于内墙和外墙漆膜耐霉菌性能的测定，其他类型的漆膜耐霉菌性可参照本标准测定。

2 规范性引用文件

下列文件中的条款通过本标准的引用而成为本标准的条款。凡是注日期的引用文件，其随后所有的修改单(不包括勘误的内容)或修订版均不适用于本标准，然而，鼓励根据本标准达成协议的各方研究是否可使用这些文件的最新版本。凡是不注日期的引用文件，其最新版本适用于本标准。

GB/T 1727—1992 漆膜一般制备法

GB/T 3186 色漆、清漆和色漆与清漆用原材料 取样(GB/T 3186—2006，ISO 15528:2000，IDT)

3 术语和定义

3.1

霉菌 mould

是指能在建筑涂膜上生长的一类丝状真菌。这类真菌可通过产生有机酸酶或其他分泌物对漆膜发生侵蚀和破坏，改变其理化性能并降低漆膜的使用寿命。

3.2

耐霉 antimould

耐霉，也称防霉、抗霉等，是指建筑涂膜具有耐受或阻止、抑制霉菌孢子及菌丝体的生长与繁殖的能力。

4 试验原理

模拟自然界适合霉菌生长的环境条件，按霉菌生长的生理特点进行设计的试验，用以测定漆膜在这种条件下对霉菌的耐受作用，并用肉眼(必要时借助放大镜)观察方法检验长霉的程度，以此来评价漆膜防霉性能。外墙漆膜中的高分子聚合物，受阳光和氧气的作用，以及大气中的风、霜、雨、露、高温、严寒等物理性和机械性变化，导致高聚物中分子链断裂、降解、发生不可逆的变化，使涂层结构破坏，抗霉能力下降。所以外墙漆膜还须经耐老化试验后再进行耐霉菌性能试验。

5 试验条件

5.1 主要设备与材料

5.1.1 恒温恒湿培养箱(25℃～30℃、相对湿度 $h \geqslant 85\%$)、高压灭菌锅、湿度计、天平(精确度0.01 g)、离心机、霉菌孢子液喷雾箱、生物安全柜(也允许用超净工作台)、冰箱。

5.1.2 无色玻璃试管、ϕ90 mm 无色玻璃培养皿、ϕ400 mm 无色玻璃培养皿、三角瓶(容量为 50 mL、100 mL、250 mL 和 500 mL)、无色玻璃漏斗、酒精灯、喷雾器、铝板(或玻璃、木片、马口铁片等)、玻璃或塑料密闭容器、接种环。

5.2 培养基和试剂

5.2.1 无机盐培养基(供检验样品用)的配制

试剂

硝酸铵(NH_4NO_3)	1.5 g
磷酸氢二钾(K_2HPO_4)	1.0 g
氯化钾(KCl)	0.25 g
硫酸镁($MgSO_4$)	0.5 g
硫酸亚铁($FeSO_4$)	0.002 g
琼脂	(15～20) g
无离子水(蒸馏水)	1 000 mL

pH 值为 6.0～6.5

制法:将上述组成的无机盐培养基加热分装在三角瓶中,放入高压灭菌锅于 121℃、(0.10～0.11)MPa 蒸汽压力下灭菌 30 min。

5.2.2 无机营养液(为试验需要准备充足的营养液)

试剂

硝酸铵(NH_4NO_3)	1.0 g
磷酸氢二钾(K_2HPO_4)	0.7 g
磷酸二氢钾(KH_2PO_4)	0.7 g
氯化钠(NaCl)	0.005 g
硫酸锌($ZnSO_4$)	0.002 g
硫酸锰($MnSO_4$)	0.001 g
硫酸镁($MgSO_4$)	0.7 g
硫酸亚铁($FeSO_4$)	0.002 g
无离子水(蒸馏水)	1 000 mL

pH 值为 6.0～6.5

制法:将上述组成的无机营养液加热分装在三角瓶中,放入高压灭菌锅于 121℃、(0.10～0.11)MPa 蒸汽压力下灭菌 30 min。

5.2.3 马铃薯-蔗糖培养基(供培养霉菌用)

试剂

马铃薯	200 g
蔗糖	20 g
琼脂	20 g
无离子水(蒸馏水)	1 000 mL

制法:马铃薯切片,加无离子水(蒸馏水)加热至 100℃,提取 20 min 后过滤,取汁。加入其余成分,定量,加热完全融化后分装入试管,放入高压灭菌锅于 121℃、(0.10～0.11)MPa 灭菌 30 min,趁热取出试管,分开斜放在横棍上,待其自然凝固成斜面后,存放于阴凉清洁处备用。

5.3 分散剂

吐温 80

5.4 无菌水

用 100 份无离子水(蒸馏水)加 0.005 份分散剂(吐温 80),按 10 mL/支分装到无色玻璃试管中,放入高压灭菌锅于 121℃、(0.10～0.11)MPa 灭菌 30 min 后备用。

5.5 试验样品的准备

5.5.1 漆膜载体的准备

金属面板。软钢皮或铝板、镀锌(或镀锡)铁片等金属面板(特殊情况下还可用合金),其厚度大约有1 mm,切取50 mm×50 mm大小的小块,用磨砂纸使其表面粗糙,并用酒精清洁面板。面板在试验期间不能有生锈情况出现,若发现"生锈"情况则应暂停该试验,另外选择面板。

木质面板。要求试验面板厚度不大于15 mm,面板上无树节、污点或其他缺陷,四周光滑平整,且木材应烘干,避免感染有其他木腐型真菌,木质面板不应以木心材制作,因为它所含的某些物质可能在测试时会抑制霉菌的生长,并且保证面板无残留有防变色剂等化学物质。切取50 mm×50 mm大小的小块。

其他材料。如矿石建筑板、复合木板、玻璃等等,这些材料的厚度至少要有1 mm,切取50 mm×50 mm大小的小块。特殊情况下也可选用滤纸片作为载体。

5.5.2 漆膜制备

按照GB/T 3186的规定进行取样,若没有特别要求,试验者可以把油漆、涂料样品涂在50 mm×50 mm载体面板(可以根据试验样品的实际应用选择载体)的一面,每种涂料样品需制作六块,按照GB/T 1727—1992要求制作漆膜(特殊样品根据产品使用要求进行制膜),样板应平整、无锈、无油污等。若以木片作为漆膜载体,则要求漆膜封住整个木片。样板制作完毕,应把样板存放在干燥的环境中,漆膜实干后备用。

5.5.3 外墙漆膜的持久性防霉试验

漆膜制备好后,室温下置于缓慢流动的自来水中冲洗24 h,注意水流不能直接冲刷到漆膜上。取出试验涂片在室温下晾干后,待试样状况稳定后(不应有起泡、脱落、开裂等现象)考察漆膜的耐霉性能。

注:根据产品的使用要求,可以选择其他持久性耐老化方法。

5.5.4 阳性对照样品

在试验过程中用3张50 mm×50 mm的无菌定性滤纸作为阳性对照样品,要求该滤纸本身不具备防霉功能。

5.5.5 阴性对照样品

用5.5.2中3块制备好的漆膜作为阴性对照样品。

6 霉菌菌种及混合霉菌孢子(种子)悬浮液的制备

6.1 检验菌种

试验中内外墙漆膜的试验菌种如表1所示:

表1 内墙漆膜防霉试验菌种名称

序号	中文名称	拉丁名
1	黑曲霉	aspergillus niger
2	黄曲霉	aspergillus flavus
3	球毛壳霉	chaetomium globosum
4	腊叶芽枝霉	cladosporium herbarum
5	宛氏拟青霉	paecilomyces varioti
6	桔青霉	penicillium citrinum
7	绿色木霉	trichoderma viride
8	出芽短梗霉	aureobasidium pullulans

表 2 外墙漆膜防霉试验菌种名称

序号	中文名称	拉丁名
1	黑曲霉	aspergillus niger
2	黄曲霉	aspergillus flavus
3	球毛壳霉	chaetomium globosum
4	腊叶芽枝霉	cladosporium herbarum
5	宛氏拟青霉	paecilomyces varioti
6	桔青霉	penicillium citrinum
7	绿色木霉	trichoderma viride
8	出芽短梗霉	aureobasidium pullulans
9	链格孢	alternata alternata

注：根据产品的使用要求，也可适当增加其他菌种作为检测菌种。所有菌种均来自国家或省级微生物菌种保藏中心的典型菌种。

6.2 霉菌菌种培养与孢子悬浮液的制备

6.2.1 菌种制备与储存

6.2.1.1 菌种制备

菌种和冷冻干孢子应按提供者的建议进行操作和贮存，接种试管上需标明菌种的接种日期，接种需要在生物安全柜里操作(也允许用超净工作台)。

6.2.1.2 菌种贮存

马铃薯-蔗糖培养基斜面保藏的菌种可以贮存在3℃～10℃的冰箱中4个月。制备孢子悬浮液的菌种，从接种试管上标明的接种日期算起，应在室温条件下培养不少于7 d，但不超过28 d。

6.2.2 霉菌孢子悬浮液的制备

6.2.2.1 在制备霉菌孢子悬浮液前，不能取下装有菌种的试管塞子，一支打开的菌种试管应只制备一次孢子悬浮液。

6.2.2.2 应使用无菌水(5.4)制备孢子悬浮液。

6.2.2.3 将一支按5.4制备好的无菌水试管中的无菌水倒入一支斜面菌种中，用无菌接种环在无菌操作条件下轻刮菌种表面以洗出孢子，把洗出的孢子液倒入无菌三角瓶中。将试验需要的几种霉菌孢子液都收集到该三角瓶中。

6.2.2.4 振荡三角瓶以充分混匀孢子混合液，并使成团的孢子分散。孢子混合液用快速纤维滤纸过滤除去菌丝碎片、琼脂块和孢子团。

6.2.2.5 以4 000 r/min的速度离心已过滤的孢子混合液，去掉上层清液。用50 mL无菌水沉淀悬浮物，再离心。用此方法清洗孢子三次。混合的孢子液用无机营养液稀释，制备的孢子悬浮液应含有孢子8×10^{5} cfu/mL～1.2×10^{6} cfu/mL。

6.2.2.6 孢子悬浮液每次可以制备新鲜的，或者放在3℃～10℃的冰箱中，但在接种样品前孢子悬浮液在冰箱的存放时间不能超过4 d。

7 检验程序

检验程序的接种过程必须有充分设施保证人员与环境的安全，建议该接种过程在霉菌孢子悬浮液喷雾箱中进行，接种完毕待样品从喷雾箱中取出后需对该喷雾箱消毒(用70%～75%的乙醇溶液对该喷雾箱喷雾，并用干净的布浸上70%～75%的乙醇溶液对霉菌孢子悬浮液可能滴落、溅洒或喷雾到的表面擦拭)。

孢子悬浮液接种于样品上有喷洒、涂抹、浸泡3种方式。对水不浸润的漆膜样品不宜选用涂抹、浸泡两种方式；一般漆膜样品都可选用喷洒方式接种，该方式要求具有一定雾粒直径大小的喷洒器；一定大小样品的表面，孢子悬浮液需均匀分布于样品的整个表面。雾粒喷洒到样品表面不应形成明显液滴。每个测试样品需接种1 mL左右孢子悬浮液。

7.1 培养皿法

7.1.1 培养基平皿的准备

对于直径小于75 mm的样品，选用ϕ90 mm无色玻璃培养皿，对于直径在75 mm～350 mm的样品，选用ϕ400 mm无色玻璃大培养皿。将足够的营养盐培养基倒入适合的无菌培养皿中，培养基厚度为3 mm ～ 6 mm。

7.1.2 接种

7.1.2.1 试验样品

培养皿中的培养基凝固后，表面放上样品，把准备好的孢子悬浮液均匀接种到整个漆膜样品与周围培养基的表面。待样品表面水分稍干后盖好皿盖。每种样品做3个平行。

7.1.2.2 阳性对照

把5.5.4中准备的无菌过滤纸，分别平放在营养盐培养基上，把准备好的孢子悬浮液均匀接种到整个滤纸与周围培养基的表面，稍干后盖好皿盖。

7.1.2.3 阴性对照

取5.5.5 3块制备好的漆膜作为阴性对照样品，分别平放在无菌的无机营养盐培养基上，每个样品接上与样品相同接种量的无菌水，稍干后盖好皿盖。

7.1.3 培养

7.1.3.1 温度、湿度控制

把已接种的测试样品、阳性对照样品和阴性对照样品放在培养箱中，温度控制在25 ℃～30 ℃，相对湿度控制在不低于85%的条件下培养。

7.1.3.2 培养时间

在培养7 d后检查阳性对照样品上接种菌的活力，如果在任何一张滤纸上肉眼都看不到霉菌生长，则该试验被认为无效，应重新进行试验。若滤纸上肉眼可清楚看见霉菌生长，则继续培养。培养至28 d，检查结果。

7.2 悬挂法

对于大件样品、不规则样品，无法用7.1中培养皿法测试的样品，可以用悬挂法进行检测。

7.2.1 容器的准备

使用带紧密盖子的、能安置样品的玻璃或塑料容器，容器的大小与形状应使得在它内部空间的底部具有足够敞露的水表面积，保证放置的样品有足够的空间，不相互干扰，并保持容器内相对湿度大于85%。

7.2.2 接种

漆膜试验样品与阳性滤纸对照样的接种。把准备好的混合孢子悬浮液，接种于整个漆膜试验样品和滤纸的表面，每种样品做3个平行。

取5.5.5 3块制备好的漆膜作为阴性对照样品，用与试验样品同样的接种方式和相同的接种量对该样品表面加无菌水，做3个平行。

7.2.3 样品的放置

7.2.3.1 试验漆膜样品与阳性对照

试验样品与阳性对照样品稍微晾干后，放置在7.2.1容器内，安置方式应确保样品不被水触及或溅到，可以采用悬挂的方式把样品悬挂于容器中，注意样品放置不得互相接触，注明试样编号和试验日期。

7.2.3.2 阴性对照

按照7.2.1方法准备的另一容器放置阴性对照样品，以与7.2.3.1同样安置方式，确保样品不被水触及或溅到，可以采用悬挂的方式把样品悬挂于容器中。

7.2.4 培养

7.2.4.1 温度、湿度控制

把已接种的漆膜试验样品、阳性对照样品和阴性对照样品放在培养箱中，温度控制在25 ℃～30 ℃，相对湿度控制在不低于85%的条件下培养。

7.2.4.2 培养时间

在培养7 d后检查阳性对照样品上接种菌的活力，如果在任何一张滤纸上肉眼都看不到霉菌生长，则该试验被认为无效，应重新进行试验。若滤纸上肉眼可清楚看见霉菌生长，则继续培养。培养至28 d，检查结果。

8 结果观察

试验结束，立即检查样品的外观，必要时对样品进行影相。如果试验仅检查直观效果，样品应从培养箱拿出，直接从正面或侧面观察样板表面霉菌、菌体、菌丝生长情况。经检验的样品应先用肉眼检查，如有必要再用放大镜(放大倍数约为50倍)进行检查。应按以下等级评定及表述长霉程度，报告应给出试验所采用的培养方法、测试周期。

0级——在放大约50倍下无明显长霉；

1级——肉眼看不到或很难看到长霉，但在放大镜下可见明显见到长霉；

2级——肉眼明显看到长霉，在样品表面的覆盖面积为10%～30%；

3级——肉眼明显看到长霉，在样品表面的覆盖面积为30%～60%；

4级——肉眼明显看到长霉，在样品表面的覆盖面积大于60%。

同时阴性对照样品肉眼不应观察到霉菌生长。

ICS 71.040.30
G 60

中华人民共和国国家标准

GB/T 6682—2008
代替 GB/T 6682—1992

分析实验室用水规格和试验方法

Water for analytical laboratory use—
Specification and test methods

(ISO 3696:1987,MOD)

2008-05-15 发布　　2008-11-01 实施

中华人民共和国国家质量监督检验检疫总局
中国国家标准化管理委员会　发布

前　言

本标准修改采用 ISO 3696:1987《分析实验室用水规格和试验方法》(英文版)。

考虑我国国情,本标准在采用 ISO 3696:1987 时做了一些修改。有关技术性差异已编入正文中并在它们所涉及的条款的页边空白处用垂直单线标识。在附录 A 中列出了本标准章条编号与 ISO 3696:1987 章条编号对照一览表。在附录 B 中给出了本标准与 ISO 3696:1987 技术性差异及其原因一览表以供参考。

本标准代替 GB/T 6682—1992《分析实验室用水规格和试验方法》,与 GB/T 6682—1992 相比主要变化如下:

——增加了实验报告(本版的第 8 章)。

本标准的附录 C 为规范性附录,附录 A、附录 B 为资料性附录。

本标准由中国石油和化学工业协会提出。

本标准由全国化学标准化技术委员会化学试剂分会(SAC/TC 63/SC 3)归口。

本标准起草单位:国药集团化学试剂有限公司。

本标准主要起草人:陈浩云、陈红。

本标准于 1986 年首次发布,于 1992 年第一次修订。

分析实验室用水规格和试验方法

1 范围

本标准规定了分析实验室用水的级别、规格、取样及贮存、试验方法和试验报告。

本标准适用于化学分析和无机痕量分析等试验用水。可根据实际工作需要选用不同级别的水。

2 规范性引用文件

下列文件中的条款通过本标准的引用而成为本标准的条款。凡是注日期的引用文件，其随后所有的修改单(不包括勘误的内容)或修订版均不适用于本标准，然而，鼓励根据本标准达成协议的各方研究是否可使用这些文件的最新版本。凡是不注日期的引用文件，其最新版本适用于本标准。

GB/T 601 化学试剂 标准滴定溶液的制备

GB/T 602 化学试剂 杂质测定用标准溶液的制备(GB/T 602—2002,ISO 6353-1:1982,NEQ)

GB/T 603 化学试剂 试验方法中所用制剂及制品的制备(GB/T 603—2002,ISO 6353-1:1982,NEQ)

GB/T 9721 化学试剂 分子吸收分光光度法通则(紫外和可见光部分)

GB/T 9724 化学试剂 pH 值测定通则(GB/T 9724—2007,ISO 6353-1:1982,NEQ)

GB/T 9740 化学试剂 蒸发残渣测定通用方法(GB/T 9740—2008 ,ISO 6353-1:1982,NEQ)

3 外观

分析实验室用水目视观察应为无色透明液体。

4 级别

分析实验室用水的原水应为饮用水或适当纯度的水。

分析实验室用水共分三个级别:一级水、二级水和三级水。

4.1 一级水

一级水用于有严格要求的分析试验，包括对颗粒有要求的试验。如高效液相色谱分析用水。

一级水可用二级水经过石英设备蒸馏或离子交换混合床处理后，再经 0.2 μm 微孔滤膜过滤来制取。

4.2 二级水

二级水用于无机痕量分析等试验，如原子吸收光谱分析用水。

二级水可用多次蒸馏或离子交换等方法制取。

4.3 三级水

三级水用于一般化学分析试验。

三级水可用蒸馏或离子交换等方法制取。

5 规格

分析实验室用水的规格见表 1。

表 1

名　　称	一级	二级	三级
pH 值范围(25℃)	—	—	5.0～7.5
电导率(25℃)/(mS/m)	≤0.01	≤0.10	≤0.50
可氧化物质含量(以 O 计)/(mg/L)	—	≤0.08	≤0.4
吸光度(254 nm,1 cm 光程)	≤0.001	≤0.01	—
蒸发残渣(105℃±2℃)含量/(mg/L)	—	≤1.0	≤ 2.0
可溶性硅(以 SiO_2 计)含量/(mg/L)	≤0.01	≤0.02	—

注 1：由于在一级水、二级水的纯度下，难于测定其真实的 pH 值，因此，对一级水、二级水的 pH 值范围不做规定。

注 2：由于在一级水的纯度下，难于测定可氧化物质和蒸发残渣，对其限量不做规定。可用其他条件和制备方法来保证一级水的质量。

6 取样及贮存

6.1 容器

6.1.1 各级用水均使用密闭的、专用聚乙烯容器。三级水也可使用密闭、专用的玻璃容器。

6.1.2 新容器在使用前需用盐酸溶液(质量分数为 20%)浸泡 2 d～3 d，再用待测水反复冲洗，并注满待测水浸泡6 h以上。

6.2 取样

按本标准进行试验，至少应取 3 L 有代表性水样。

取样前用待测水反复清洗容器，取样时要避免沾污。水样应注满容器。

6.3 贮存

各级用水在贮存期间，其沾污的主要来源是容器可溶成分的溶解、空气中二氧化碳和其他杂质。因此，一级水不可贮存，使用前制备。二级水、三级水可适量制备，分别贮存在预先经同级水清洗过的相应容器中。

各级用水在运输过程中应避免沾污。

7 试验方法

在试验方法中，各项试验必须在洁净环境中进行，并采取适当措施，以避免试样的沾污。水样均按精确至 0.1 mL 量取，所用溶液以“%”表示的均为质量分数。

试验中均使用分析纯试剂和相应级别的水。

7.1 pH 值

量取 100 mL 水样，按 GB/T 9724 的规定测定。

7.2 电导率

7.2.1 仪器

7.2.1.1 用于一、二级水测定的电导仪：配备电极常数为 0.01 cm^{-1}～0.1 cm^{-1}的“在线”电导池。并具有温度自动补偿功能。

若电导仪不具温度补偿功能，可装“在线”热交换器，使测定时水温控制在 25℃±1℃。或记录水温度，按附录 C 进行换算。

7.2.1.2 用于三级水测定的电导仪：配备电极常数为 0.1 cm^{-1}～1 cm^{-1}的电导池。并具有温度自动补偿功能。

若电导仪不具温度补偿功能，可装恒温水浴槽，使待测水样温度控制在25℃±1℃。或记录水温度，按附录C进行换算。

7.2.2 测定步骤

7.2.2.1 按电导仪说明书安装调试仪器。

7.2.2.2 一、二级水的测量：将电导池装在水处理装置流动出水口处，调节水流速，赶净管道及电导池内的气泡，即可进行测量。

7.2.2.3 三级水的测量：取400 mL水样于锥形瓶中，插入电导池后即可进行测量。

7.2.3 注意事项

测量用的电导仪和电导池应定期进行检定。

7.3 可氧化物质

7.3.1 制剂的制备

7.3.1.1 硫酸溶液(20%)

按GB/T 603的规定配制。

7.3.1.2 高锰酸钾标准滴定溶液[$c(\frac{1}{5}KMnO_4)=0.01\ mol/L$]

按GB/T 601的规定配制。

7.3.2 测定步骤

量取1 000 mL二级水，注入烧杯中，加入5.0 mL硫酸溶液(20%)，混匀。

量取200 mL三级水，注入烧杯中，加入1.0 mL硫酸溶液(20%)，混匀。

在上述已酸化的试液中，分别加入1.00 mL高锰酸钾标准滴定溶液[$c(\frac{1}{5}KMnO_4)=0.01\ mol/L$]，混匀，盖上表面皿，加热至沸并保持5 min，溶液的粉红色不得完全消失。

7.4 吸光度

按GB/T 9721的规定测定。

7.4.1 仪器条件

石英吸收池：厚度1 cm和2 cm。

7.4.2 测定步骤

将水样分别注入1 cm及2 cm吸收池中，于254 nm处，以1 cm吸收池中水样为参比，测定2 cm吸收池中水样的吸光度。

若仪器的灵敏度不够时，可适当增加测量吸收池的厚度。

7.5 蒸发残渣

7.5.1 仪器

7.5.1.1 旋转蒸发器：配备500 mL蒸馏瓶。

7.5.1.2 恒温水浴。

7.5.1.3 蒸发皿：材质可选用铂、石英、硼硅玻璃。

7.5.1.4 电烘箱：温度可控制在105℃±2℃。

7.5.2 测定步骤

7.5.2.1 水样预浓集

量取1 000 mL二级水(三级水取500 mL)。将水样分几次加入旋转蒸发器的蒸馏瓶中，于水浴上减压蒸发(避免蒸干)。待水样最后蒸至约50 mL时，停止加热。

7.5.2.2 测定

将上述预浓集的水样，转移至一个已于105 ℃±2 ℃恒量的蒸发皿中，并用5 mL～10 mL水样分2次～3次冲洗蒸馏瓶，将洗液与预浓集水样合并于蒸发皿中，按GB/T 9740的规定测定。

7.6 可溶性硅

7.6.1 制剂的制备

7.6.1.1 二氧化硅标准溶液(1 mg/mL)

按 GB/T 602 的规定配制。

7.6.1.2 二氧化硅标准溶液(0.01 mg/mL)

量取 1.00 mL 二氧化硅标准溶液(1 mg/mL)于 100 mL 容量瓶中,稀释至刻度,摇匀。转移至聚乙烯瓶中,临用前配制。

7.6.1.3 钼酸铵溶液(50 g/L)

称取 5.0 g 钼酸铵[$(NH_4)_6Mo_7O_{24}\cdot 4H_2O$],溶于水,加 20.0 mL 硫酸溶液(20%),稀释至 100 mL,摇匀。贮存于聚乙烯瓶中。若发现有沉淀时应重新配制。

7.6.1.4 对甲氨基酚硫酸盐(米吐尔)溶液(2 g/L)

称取 0.20 g 对甲氨基酚硫酸盐,溶于水,加 20.0 g 偏重亚硫酸钠(焦亚硫酸钠),溶解并稀释至 100 mL,摇匀。贮存于聚乙烯瓶中。避光保存,有效期两周。

7.6.1.5 硫酸溶液(20%)

按 GB/T 603 的规定配制。

7.6.1.6 草酸溶液(50 g/L)

称取 5.0 g 草酸,溶于水,并稀释至 100 mL。贮存于聚乙烯瓶中。

7.6.2 仪器

7.6.2.1 铂皿:容量为 250 mL。

7.6.2.2 比色管:容量为 50 mL。

7.6.2.3 水浴:可控制恒温为约 60℃。

7.6.3 测定步骤

量取 520 mL 一级水(二级水取 270 mL),注入铂皿中,在防尘条件下,亚沸蒸发至约 20 mL,停止加热,冷却至室温,加 1.0 mL 钼酸铵溶液(50 g/L),摇匀,放置 5 min 后,加 1.0 mL 草酸溶液(50 g/L),摇匀,放置 1 min 后,加 1.0 mL 对甲氨基酚硫酸盐溶液(2 g/L),摇匀。移入比色管中,稀释至 25 mL,摇匀,于 60 ℃水浴中保温 10 min。溶液所呈蓝色不得深于标准比色溶液。

标准比色溶液的制备是取 0.50 mL 二氧化硅标准溶液(0.01 mg/mL),用水样稀释至 20 mL 后,与同体积试液同时同样处理。

8 试验报告

试验报告应包括下列内容:

a) 样品的确定;

b) 参考采用的方法;

c) 结果及其表述方法;

d) 测定中异常现象的说明;

e) 不包括在本标准中的任意操作。

附　录　A
（资料性附录）
本标准章条编号与 ISO 3696:1987 章条编号对照

A.1　本标准章条编号与 ISO 3696:1987 章条编号对照一览表，见表 A.1。

表 A.1　本标准章条编号与 ISO 3696:1987 章条编号对照

本标准章条编号	对应的国际标准章条编号
1	1
2	—
3	2
4	3
5	4
6	5、6
7	7
7.1	7.1
7.2	7.2
7.3	7.3
7.4	7.4
7.5	7.5
7.6	7.6
8	8

附 录 B
（资料性附录）
本标准与 ISO 3696:1987 技术性差异及其原因

B.1 本标准与 ISO 3696:1987 技术性差异及其原因一览表，见表 B.1。

表 B.1 本标准与 ISO 3696:1987 技术性差异及其原因

标准的章条编号	技术性差异	原　因
1	在范围的文字叙述上有所调整	根据我国标准编写规则进行编写
2	增加了规范性引用文件	以适合我国国情
6	在取样及贮存的文字叙述上有所调整	以适合我国国情
7.1	按 GB/T 9724 规定用玻璃-饱和甘汞电极代替银-氯化银电极	此电极在我国使用较普遍
7.2	增加了将实际水温下测定的电导率换算成 25℃时的方法	以适合我国国情
7.3.1.1	按 GB/T 603 制备硫酸溶液（20%）代替 1 mol/L 硫酸溶液	引用国标通则
7.5.1.1	用 500 mL 蒸馏瓶代替 250 mL 蒸馏瓶	此规格蒸馏瓶使用方便
7.5.1.4	按 GB/T 9740 规定采用 105℃±2℃电烘箱代替 110℃±2℃电烘箱	引用国标通则
7.6.1.1	按 GB/T 602 制备 0.1 mg/mL 硅标准溶液	引用国标通则
7.6.1.2	用 1 mL 溶液含有 0.01 mgSiO_2 代替1 mL 溶液含有 0.005 mgSiO_2	增加可操作性
7.6.1.5	按 GB/T 603 制备硫酸溶液（20%）代替 2.5 mol/L 硫酸溶液	引用国标通则

附 录 C
（规范性附录）
电导率的换算公式

C.1 当电导率测定温度在 t℃时，可换算为 25℃下的电导率。

25℃时各级水的电导率 K_{25}，数值以“mS/m”表示，按式(C.1)计算：

$$K_{25} = k_t(K_t - K_{p\cdot t}) + 0.005\ 48 \qquad \text{(C.1)}$$

式中：

k_t——换算系数；

K_t——t℃时各级水的电导率，单位为毫西每米(mS/m)；

$K_{p\cdot t}$——t℃时理论纯水的电导率，单位为毫西每米(mS/m)；

0.005 48——25℃时理论纯水的电导率，单位为毫西每米(mS/m)。

理论纯水的电导率($K_{p\cdot t}$)和换算系数(k_t)见表 C.1。

表 C.1 理论纯水的电导率和换算系数

t/℃	k_t/(mS/m)	$K_{p\cdot t}$/(mS/m)	t/℃	k_t/(mS/m)	$K_{p\cdot t}$/(mS/m)
0	1.797 5	0.001 16	23	1.043 6	0.004 90
1	1.755 0	0.001 23	24	1.021 3	0.005 19
2	1.713 5	0.001 32	25	1.000 0	0.005 48
3	1.672 8	0.001 43	26	0.979 5	0.005 78
4	1.632 9	0.001 54	27	0.960 0	0.006 07
5	1.594 0	0.001 65	28	0.941 3	0.006 40
6	1.555 9	0.001 78	29	0.923 4	0.006 74
7	1.518 8	0.001 90	30	0.906 5	0.007 12
8	1.482 5	0.002 01	31	0.890 4	0.007 49
9	1.447 0	0.002 16	32	0.875 3	0.007 84
10	1.412 5	0.002 30	33	0.861 0	0.008 22
11	1.378 8	0.002 45	34	0.847 5	0.008 61
12	1.346 1	0.002 60	35	0.835 0	0.009 07
13	1.314 2	0.002 76	36	0.823 3	0.009 50
14	1.283 1	0.002 92	37	0.812 6	0.009 94
15	1.253 0	0.003 12	38	0.802 7	0.010 44
16	1.223 7	0.003 30	39	0.793 6	0.010 88
17	1.195 4	0.003 49	40	0.785 5	0.011 36
18	1.167 9	0.003 70	41	0.778 2	0.011 89
19	1.141 2	0.003 91	42	0.771 9	0.012 40
20	1.115 5	0.004 18	43	0.766 4	0.012 98
21	1.090 6	0.004 41	44	0.761 7	0.013 51
22	1.066 7	0.004 66	45	0.758 0	0.014 10

表 C.1（续）

t/℃	k_t/(mS/m)	$K_{p \cdot t}$/(mS/m)	t/℃	k_t/(mS/m)	$K_{p \cdot t}$/(mS/m)
46	0.755 1	0.014 64	49	0.751 8	0.016 50
47	0.753 2	0.015 21	50	0.752 5	0.017 28
48	0.752 1	0.015 82			

ICS 91.120.30
Q 17

中华人民共和国国家标准

GB 12952—2011
代替 GB 12952—2003

聚氯乙烯(PVC)防水卷材

Polyvinyl chloride plastic sheets for waterproofing

2011-12-30 发布　　2012-12-01 实施

中华人民共和国国家质量监督检验检疫总局
中国国家标准化管理委员会　发布

前 言

本标准的第5.3条为强制性的，其余为推荐性的。

本标准按照GB/T 1.1—2009给出的规则起草。

本标准代替GB 12952—2003《聚氯乙烯防水卷材》。本标准与GB 12952—2003相比，主要技术变化如下：

——修改了产品的分类(见第4章，2003年版的第3章)；

——增加了抗静态荷载、接缝剥离强度、撕裂强度、吸水率、抗风揭能力材料性能，删除了剪切状态下的黏合性材料性能(见5.3，2003年版的4.3)；

——删除了Ⅰ型和Ⅱ型的分级，增加了热老化、人工气候老化试验时间(见5.3，2003年版的4.3)；

——改用GB/T 328的试验方法(见第6章，2003年版的第5章)；

——增加了抗风揭试验方法(见附录A、附录B)。

本标准与ASTM D4434的一致性程度为非等效。本标准的附录A参考了ANSI/FM 4474—2004《用静态正压和/或负压法评价屋面系统的模拟抗风揭》，附录B参考了ETAG 006:2007《机械固定柔性屋面防水卷材系统的欧洲技术认证指南》。

本标准由中国建筑材料联合会提出。

本标准由全国轻质与装饰装修建筑材料标准化技术委员会建筑防水材料分技术委员会(SAC/TC 195/SC 1)归口。

本标准主要起草单位：中国建筑材料科学研究总院苏州防水研究院、建材工业技术监督研究中心、中国建筑防水协会、上海市建筑科学研究院(集团)有限公司。

本标准参加起草单位：渗耐防水系统(上海)有限公司、深圳市卓宝科技股份有限公司、上海申达科宝新材料有限公司、索普瑞玛(上海)建材贸易有限公司、上海海纳尔建筑科技有限公司、山东思达建筑系统工程有限公司、上海台安工程实业有限公司、上海豫宏建筑防水材料有限公司、胜利油田大明新型建筑防水材料有限责任公司、常熟市三恒建材有限责任公司、唐山德生防水材料有限公司、四川蜀羊防水材料有限公司、山东鑫达鲁鑫防水材料有限公司、潍坊市宏源防水材料有限公司、山东汇源建材集团有限公司、山东金禹王防水材料有限公司、山东宏恒达防水材料工程有限公司、深圳市蓝盾防水工程有限公司、夸奈克化工(上海)有限公司。

本标准主要起草人：朱志远、朱冬青、杨斌、蒋勤逸、葛兆、邹先华、朱晓华、魏勤、张歆炯、高敏杰、郑家玉。

本标准于1991年6月首次发布，2003年2月第一次修订。

聚氯乙烯(PVC)防水卷材

1 范围

本标准规定了聚氯乙烯(PVC)防水卷材的术语和定义、分类和标记、要求、试验方法、检验规则、标志、包装、贮存和运输。

本标准适用于建筑防水工程用的以聚氯乙烯为主要原料制成的防水卷材。

2 规范性引用文件

下列文件对于本文件的应用是必不可少的。凡是注日期的引用文件,仅注日期的版本适用于本文件。凡是不注日期的引用文件,其最新版本(包括所有的修改单)适用于本文件。

GB/T 328.5—2007 建筑防水卷材试验方法 第5部分:高分子防水卷材 厚度、单位面积质量

GB/T 328.7 建筑防水卷材试验方法 第7部分:高分子防水卷材 长度、宽度、平直度和平整度

GB/T 328.9—2007 建筑防水卷材试验方法 第9部分:高分子防水卷材 拉伸性能

GB/T 328.10—2007 建筑防水卷材试验方法 第10部分:沥青和高分子防水卷材 不透水性

GB/T 328.13 建筑防水卷材试验方法 第13部分:高分子防水卷材 尺寸稳定性

GB/T 328.15 建筑防水卷材试验方法 第15部分:高分子防水卷材 低温弯折性

GB/T 328.19 建筑防水卷材试验方法 第19部分:高分子防水卷材 撕裂性能

GB/T 328.21 建筑防水卷材试验方法 第21部分:高分子防水卷材 接缝剥离强度

GB/T 328.25—2007 建筑防水卷材试验方法 第25部分:沥青和高分子防水卷材 抗静态荷载

GB/T 528 硫化橡胶或热塑性橡胶 拉伸应力应变性能的测定

GB/T 529 硫化橡胶或热塑性橡胶 撕裂强度的测定(裤形、直角形和新月形试样)

GB/T 10801.2 绝热用挤塑聚苯乙烯泡沫塑料(XPS)

GB/T 18244 建筑防水材料老化试验方法

GB/T 18378 防水沥青与防水卷材术语

GB/T 20624.2 色漆和清漆 快速变形(耐冲击性)试验 第2部分:落锤试验(小面积冲头)

GB 50009 建筑结构荷载规范

3 术语和定义

GB/T 18378界定的以及下列术语和定义适用于本文件。

3.1

均质的聚氯乙烯防水卷材 homogeneous polyvinyl chloride plastic waterproofing sheets

不采用内增强材料或背衬材料的聚氯乙烯防水卷材。

3.2

带纤维背衬的聚氯乙烯防水卷材 polyvinyl chloride plastic waterproofing sheets backed with fabric

用织物如聚酯无纺布等复合在卷材下表面的聚氯乙烯防水卷材。

3.3

织物内增强的聚氯乙烯防水卷材　polyvinyl chloride plastic waterproofing sheets internally reinforced with fabric

用聚酯或玻纤网格布在卷材中间增强的聚氯乙烯防水卷材。

3.4

玻璃纤维内增强的聚氯乙烯防水卷材　polyvinyl chloride plastic waterproofing sheets internally reinforced with glass fibers

在卷材中加入短切玻璃纤维或玻璃纤维无纺布,对拉伸性能等力学性能无明显影响,仅提高产品尺寸稳定性的聚氯乙烯防水卷材。

3.5

玻璃纤维内增强带纤维背衬的聚氯乙烯防水卷材　polyvinyl chloride plastic waterproofing sheets internally reinforced with glass fibers and backed with fabric

在卷材中加入短切玻璃纤维或玻璃纤维无纺布，并用织物如聚酯无纺布等复合在卷材下表面的聚氯乙烯防水卷材。

4　分类和标记

4.1　分类

按产品的组成分为均质卷材(代号 H)、带纤维背衬卷材(代号 L)、织物内增强卷材(代号 P)、玻璃纤维内增强卷材(代号 G)、玻璃纤维内增强带纤维背衬卷材(代号 GL)。

4.2　规格

公称长度规格为 15 m、20 m、25 m。

公称宽度规格为 1.00 m、2.00 m。

厚度规格为 1.20 mm、1.50 mm、1.80 mm、2.00 mm。

其他规格可由供需双方商定。

4.3　标记

按产品名称(代号 PVC 卷材)、是否外露使用、类型、厚度、长度、宽度和本标准号顺序标记。

示例:长度 20 m、宽度 2.00 m、厚度 1.50 mm、L 类外露使用聚氯乙烯防水卷材标记为:

PVC 卷材　外露 L 1.50 mm/20 m×2.00 m GB 12952—2011

5　要求

5.1　尺寸偏差

长度、宽度应不小于规格值的 99.5%。

厚度不应小于 1.20 mm,厚度允许偏差和最小单值见表 1。

表 1　厚度允许偏差

厚度/mm	允许偏差/%	最小单值/mm
1.20	−5,+10	1.05
1.50		1.35
1.80		1.65
2.00		1.85

5.2　外观

5.2.1　卷材的接头不应多于一处，其中较短的一段长度不应小于 1.5 m，接头应剪切整齐，并应加长 150 mm。

5.2.2　卷材表面应平整、边缘整齐，无裂纹、孔洞、黏结、气泡和疤痕。

5.3　材料性能指标

材料性能指标应符合表 2 的规定。

表 2　材料性能指标

序号	项　目			指　标				
				H	L	P	G	GL
1	中间胎基上面树脂层厚度/mm		≥	—		0.40		
2	拉伸性能	最大拉力/(N/cm)	≥	—	120	250	—	120
		拉伸强度/MPa	≥	10.0	—	—	10.0	—
		最大拉力时伸长率/%	≥	—	—	15	—	—
		断裂伸长率/%	≥	200	150	—	200	100
3	热处理尺寸变化率/%		≤	2.0	1.0	0.5	0.1	0.1
4	低温弯折性			−25 ℃无裂纹				
5	不透水性			0.3 MPa,2 h 不透水				
6	抗冲击性能			0.5 kg·m,不渗水				
7	抗静态荷载[a]			—	—	20 kg 不渗水		
8	接缝剥离强度/(N/mm)		≥	4.0 或卷材破坏		3.0		
9	直角撕裂强度/(N/mm)		≥	50	—	—	50	—
10	梯形撕裂强度/N		≥	—	150	250	—	220
11	吸水率(70 ℃,168 h)/%	浸水后	≤	4.0				
		晾置后	≥	−0.40				

表 2（续）

序号	项目		指标				
			H	L	P	G	GL
12	热老化(80 ℃)	时间/h	672				
		外观	无起泡、裂纹、分层、粘结和孔洞				
		最大拉力保持率/% ≥	—	85	85	—	85
		拉伸强度保持率/% ≥	85	—	—	85	—
		最大拉力时伸长率保持率/% ≥	—	—	80	—	—
		断裂伸长率保持率/% ≥	80	80	—	80	80
		低温弯折性	−20 ℃无裂纹				
13	耐化学性	外观	无起泡、裂纹、分层、粘结和孔洞				
		最大拉力保持率/% ≥	—	85	85	—	85
		拉伸强度保持率/% ≥	85	—	—	85	—
		最大拉力时伸长率保持率/% ≥	—	—	80	—	—
		断裂伸长率保持率/% ≥	80	80	—	80	80
		低温弯折性	−20 ℃无裂纹				
14	人工气候加速老化[c]	时间/h	1 500[b]				
		外观	无起泡、裂纹、分层、粘结和孔洞				
		最大拉力保持率/% ≥	—	85	85	—	85
		拉伸强度保持率/% ≥	85	—	—	85	—
		最大拉力时伸长率保持率/% ≥	—	—	80	—	—
		断裂伸长率保持率/% ≥	80	80	—	80	80
		低温弯折性	−20 ℃无裂纹				

[a] 抗静态荷载仅对用于压铺屋面的卷材要求。

[b] 单层卷材屋面使用产品的人工气候加速老化时间为 2 500 h。

[c] 非外露使用的卷材不要求测定人工气候加速老化。

5.4 抗风揭能力

采用机械固定方法施工的单层屋面卷材，其抗风揭能力的模拟风压等级应不低于 4.3 kPa (90 psf)。

注：psf 为英制单位——磅每平方英尺，其与 SI 制的换算为 1 psf=0.047 9 kPa。

6 试验方法

6.1 标准试验条件

试验室标准试验条件为温度 23 ℃±2 ℃，相对湿度(60±15)%。

6.2 试件制备

将试样在标准试验条件下放置 24 h,按 GB/T 328.5—2007 裁样方法和表 3 数量裁取所需试件,试件距卷材边缘应不小于 100 mm。裁切织物增强卷材时应顺着织物的走向,使工作部位有最多的纤维根数。

表 3 试件尺寸与数量

序号	项目	尺寸(纵向×横向)/mm	数量/个
1	拉伸性能	150×50(或符合 GB/T 528 的哑铃 I 型)	各 6
2	热处理尺寸变化率	100×100	3
3	低温弯折性	100×25	各 2
4	不透水性	150×150	3
5	抗冲击性能	150×150	3
6	抗静态荷载	500×500	3
7	接缝剥离强度	200×300 (粘合后裁取 200×50 试件)	2 (5)
8	直角撕裂强度	符合 GB/T 529 的直角形	各 6
9	梯形撕裂强度	130×50	各 5
10	吸水率	100×100	3
11	热老化	300×200	3
12	耐化学性	300×200	各 3
13	人工气候加速老化	300×200	3

6.3 尺寸偏差

6.3.1 长度、宽度

按 GB/T 328.7 进行试验,以平均值作为试验结果。若有接头,长度以量出的两段长度之和减去 150 mm 计算。

6.3.2 厚度

6.3.2.1 H 类、P 类、G 类卷材厚度

H 类、P 类、G 类卷材厚度按 GB/T 328.5—2007 中机械测量法进行,测量五点,以五点的平均值作为卷材的厚度,并报告最小单值。

6.3.2.2 L 类、GL 类卷材厚度,中间胎基上面树脂层厚度

卷材按 6.3.2.1 在五点处各取一块 50 mm×50 mm 试样,在每块试样上沿横向用薄的锋利刀片,垂直于试样表面切取一条约 50 mm×2 mm 的试条,注意不使试条的切面变形(厚度方向的断面)。采用最小分度值 0.01 mm,放大倍数最小 20 倍的读数显微镜进行试验。将试条的切面向上,置于读数显微镜的试样台上,读取卷材聚氯乙烯层厚度(不包括表面纤维层),对于表面压花纹的产品,以花纹最外端切线位置计算厚度。每个试条上测量四处,厚度以 5 个试条共 20 处数值的平均值表示,并报告 20 处

中的最小单值。

P 类、G 类、GL 类中间胎基上面树脂层厚度取织物线束距上表面的最外端切线与上表面最外层的距离，每块试件读取两个线束的数据，纵向和横向分别测 5 块试件，取 20 个点的平均值。对于采用短切玻璃纤维的 G 类、GL 类产品不测中间胎基上面树脂层厚度。

6.4 外观

目测检查。

6.5 拉伸性能

L 类、P 类、GL 类产品试件尺寸为 150 mm×50 mm，按 GB/T 328.9—2007 中方法 A 进行试验，夹具间距 90 mm，伸长率用 70 mm 的标线间距离计算，P 类伸长率取最大拉力时伸长率，L 类、GL 类伸长率取断裂伸长率。

H 类、G 类按 GB/T 328.9—2007 中方法 B 进行试验，采用符合 GB/T 528 的哑铃 Ⅰ 型试件，拉伸速度 250 mm/min±50 mm/min。

分别计算纵向或横向 5 个试件的算术平均值作为试验结果。

6.6 热处理尺寸变化率

按 GB/T 328.13 进行试验，将试件放置在 80 ℃±2 ℃的鼓风烘箱中，不应叠放，恒温 24 h。取出在标准试验条件下放置 24 h，再测量长度。

6.7 低温弯折性

按 GB/T 328.15 进行试验。

6.8 不透水性

按 GB/T 328.10—2007 的方法 B 进行试验，采用十字金属开缝槽盘，压力为 0.3 MPa，保持 2 h。

6.9 抗冲击性能

6.9.1 试验器具

6.9.1.1 落锤冲击仪：符合 GB/T 20624.2 规定，由一个带有刻度的金属导管、可在其中自由运动的活动重锤、锁紧螺栓和半球形钢珠冲头组成。其中导管刻度长为 0 mm～1 000 mm，分度值为 10 mm，重锤质量 1 000 g，钢珠直径 12.7 mm。

6.9.1.2 玻璃管：内径不小于 30 mm，长 600 mm。

6.9.1.3 铝板：厚度不小于 4 mm。

6.9.2 试验步骤

将试件平放在铝板上，并一起放在密度 25 kg/m^3、厚度 50 mm 的泡沫聚苯乙烯垫板上。按 GB/T 20624.2 进行试验。穿孔仪置于试件表面，将冲头下端的钢珠置于试件的中心部位，球面与试件接触。把重锤调节到规定的落差高度 500 mm 并定位。使重锤自由下落，撞击位于试件表面的冲头，然后将试件取出，检查试件是否穿孔，试验 3 块试件。

无明显穿孔时，采用图 1 所示的装置对试件进行水密性试验。将圆形玻璃管垂直放在试件穿孔试验点的中心，用密封胶密封玻璃管与试件间的缝隙。将试件置于 150 mm×150 mm 滤纸上，滤纸放置在玻璃板上，把染色的水加入玻璃管中，静置 24 h 后检查滤纸，如有变色、水迹现象表明试件已穿孔。

单位为毫米

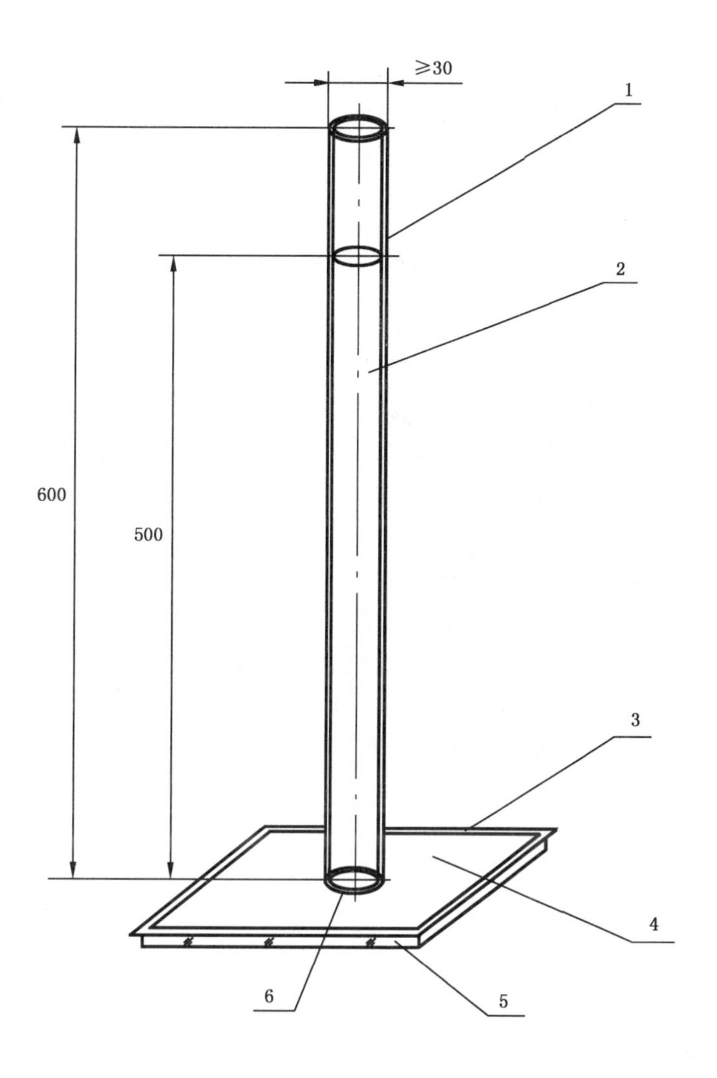

说明：
1——玻璃管；
2——染色水；
3——滤纸；
4——试件；
5——玻璃板；
6——密封胶。

图 1　穿孔水密性试验装置

6.10　抗静态荷载

按 GB/T 328.25—2007 方法 A 进行试验，采用 20 kg 荷载。

6.11　接缝剥离强度

按生产厂要求搭接，采用胶粘剂搭接应在标准试验条件下按生产厂规定的时间放置，但不应超过 7 d。裁取试件(200 mm×50 mm)，按 GB/T 328.21 进行试验，对于 H 类、L 类产品，以最大剥离力计算剥离强度。对于 G 类、P 类、GL 类产品，若试件产生空鼓脱壳时，应立即用刀将空鼓处切割断，取拉伸应力应变曲线的后一半的平均剥离力计算剥离强度。

6.12 直角撕裂强度

按 GB/T 529 进行试验，采用无割口直角撕裂方法，拉伸速度 250 mm/min±50 mm/min。

分别计算纵向或横向 5 个试件的算术平均值作为试验结果。

6.13 梯形撕裂强度

按 GB/T 328.19 进行试验。

分别计算纵向或横向 5 个试件的算术平均值作为试验结果。

6.14 吸水率

将试件于干燥器中放置 24 h，然后取出用精度至少 0.001 g 的天平称量试件(m_1)，接着将试件放入 70 ℃±2 ℃的蒸馏水中浸泡 168 h±2 h，浸泡期间试件相互隔开，避免完全接触。然后取出试件，放入 23 ℃±2 ℃的水中 15 min，取出立即擦干表面的水迹，称量试件(m_2)。对于带背衬的产品，在留边处取样，试件尺寸 100 mm×70 mm。将称量后的试件放入干燥器中放置 48 h，然后取出称量试件(m_3)。

浸水后吸水率按式(1)计算：

$$R_m = (m_2 - m_1)/m_1 \times 100 \quad \cdots\cdots (1)$$

式中：

R_m ——浸水后吸水率，以百分数(%)表示；

m_2 ——浸水后立即称量试件质量，单位为克(g)；

m_1 ——浸水前试件质量，单位为克(g)。

以 3 个试件的算术平均值作为浸水后吸水率试验结果。

晾置后吸水率按式(2)计算：

$$R_m' = (m_3 - m_1)/m_1 \times 100 \quad \cdots\cdots (2)$$

式中：

R_m'——晾置后吸水率，以百分数(%)表示；

m_3 ——浸水晾置后试件质量，单位为克(g)。

以 3 个试件的算术平均值作为晾置后吸水率试验结果。

6.15 热老化

6.15.1 试验步骤

将试片按 GB/T 18244 进行热老化试验，温度为 80 ℃±2 ℃，时间 672 h。处理后的试片在标准试验条件下放置 24 h，按 6.4 检查外观，然后每块试片上裁取纵向、横向拉伸性能试件各两块。低温弯折性试验在一块试片上裁取两个纵向试件，另一块裁两个横向试件。

低温弯折性按 6.7 进行试验，拉伸性能按 6.5 进行试验。

6.15.2 结果计算

处理后最大拉力或拉伸强度保持率按式(3)进行计算，精确到 1%：

$$R_t = (T_1/T) \times 100 \quad \cdots\cdots (3)$$

式中：

R_t ——试件处理后最大拉力或拉伸强度保持率，用百分数(%)表示；

T ——试件处理前最大拉力，单位为牛顿每厘米(N/cm)[或拉伸强度，单位为兆帕(MPa)]；

T_1 ——试件处理后最大拉力，单位为牛顿每厘米(N/cm)[或拉伸强度，单位为兆帕(MPa)]。

处理后伸长率保持率按式(4)进行计算,精确到1%:

$$R_e = (E_1/E) \times 100 \quad \cdots\cdots(4)$$

式中:

R_e ——试件处理后伸长率保持率,以百分数(%)表示;

E ——试件处理前伸长率平均值,以百分数(%)表示;

E_1 ——试件处理后伸长率平均值,以百分数(%)表示。

6.16 耐化学性

6.16.1 试验步骤

按表4的规定,用蒸馏水和化学试剂(分析纯)配制均匀溶液,并分别装入各自贴有标签的容器中,温度为23 ℃±2 ℃。试验容器能耐酸、碱、盐的腐蚀,可以密闭,容积根据样片数量而定。

在每种溶液中浸入按表3裁取的一组三块试片,试片上面离液面至少20 mm,密闭容器,浸泡28 d后取出用清水冲洗干净,擦干。在标准试验条件下放置24 h,每块试片上裁取纵向、横向拉伸性能试件各两个,低温弯折性试验在一块试片上裁取两个纵向试件,另一块裁两个横向试件。分别按6.5和6.7进行试验。对于P类、G类、GL类卷材拉伸性能试件应离试片边缘10 mm以上裁取。

表4 溶液浓度

试剂名称	溶液质量分数
NaCl	(10±2)%
$Ca(OH)_2$	饱和溶液
H_2SO_4	(5±1)%

6.16.2 结果计算

结果计算同6.15.2。

6.17 人工气候加速老化

6.17.1 试验步骤

按GB/T 18244进行氙弧灯试验,照射时间1 500 h(累计辐照能量约3 000 MJ/m²),单层屋面卷材照射时间2 500 h(累计辐照能量约5 000 MJ/m²)。处理后的试片在标准试验条件下放置24 h,每块试片上裁取纵向、横向拉伸性能试件各两个,低温弯折性试验在一块试片上裁取两个纵向试件,另一块裁两个横向试件,按6.5和6.7进行试验。对于P类、G类、GL类卷材拉伸性能试件应离试片边缘10 mm以上裁取。

6.17.2 结果计算

结果计算同6.15.2。

6.18 抗风揭能力

按附录A进行,采用标准试验方法,在模拟风压等级为4.3 kPa(90 psf)时应无破坏。附录B给出了一种供参考的用于评价单层卷材屋面系统的动态法抗风揭试验方法。

7 检验规则

7.1 检验分类

7.1.1 出厂检验

出厂检验项目为5.1、5.2和5.3中拉伸性能、热处理尺寸变化率、低温弯折性、中间胎基上面树脂层厚度。

7.1.2 型式检验

型式检验项目包括第5章的全部要求。在下列情况下进行型式检验：

a) 新产品投产或产品定型鉴定时；

b) 正常生产时，每年进行一次。抗风揭能力、人工气候加速老化每两年进行一次；

c) 原材料、工艺等发生较大变化，可能影响产品质量时；

d) 出厂检验结果与上次型式检验结果有较大差异时；

e) 产品停产6个月以上恢复生产时。

7.2 抽样

以同类型的10 000 m^2卷材为一批，不满10 000 m^2也可作为一批。在该批产品中随机抽取3卷进行尺寸偏差和外观检查，在上述检查合格的试件中任取一卷，在距外层端部500 mm处裁取3 m(出厂检验为1.5 m)进行材料性能检验。

7.3 判定规则

7.3.1 尺寸偏差、外观

尺寸偏差和外观符合5.1、5.2时判为合格。若有不合格项，允许在该批产品中随机抽3卷进行复检，复检合格的为合格，若仍有不合格的判该批产品不合格。

7.3.2 材料性能

7.3.2.1 对于中间胎基上面树脂层厚度、拉伸性能、热处理尺寸变化率、接缝剥离强度、撕裂强度、吸水率以算术平均值符合标准规定时，则判该项合格。

7.3.2.2 低温弯折性、不透水性、抗冲击性能、抗静态荷载、抗风揭能力所有试件均符合标准规定时，则该项合格，若有一个试件不符合标准规定则判该项不合格。

7.3.2.3 热老化、耐化学性、人工气候加速老化所有项目符合标准规定，则判该项合格。

7.3.2.4 试验结果符合5.3规定，判该批产品材料性能合格。若5.3中仅有一项不符合标准规定，允许在该批产品中随机抽取一卷进行单项复验，符合标准规定则判该批产品材料性能合格，否则判该批产品材料性能不合格。

7.3.3 型式检验总判定

试验结果符合标准第5章全部要求时判该批产品合格。

8 标志、包装、贮存和运输

8.1 标志

8.1.1 卷材外包装上应包括：

——生产厂名、地址；

——商标；

——产品标记；

——生产日期或批号；

——生产许可证号及其标志；

——贮存与运输注意事项；

——检验合格标记；

——复合的纤维或织物种类。

8.1.2 外露使用、非外露使用和单层屋面使用的卷材及其包装应有明显的标识。

8.2 包装

卷材用硬质芯卷取，宜用塑料袋或编织袋包装。

8.3 贮存和运输

8.3.1 贮存

8.3.1.1 卷材应存放在通风、防止日晒雨淋的场所。贮存温度不应高于 45 ℃。

8.3.1.2 不同类型、不同规格的卷材应分别堆放。

8.3.1.3 卷材平放时堆放高度不应超过五层；立放时应单层堆放。禁止与酸、碱、油类及有机溶剂等接触。

8.3.1.4 在正常贮存条件下，贮存期限至少为一年。

8.3.2 运输

运输时防止倾斜或横压，必要时加盖苫布。

附　录　A
（规范性附录）
单层卷材屋面静态法抗风揭试验方法

A.1　范围

本方法适用于单层卷材屋面的静态法抗风揭试验，用于规定形式的屋面系统的风荷载评价。

本方法适用的屋面系统是由屋面基层、保温材料、防水卷材为主构成，采用单层卷材铺设外露使用，卷材和保温材料采用机械固定或黏结在基层上的正置式屋面形式。

A.2　原理

按照供应商规定的方法安装屋面系统，该屋面系统包括规定的基层、保温材料、防水卷材、固定件、胶粘剂，以及需要时的其他材料如隔汽材料、防潮透气材料等，用人工施加正压和/或负压一定时间，风压以 0.7 kPa 为单位逐渐递增，直至屋面系统产生破坏，将破坏时的前一等级风压作为该屋面系统的抗风揭等级。

适用的屋面建筑的该抗风揭等级应不小于按 GB 50009 要求的设计风荷载乘以规定系数的积，对于屋面的边角等部位按 GB 50009 的要求进行局部增强。

A.3　概述

在试验前，先阅读制造商的说明书和安装指导书，确认产品可以试验并采用合适的安装步骤和技术。材料的外包装应注明制造商和产品标识。

A.4　模拟抗风揭等级

本方法用来评估单层卷材屋面达到的模拟抗风揭等级。根据屋面系统类别，选用合适的试验方法，得到屋面系统所能达到的最大风压为该单层卷材屋面的模拟抗风揭等级。风压以 0.7 kPa 为单位逐渐递增。

A.5　屋面系统各组成部分的要求

A.5.1　所有用来固定保温层、卷材和其他部件与基层相连接的固定件，采用推荐的设备安装，并且不应对任何部分造成破坏。

A.5.2　固定件应具有合适的长度，以确保施工时能刺入基层，或达到最小埋入深度。

A.5.3　当基层是钢板时，固定件应能够刺穿其波峰。

A.5.4　用胶黏剂安装施工的试件，在实验室条件下应能不超过 28 d 固化。

A.5.5　所有胶黏剂应按制造商的说明书来施工，并按其推荐的用量使用。

A.5.6　当采用胶黏剂、热沥青、热焊接、明火等施工时，应采取适当的安全预防措施，必要的通风措施和专用设备。

A.6 试验要求

A.6.1 用于屋面系统的材料和部件应满足下述的所有条件，屋面系统应达到相应的模拟抗风揭等级。模拟抗风揭等级，是屋面系统按照试验方法进行试验所能达到的最大风压，并需在此压力下保持 60 s。

A.6.2 所有固定件、垫片、卡具应满足：

——确保能够嵌入或穿透屋面基层和其他结构基层，并将其连接起来；

——固定件与垫片、压条、接缝或基层之间的连接，不应出现拔出、脱离、松动和散开；

——不应出现破裂、分离、断裂。

A.6.3 所有保温层应满足：

——保温层不应出现破裂、断裂或拔出固定件帽、垫片和压条；

——不应与面层或相邻部件的粘结出现分层或脱开；

——允许保温板在机械固定点间产生挠曲，但保温板应无破裂、断裂和开裂。

A.6.4 所有卷材应满足：

——卷材不应有撕裂、穿孔、破裂和出现任何开口；

——卷材不应在相邻部件分层或脱开(例外，机械固定卷材在无固定处允许与相邻部件出现分离或挠曲)。

A.6.5 在施工中，胶黏剂应该与所有部件需要粘合的表面满粘。胶黏剂和粘结部位不应有任何分离、分层、破裂或剥离产生。

A.6.6 所有屋面基层应满足：

——在整个分级评价过程中，维持其结构的完整；

——模拟的建筑结构的试验框架，在任何固定部位不应出现脱落、分离和松动；

——不应出现破裂、裂纹、断裂以及固定件的脱落。

A.6.7 所有其他部件，包括接缝、隔气层、基层或卷材不应出现撕裂、穿孔、破裂、脱离、脱落、分层或任何贯通开口。

A.7 试验器具

A.7.1 抗风揭试验台：尺寸为 3.7 m×7.3 m(12 ft×24 ft)，基层采用工程使用的屋面基层材料，标准试验采用 0.70 mm 厚度(基板厚度，不包括镀层)压型钢板，采用正压或负压的方式使风压最大到 4.3 kPa。

A.7.2 保温材料：采用实际工程使用的保温材料，标准试验方法采用符合 GB/T 10801.2 规定 X300 的 50 mm 厚度 XPS 板。

A.7.3 卷材：被试验的防水卷材。

A.7.4 固定件：采用实际工程试验的固定件。

A.7.4.1 标准试验方法中保温板采用的固定件，为直径 6.3 mm 的扁圆头自钻钉，配合垫片采用 1 mm 厚承载面积不小于 0.49 mm^2 的沉头镀锌金属组合作为固定件。

A.7.4.2 标准试验方法中卷材采用的固定件，为采用直径 6.3 mm 的扁圆头自钻钉，配合垫片采用 1 mm 厚，承载面积不小于 0.33 mm^2 且带有特殊冲压固定倒钩的长圆形沉头镀锌金属组合作为固定件。

A.7.4.3 标准试验方法中保温板和卷材的固定件还应符合下列要求：

——每个自钻钉与金属垫片必须满足抗拔力 1 200 N，至少应通过 15 个周期的酸雾试验，满足动态弯曲 100 个周期的试验要求；

——自钻钉与垫片组合后,应确保钉头至少低于垫片平面 3 mm;

——垫片中央带菱形加强肋以加强其自身的抗弯强度;

——在给定的风压条件下,垫片不应对卷材造成破坏(如摩擦、割裂等),且须满足对单个组合(自钻钉与垫片)承载力要求。

A.7.5 胶黏剂:采用实际工程使用的胶黏剂。

A.8 试验仪器

A.8.1 3.7 m×7.3 m 模拟风压试验设备是一个钢制的压力容器,它能够在屋面系统(被测试件)的底部施加气压并维持在预先设定的气压等级。屋面系统固定在压力容器上方,两者形成密封。

A.8.2 压力容器尺寸最小为 7.3 m×3.7 m×51 mm。它由 203 mm 宽的钢管部件构成周边结构,152 mm 宽的钢条以 0.6 m±25 mm 的中心间距平行于 7.3 m 一边排列。其他结构形状、尺寸、材质制造的压力容器,只要能为试验试件框架提供牢固的支撑,也允许使用。压力容器底部应有最小厚度为 4.8 mm 的保护钢板,与钢条上方点焊在一起,并与周边内侧的钢管连续焊在一起。

A.8.3 密封的压力容器的气源依靠带有直径 102 mm 的 PVC 管的进气支管构造提供。在压力容器底部,穿过底部钢板,分布四个等间距的进气口。容器底部有 6.4 mm±3.2 mm 的开孔用于连接压力计。当试件用夹具固定后,试件框架和容器上部相连接部位,用橡胶垫密封,减少气体泄漏。

A.8.4 进气管气流依靠带支管的涡轮增压装置,或者具有相同能力的装置提供。此类装置可以产生 17 m^3/min 气体,或是能达到所需升高压力的气源。通过充液压力计校准,可以直接读出压力值,以 0.05 kPa 为单位,并能达到最小精度为 0.1 kPa。作为可选择项,其他可以达到相同等级和偏差,或者更高等级和偏差的仪器也可以选择。

A.9 试件制备

A.9.1 实际工程方法

按实际工程的安装方式将屋面系统安装在试验台上,并保证试验台的长度方向至少有均匀分布的四道卷材搭接缝。

A.9.2 标准试验方法

当采用标准试验方法时,基层为 0.70 mm 厚的压型钢板,波峰距离 152 mm,屈服强度 300 MPa,将钢板机械固定在试样架上,固定件相邻两排间隔 1 830 mm,同一排固定件相邻间隔 152 mm。采用 X300 型号的 XPS 板,厚度为 50 mm,卷材按生产厂要求的实际施工方式(胶粘、焊接)进行搭接,胶粘宽度为 50 mm,焊接为单道焊缝,焊接宽度约 40 mm。将卷材机械固定在钢板的波峰上,固定件相邻两排间隔 1 880 mm,同一排固定件相邻间隔 152 mm。

XPS 采用机械固定件安装在钢板上,卷材采用机械固定件固定在钢板上。

A.9.3 试件安装

A.9.3.1 试件的各个部分按照说明书要求装配(包括厚度、外形、底板强度、固定件和胶黏剂的施工方法和数量、保温板的厚度和尺寸、卷材的类型),并允许在试验室条件下固化,胶黏剂施工时固化时间不超过 28 d。

A.9.3.2 当采用金属板基层时,其制成的框架能够承受预计的荷载。典型的试件框架包含结构钢架加强筋,位于中间,平行于 7.3 m 边。此外有三个中间的结构钢架檩条,平行于 3.7 m 边中心间距 1.8 m。基层金属板平行于 7.3 m 边安装,钢板以中心间距 305 mm 固定连接到整个周边的角铁上。此外，将槽深 38 mm，厚 0.70 mm 的基层金属板通过间隔 305 mm 的固定件固定在全部的檩条上（间隔 1.8 m）。所有的基层金属板长边的搭接用固定件固定（缝合钉位置），最大间隔 763 mm。可使用委托方要求的其他结构的屋面基层板的装配和形状。这些安装应与制造商的说明和要求一致。

注 1：若按委托方要求，特定试验有规定时，固定基层金属板到试验框架的方法允许改变。

注 2：当试验框架的尺寸大于允许的最小尺寸时，基层金属板应平行于长边安装。

注 3：当被测屋面系统为直立缝的类型时，允许垂直于长边安装基层金属板。

A.9.3.3 试验准备完成后，将试件框架置于压力容器的上方，并在四周用夹具固定框架。夹具环绕在仪器四周，中心处间距为 0.6 m±0.15 m。如果试验过程中出现较多的泄漏，允许额外添加夹具。此外，试验框架应固定在压力容器的中间附近的支撑锁扣上。在气源和压力计之间，可以用合适的软管连接。

A.10 试验步骤

A.10.1 气体通过压力容器不断注入，直到达到 0.7 kPa 的压力等级，偏差范围为＋0.1 kPa，－0 kPa。气压上升速率为 0.07 kPa/s±0.05 kPa/s。当压力达到 0.7 kPa 等级时，需维持此压力 60 s。为了保持恒定的读数，应按需要调节压力和夹具。当试件维持在某个压力水平时，要注意观察试件，确保其满足继续试验的条件。

A.10.1.1 当委托双方达成协议时，试验可以不从初始压力等级 0.7 kPa 开始。初始压力等级可以从 1.4 kPa 开始，允许误差为＋1 kPa，－0 kPa。此后压力按 A.10.2 规定增加。

A.10.1.2 根据试验的屋面系统的类型，不总是能够按 0.07 kPa/s±0.05 kPa/s 升压速率到下一个压力等级，对于机械固定单层卷材屋面，面上的卷材常在机械固定点间挠曲数英尺，此时两个等级间的升压速率应尽可能的均匀。达到下一个压力等级需要保持 60 s 的时间，在新的压力等级达到前不应开始升压。

A.10.2 保持 60 s 后，通过增加气体使压力等级增加 0.7 kPa，增加速率和偏差按上述要求进行。当达到下个 0.7 kPa 等级，需在此压力等级保持 60 s。为了保持恒定的读数，应按需要调节压力和夹具。当维持在某个压力级别时，要注意观察试件，确保其满足继续试验的条件。

A.10.3 重复上述 A.10.2 步骤，直到试样破坏，不能再增加或维持压力等级，或根据实验者的判断试件已经破坏。当不能满足标准规定的允许条件或不能维持压力等级，视作试验中止。

A.10.4 试验完成后，取下试件仔细观察并记录所有与标准规定不符的现象。

A.11 结果处理

A.11.1 3.7 m×7.3 m 模拟风压试验，其结果应记录下每个 0.7 kPa 增压等级。

A.11.2 抗模拟风压等级为系统所能达到并维持 60 s，仍符合试验要求的最高风压等级。

A.11.3 每个固定件的风荷载能力，根据风荷载等级和固定件的数量计算。

A.11.4 作为标准试验方法，卷材试验结果应满足 A.6.4 要求。

附 录 B
（资料性附录）
单层卷材屋面系统动态法抗风揭试验方法

B.1 范围

本方法适用于单层卷材屋面系统的动态法抗风揭试验，用于规定形式的屋面系统的风荷载评价。

本方法适用的单层卷材屋面系统是由屋面基层、保温材料、防水卷材为主构成，采用卷材单层外露使用，卷材和保温材料采用机械固定或粘结在基层上的正置式屋面形式。

B.2 原理

按照供应商规定的方法安装屋面系统，该屋面系统包括规定的基层、保温材料、防水卷材、固定件、胶黏剂，以及需要时的其他材料如隔汽材料、防潮透气材料等，用人工施加正压和/或负压一定时间，风压以 100 N 为单位逐渐递增，直至屋面系统产生破坏，将破坏时的前一等级风压作为该屋面系统的抗风揭等级。

适用的屋面建筑的该抗风揭等级应不小于按 GB 50009 要求的设计风荷载乘以规定系数[1)]的积，对于屋面的边角等部位按 GB 50009 的要求进行局部增强。

B.3 概述

在试验前，先阅读制造商的说明书和安装指导书，确认产品可以试验并采用合适的安装步骤和技术。材料的外包装应注明制造商和产品标识。

B.4 模拟抗风揭等级

本方法用来评估单层卷材屋面要确定的模拟抗风揭等级。根据屋面系统类别，按标准选用合适的试验方法，得到屋面系统能达到的最大风压为该单层卷材屋面系统的模拟抗风揭等级。抗风揭等级的风压以 100 N 为单位逐渐递增。

B.5 屋面系统各组成部分的要求

B.5.1 所有用来使保温层、卷材和其他部件与基层相连接的固定件，采用推荐的设备安装，并且不应对任何部分造成破坏。

B.5.2 固定件应具有合适的长度，以确保施工时能刺入基层，或达到最小埋入深度。

B.5.3 当基层中有钢板时，固定件应能够刺穿上翼缘。

B.5.4 用胶黏剂安装施工的试件，在试验室条件下应能不超过 28 d 固化。

---

1) 本附录 B 与附录 A 的抗风揭试验方法不同，其用于风荷载评价的规定系数也不同，通常附录 A 方法所需的规定系数要大于附录 B。在国外附录 A 方法的规定系数为 2，附录 B 方法的规定系数为 1.5。

B.5.5 所有胶黏剂应按制造商的说明书来施工，并按其推荐的用量使用。

B.5.6 当采用胶黏剂、热沥青、热焊接、明火等施工时，应采取适当的安全预防措施，必要的通风措施和专用设备。

B.6 试验要求

B.6.1 用于屋面系统的材料和部件应满足下述所有条件，屋面系统应达到相应的模拟抗风揭等级。模拟抗风揭等级，是屋面系统按照试验方法试验所能达到的最大风压(需要完整通过该等级的试验)。

B.6.2 所有固定件、垫片、夹具需要满足：

——确保能够嵌入或穿透屋面基层和其他结构基层，并将其连接起来；

——固定件与垫片、压条、接缝或基层之间的连接，不出现拔出、脱离、松动和散开；

——不应出现破裂、分离、断裂。

B.6.3 所有保温层需要满足：

——保温层不出现破裂、断裂或拔出固定件帽、垫片和压条；

——不使面层和相邻部件的粘结出现分层或脱开；

——允许保温板在机械固定点间产生挠曲，但保温板无破裂、断裂和开裂。

B.6.4 所有卷材需要满足：

——卷材无撕裂、穿孔、破裂和出现任何开口；

——卷材无与相邻部件的分层和脱开(例如，机械固定卷材在无固定处允许相邻部件出现分离和挠曲)。

B.6.5 在施工中，胶黏剂与部件需要粘合的所有表面需要满粘。粘结和搭接部位无任何分离、分层、破裂或剥离产生。

B.6.6 所有屋面基层需要满足：

——在整个分级评价过程中，维持其结构的完整；

——模拟的建筑结构在试验中，任何固定部位不出现脱落、分离和松动；

——无破裂、裂纹、断裂以及固定件的脱落。

B.6.7 所有其他部件，包括接缝、隔气层、基层或卷材无撕裂、穿孔、破裂、脱离、脱落、分层或任何贯穿开口。

B.7 试验器具

B.7.1 抗风揭试验机：箱体尺寸 2.76 m×4.06 m×1.00 m，基层采用工程使用的屋面基层材料，采用负压的方式使箱体和屋面基层材料组成的密闭空间内的风压逐渐加强直至屋面系统破坏。

B.7.2 保温材料：采用实际工程使用的保温材料。

B.7.3 卷材：被试验的防水卷材。

B.7.4 固定件：采用实际工程使用的固定件。

B.7.5 胶黏剂：采用实际工程使用的胶黏剂。

B.8 试验仪器

B.8.1 模拟风压试验设备主要由用于压在屋面系统(被测试件)上方的主压力箱体、用于压力缓存的预压力箱体、提供压力动力的风机以及控制系统组成。主压力箱体和屋面系统(被测试件)组成一个封闭空间(需要夹具固定),风机根据标准的试验要求对主压力箱体进行抽气使主压力箱体内形成所需的负压。

B.8.2 主压力箱体的尺寸最小为2.76 m×4.06 m×1.00 m。主压力箱体和预压力箱体要求能够承受不小于10 kPa的压强。屋面系统(被测试件)安装在底座的上方的支撑上。该支撑由厚度为3 mm的方形钢管构成,用于固定屋面系统的基层(类似屋面檩条的功能)。

B.8.3 风机与预压力箱体通过直径不小于140 mm的耐压软管连接,预压力箱体通过两根直径不小于180 mm的金属硬管与主箱体上部对称位置的两个开口连接。主压力箱体另有三个开孔用于连接压力传感器、温度传感器以及压力表。

B.8.4 风机装置可以抽取42 m^3/min的气体,或是能达到所需负压的动力。通过控制系统使主压力箱体内的压强动态实时地达到标准要求。主压力箱体内的压强可以通过压力传感器或压力表盘进行查看。

B.9 试件制备

B.9.1 试件安装

B.9.1.1 按实际工程的安装方式将屋面系统安装在试验机底座支撑上,并保证试验机底座长度方向至少有均匀分布的三道卷材搭接缝。

B.9.1.2 试件的各个部分按照说明书要求装配,包括厚度、外形、底板强度、固定件和粘结剂的施工方法和速度、保温板的厚度和尺寸、卷材的类型,并允许在试验室条件下养护,养护时间不超过28 d。

B.9.1.3 当采用金属底板时,其固定在支撑上能够承受预计的荷载。典型的试件支撑包含结构钢架,两个结构钢架平行于2.76 m边,间距1.2 m。基层金属板平行于4.06 m边安装,金属板两端卡在试验机底座的夹缝内。其他结构的屋面基层板的装配和构造按委托方的要求。这些安装应与制造商的说明和要求一致。

注1:若有委托方要求,特定试验规定时,固定金属底板到试验框架的方法允许改变。

注2:当试验框架的尺寸大于允许的最小尺寸时,基层金属板应平行于长边安装。

注3:当被测屋面系统为直立缝的类型时,允许垂直于长边安装金属板。

B.9.1.4 试验准备完成后,试件置于模拟风压的主压力箱体下方,主压力箱体压紧屋面系统(测试试件)并在四周用夹具固定。夹具环绕在试验机底座四周,夹具最大间距1.2 m。

B.10 试验步骤

B.10.1 按照标准要求,将主压力箱体内的压力抽至所需压力,误差不超过±10%。对于每个最小单位循环,负压需要在1 s~2 s内达到峰值,并保持该压力2 s,之后释放负压,单个完整循环时间为8 s。

B.10.1.1 试验从300 N开始,允许误差±10%,此后压力按照B.10.1.2增加。

B.10.1.2 从起点等级300 N开始,之后每个等级峰值增加100 N,而每个压力等级又可以划分成更小的周期单位,具体见表B.1。

表 B.1 压力循环周期

等级峰值	40%	500 次
	60%	200 次
	80%	5 次
	90%	2 次
	100%	1 次
	90%	2 次
	80%	5 次
	60%	200 次
	40%	500 次

B.10.2 重复上述 A.10.1.2 步骤，直到试件破坏，或不能再增加或维持压力等级，或根据实验者的判断。当不能满足标准规定的允许条件或不能维持压力等级，视作试验中止。

B.10.3 试验完成后，取下试件仔细观察并记录所有与标准规定不符的现象。

B.11 结果处理

B.11.1 2.76 m×4.06 m 模拟风压试验，其结果应记录下破坏的等级以及具体的阶段(上升或是下降过程中的 40%、60%、80%、90%还是 100%)。

B.11.2 模拟抗风揭等级为系统所能达到并完整通过的该等级(即全部 1 415 个动态周期)，仍符合试验要求的最高风压等级。

B.11.3 每个固定件的抗风揭能力，根据得到的试验结果并结合相关系数进行计算。

ICS 83.140.99
G 47

中华人民共和国国家标准

GB 18173.1—2012
代替 GB 18173.1—2006

高分子防水材料　第1部分：片材

Polymer water-proof materials—Part 1: Water-proof sheet

自2017年3月23日起，本标准转为推荐性标准，编号改为GB/T 18173.1—2012。

2012-09-03 发布　　2013-06-01 实施

中华人民共和国国家质量监督检验检疫总局
中国国家标准化管理委员会　发布

前言

本部分的第5章和第8章为强制性条款，其余为推荐性条款。

GB 18173《高分子防水材料》分四个部分：

——第1部分：片材；

——第2部分：止水带；

——第3部分：遇水膨胀橡胶；

——第4部分：盾构法隧道管片用橡胶密封垫。

本部分为GB 18173的第1部分。

本部分按照GB/T 1.1—2009给出的规则起草。

本部分代替GB 18173.1—2006《高分子防水材料　第1部分：片材》。

本部分与GB 18173.1—2006的主要差异如下：

——修改并增加了部分术语和定义(见3.1,3.3,3.4,3.5,3.6,3.7,2006版的3.1,3.3,3.4)；

——增加了自粘片、异型片等防水片材种类、技术指标和相关的检测方法(见5.3.3,5.3.4,6.3.2.2,6.3.13)；

——删除了均质片中的再生胶(JL4)类防水片材(2006年版的4.1)；

——调整了部分均质片和复合片的物理性能指标(见5.3.1,5.3.2,2006年版的5.3.1)；

——调整了FS2型复合片材表层与芯层复合强度指标及试验方法(见5.3.2,附录E,2006年版的5.3.2)；

本部分参照JIS A 6008:2002《合成高分子系列屋面防水片材》和ASTM D6134:2007《防水系统用硫化橡胶板规格》,同时结合国内片材生产的发展及使用需要对原标准进行修订。

本部分由中国石油和化学工业联合会提出。

本部分由全国橡胶与橡胶制品标准化技术委员会橡胶杂品分技术委员会(SAC/TC 35/SC 7)归口。

本部分起草单位：北京市化工产品质量监督检验站、胜利油田大明新型建筑防水材料有限责任公司、常熟市三恒建材有限责任公司、沈阳星辰化工有限公司、建研(北京)结构工程有限公司、衡水中铁建土工材料制造有限公司、哈高科绥棱二塑有限公司、北京圣洁防水材料有限公司、北京世纪保佳建筑材料有限责任公司、衡水百威工程橡胶有限公司、北京鸿禹乔建材有限公司。

本部分主要起草人：宋宝清、杜奎义、张广彬、冯胜利、冯海凤、潘叶明、田丽、邹环宇、杜昕、赵顺旺、李树奎。

本部分所代替标准的历次版本发布情况为：

——GB 18173.1—2000、GB 18173.1—2006。

根据中华人民共和国国家标准公告(2017年第7号)和强制性标准整合精简结论,本标准自2017年3月23日起,转为推荐性标准,不再强制执行。

高分子防水材料　第1部分:片材

1　范围

GB 18173的本部分规定了高分子防水材料片材的术语和定义、分类与标记、要求、试验方法、检验规则以及标志、包装、运输与贮存等。

本部分适用于以高分子材料为主材料,以挤出或压延等方法生产,用于各类工程防水、防渗、防潮、隔气、防污染、排水等的均质片材(以下简称均质片)、复合片材(以下简称复合片)、异形片材(以下简称异型片)、自粘片材(以下简称自粘片)、点(条)粘片材(以下简称点(条)粘片)等。

2　规范性引用文件

下列文件对于本文件的应用是必不可少的。凡是注日期的引用文件,仅注日期的版本适用于本文件。凡是不注日期的引用文件,其最新版本(包括所有的修改单)适用于本文件。

GB/T 528　硫化橡胶或热塑性橡胶　拉伸应力应变性能的测定

GB/T 529　硫化橡胶或热塑性橡胶撕裂强度的测定(裤形、直角形和新月形试样)

GB/T 532　硫化橡胶或热塑性橡胶与织物粘合强度的测定

GB/T 1040.2　塑料　拉伸性能的测定　第2部分:模塑和挤塑塑料的试验条件

GB/T 1041　塑料压缩性能的测定

GB/T 1690　硫化橡胶或热塑性橡胶耐液体试验方法

GB/T 3511　硫化橡胶或热塑性橡胶耐候性

GB/T 3512　硫化橡胶或热塑性橡胶　热空气加速老化和耐热试验

GB/T 4851　压敏胶粘带持粘性试验方法

GB/T 7762　硫化橡胶或热塑性橡胶　耐臭氧龟裂　静态拉伸试验

3　术语和定义

下列术语和定义适用于本文件。

3.1

均质片　homogeneous sheet

以高分子合成材料为主要材料,各部位截面结构一致的防水片材。

3.2

复合片　composite sheet

以高分子合成材料为主要材料,复合织物等保护或增强层,以改变其尺寸稳定性和力学特性,各部位截面结构一致的防水片材。

3.3

自粘片　self-adhesive sheet

在高分子片材表面复合一层自粘材料和隔离保护层,以改善或提高其与基层的粘接性能,各部位截面结构一致的防水片材。

3.4

异型片 special-shaped sheet

以高分子合成材料为主要材料，经特殊工艺加工成表面为连续凸凹壳体或特定几何形状的防(排)水片材。

3.5

点(条)粘片 material with point (strip) adhesion sheet

均质片材与织物等保护层多点(条)粘接在一起，粘接点(条)在规定区域内均匀分布，利用粘接点(条)的间距，使其具有切向排水功能的防水片材。

3.6

复合强度 composite strength

复合片材表面保护或增强层与芯层的复合力度，用 MPa 表示。

3.7

排水截面积 section area of drainage water

异形片(防排水保护板)每延长米横截面上的壳形凸起所形成的可排水截面积，用 cm^2 表示。

4 分类与标记

4.1 片材的分类

如表 1 所示。

表 1 片材的分类

<table>
<tr><th colspan="2">分 类</th><th>代 号</th><th>主要原材料</th></tr>
<tr><td rowspan="9">均质片</td><td rowspan="3">硫化橡胶类</td><td>JL1</td><td>三元乙丙橡胶</td></tr>
<tr><td>JL2</td><td>橡塑共混</td></tr>
<tr><td>JL3</td><td>氯丁橡胶、氯磺化聚乙烯、氯化聚乙烯等</td></tr>
<tr><td rowspan="3">非硫化橡胶类</td><td>JF1</td><td>三元乙丙橡胶</td></tr>
<tr><td>JF2</td><td>橡塑共混</td></tr>
<tr><td>JF3</td><td>氯化聚乙烯</td></tr>
<tr><td rowspan="3">树脂类</td><td>JS1</td><td>聚氯乙烯等</td></tr>
<tr><td>JS2</td><td>乙烯醋酸乙烯共聚物、聚乙烯等</td></tr>
<tr><td>JS3</td><td>乙烯醋酸乙烯共聚物与改性沥青共混等</td></tr>
<tr><td rowspan="4">复合片</td><td>硫化橡胶类</td><td>FL</td><td>(三元乙丙、丁基、氯丁橡胶、氯磺化聚乙烯等)/织物</td></tr>
<tr><td>非硫化橡胶类</td><td>FF</td><td>(氯化聚乙烯、三元乙丙、丁基、氯丁橡胶、氯磺化聚乙烯等)/织物</td></tr>
<tr><td rowspan="2">树脂类</td><td>FS1</td><td>聚氯乙烯/织物</td></tr>
<tr><td>FS2</td><td>(聚乙烯、乙烯醋酸乙烯共聚物等)/织物</td></tr>
<tr><td rowspan="3">自粘片</td><td rowspan="3">硫化橡胶类</td><td>ZJL1</td><td>三元乙丙/自粘料</td></tr>
<tr><td>ZJL2</td><td>橡塑共混/自粘料</td></tr>
<tr><td>ZJL3</td><td>(氯丁橡胶、氯磺化聚乙烯、氯化聚乙烯等)/自粘料</td></tr>
</table>

表 1（续）

分类		代号	主要原材料
自粘片	硫化橡胶类	ZFL	（三元乙丙、丁基、氯丁橡胶、氯磺化聚乙烯等）/织物/自粘料
	非硫化橡胶类	ZJF1	三元乙丙/自粘料
		ZJF2	橡塑共混/自粘料
		ZJF3	氯化聚乙烯/自粘料
		ZFF	（氯化聚乙烯、三元乙丙、丁基、氯丁橡胶、氯磺化聚乙烯等）/织物/自粘料
	树脂类	ZJS1	聚氯乙烯/自粘料
		ZJS2	（乙烯醋酸乙烯共聚物、聚乙烯等）/自粘料
		ZJS3	乙烯醋酸乙烯共聚物与改性沥青共混等/自粘料
		ZFS1	聚氯乙烯/织物/自粘料
		ZFS2	（聚乙烯、乙烯醋酸乙烯共聚物等）/织物/自粘料
异形片	树脂类（防排水保护板）	YS	高密度聚乙烯，改性聚丙烯，高抗冲聚苯乙烯等
点（条）粘片	树脂类	DS1/TS1	聚氯乙烯/织物
		DS2/TS2	（乙烯醋酸乙烯共聚物、聚乙烯等）/织物
		DS3/TS3	乙烯醋酸乙烯共聚物与改性沥青共混物等/织物

4.2 产品标记

4.2.1 标记方法

产品应按下列顺序标记，并可根据需要增加标记内容：

类型代号、材质（简称或代号）、规格（长度×宽度×厚度）。异型片材加入壳体高度。

4.2.2 标记示例

均质片：长度为 20.0 m，宽度为 1.0 m，厚度为 1.2 mm 的硫化型三元乙丙橡胶（EPDM）片材标记为：JL 1-EPDM-20.0 m×1.0 m×1.2 mm。

异形片：长度为 20.0 m，宽度为 2.0 m，厚度为 0.8 mm，壳体高度为 8 mm 的高密度聚乙烯防排水片材标记为：YS-HDPE-20.0 m×2.0 m×0.8 mm×8 mm。

5 要求

5.1 规格尺寸

片材的规格尺寸及允许偏差如表 2、表 3 所示，特殊规格由供需双方商定。

表 2　片材的规格尺寸

项　目	厚度/mm	宽度/m	长度/m
橡胶类	1.0,1.2,1.5,1.8,2.0	1.0,1.1,1.2	≥20[a]
树脂类	>0.5	1.0,1.2,1.5,2.0,2.5,3.0,4.0,6.0	
[a] 橡胶类片材在每卷 20 m 长度中允许有一处接头，且最小块长度应≥3 m，并应加长 15 cm 备作搭接；树脂类片材在每卷至少 20 m 长度内不允许有接头；自粘片材及异型片材每卷 10 m 长度内不允许有接头。			

表 3　允许偏差

项　目	厚　度		宽　度	长　度
允许偏差	<1.0 mm	≥1.0 mm	±1%	不允许出现负值
	±10%	±5%		

5.2　外观质量

5.2.1　片材表面应平整，不能有影响使用性能的杂质、机械损伤、折痕及异常粘着等缺陷。

5.2.2　在不影响使用的条件下，片材表面缺陷应符合下列规定：

a)　凹痕深度，橡胶类片材不得超过片材厚度的 20%；树脂类片材不得超过 5%；

b)　气泡深度，橡胶类不得超过片材厚度的 20%，每 1 m^2 内气泡面积不得超过 7 mm^2；树脂类片材不允许有。

5.2.3　异型片表面应边缘整齐、无裂纹、孔洞、粘连、气泡、疤痕及其他机械损伤缺陷。

5.3　物理性能

5.3.1　均质片

均质片的物理性能应符合表 4 的规定。

表 4　均质片的物理性能

项　目		指　标									适用试验条目
		硫化橡胶类			非硫化橡胶类			树脂类			
		JL1	JL2	JL3	JF1	JF2	JF3	JS1	JS2	JS3	
拉伸强度/MPa	常温(23 ℃) ≥	7.5	6.0	6.0	4.0	3.0	5.0	10	16	14	6.3.2
	高温(60 ℃) ≥	2.3	2.1	1.8	0.8	0.4	1.0	4	6	5	
拉断伸长率/%	常温(23 ℃) ≥	450	400	300	400	200	200	200	550	500	
	低温(−20 ℃) ≥	200	200	170	200	100	100	—	350	300	
撕裂强度/(kN/m) ≥		25	24	23	18	10	10	40	60	60	6.3.3

表 4（续）

项　目		指　标									适用试验条目
		硫化橡胶类			非硫化橡胶类			树脂类			
		JL1	JL2	JL3	JF1	JF2	JF3	JS1	JS2	JS3	
不透水性(30 min)		0.3 MPa 无渗漏	0.3 MPa 无渗漏	0.2 MPa 无渗漏	0.3 MPa 无渗漏	0.2 MPa 无渗漏	0.2 MPa 无渗漏	0.3 MPa 无渗漏	0.3 MPa 无渗漏	0.3 MPa 无渗漏	6.3.4
低温弯折		−40 ℃ 无裂纹	−30 ℃ 无裂纹	−30 ℃ 无裂纹	−30 ℃ 无裂纹	−20 ℃ 无裂纹	−20 ℃ 无裂纹	−20 ℃ 无裂纹	−35 ℃ 无裂纹	−35 ℃ 无裂纹	6.3.5
加热伸缩量/mm	延伸 ≤	2	2	2	2	4	4	2	2	2	6.3.6
	收缩 ≤	4	4	4	4	6	10	6	6	6	
热空气老化(80 ℃×168 h)	拉伸强度保持率/% ≥	80	80	80	90	60	80	80	80	80	6.3.7
	拉断伸长率保持率/% ≥	70	70	70	70	70	70	70	70	70	
耐碱性[饱和 $Ca(OH)_2$ 溶液 23 ℃×168 h]	拉伸强度保持率/% ≥	80	80	80	80	70	70	80	80	80	6.3.8
	拉断伸长率保持率/% ≥	80	80	80	90	80	70	80	90	90	
臭氧老化(40 ℃×168 h)	伸长率 40%，500×10^{-8}	无裂纹	—	—	无裂纹	—	—	—	—	—	6.3.9
	伸长率 20%，200×10^{-8}	—	无裂纹	—	—	—	—	—	—	—	
	伸长率 20%，100×10^{-8}	—	—	无裂纹	—	无裂纹	无裂纹	—	—	—	
人工气候老化	拉伸强度保持率/% ≥	80	80	80	80	70	80	80	80	80	6.3.10
	拉断伸长率保持率/% ≥	70	70	70	70	70	70	70	70	70	
粘结剥离强度(片材与片材)	标准试验条件/(N/mm) ≥	1.5									6.3.11
	浸水保持率(23 ℃×168 h)/% ≥	70									

注 1：人工气候老化和粘结剥离强度为推荐项目。

注 2：非外露使用可以不考核臭氧老化、人工气候老化、加热伸缩量、60 ℃拉伸强度性能。

5.3.2 复合片

5.3.2.1 复合片的物理性能应符合表5的规定。

表5 复合片的物理性能

项目		指标				适用试验条目
		硫化橡胶类 FL	非硫化橡胶类 FF	树脂类		
				FS1	FS2	
拉伸强度/(N/cm)	常温(23 ℃) ≥	80	60	100	60	6.3.2
	高温(60 ℃) ≥	30	20	40	30	
拉断伸长率/%	常温(23 ℃) ≥	300	250	150	400	
	低温(−20 ℃) ≥	150	50	—	300	
撕裂强度/N ≥		40	20	20	50	6.3.3
不透水性(0.3 MPa,30 min)		无渗漏	无渗漏	无渗漏	无渗漏	6.3.4
低温弯折		−35 ℃ 无裂纹	−20 ℃ 无裂纹	−30 ℃ 无裂纹	−20 ℃ 无裂纹	6.3.5
加热伸缩量/mm	延伸 ≤	2	2	2	2	6.3.6
	收缩 ≤	4	4	2	4	
热空气老化(80 ℃×168 h)	拉伸强度保持率/% ≥	80	80	80	80	6.3.7
	拉断伸长率保持率/% ≥	70	70	70	70	
耐碱性[饱和 $Ca(OH)_2$ 溶液 23 ℃×168 h]	拉伸强度保持率/% ≥	80	60	80	80	6.3.8
	拉断伸长率保持率/% ≥	80	60	80	80	
臭氧老化(40 ℃×168 h),200×10^{-8},伸长率20%		无裂纹	无裂纹	—	—	6.3.9
人工气候老化	拉伸强度保持率/% ≥	80	70	80	80	6.3.10
	拉断伸长率保持率/% ≥	70	70	70	70	
粘结剥离强度(片材与片材)	标准试验条件/(N/mm) ≥	1.5	1.5	1.5	1.5	6.3.11
	浸水保持率(23 ℃×168 h)/% ≥	70			70	
复合强度(FS2型表层与芯层)/MPa ≥		—			0.8	6.3.12

注1:人工气候老化和粘合性能项目为推荐项目。

注2:非外露使用可以不考核臭氧老化、人工气候老化、加热伸缩量、高温(60 ℃)拉伸强度性能。

5.3.2.2 对于聚酯胎上涂覆三元乙丙橡胶的FF类片材,拉断伸长率(纵/横)指标不得小于100%,其他性能指标应符合表5的规定。

5.3.2.3 对于总厚度小于1.0 mm的FS2类复合片材,拉伸强度(纵/横)指标常温(23 ℃)时不得小于50 N/cm,高温(60 ℃)时不得小于30 N/cm;拉断伸长率(纵/横)指标常温(23 ℃)时不得小于100%,低温(−20 ℃)时不得小于80%;其他性能应符合表5规定值要求。

5.3.3 自粘片

自粘片的主体材料应符合表4、表5中相关类别的要求,自粘层性能应符合表6规定。

表 6 自粘层性能

项 目			指 标	适用试验条目
低温弯折			−25 ℃无裂纹	6.3.5
持粘性/min		≥	20	6.3.13.1
剥离强度/(N/mm)	标准试验条件	片材与片材 ≥	0.8	6.3.13.2
		片材与铝板 ≥	1.0	
		片材与水泥砂浆板 ≥	1.0	
	热空气老化后(80 ℃×168 h)	片材与片材 ≥	1.0	
		片材与铝板 ≥	1.2	
		片材与水泥砂浆板 ≥	1.2	

5.3.4 异型片

异型片的物理性能应符合表 7 规定。

表 7 异型片的物理性能

项 目		指标			适用试验条目
		膜片厚度 <0.8 mm	膜片厚度 0.8 mm~1.0 mm	膜片厚度 ≥1.0 mm	
拉伸强度/(N/cm)	≥	40	56	72	6.3.2.2
拉断伸长率/%	≥	25	35	50	
抗压性能	抗压强度/kPa ≥	100	150	300	6.3.14
	壳体高度压缩 50%后外观	无破损			
排水截面积/cm^2	≥	30			6.3.15
热空气老化(80 ℃×168 h)	拉伸强度保持率/% ≥	80			6.3.7
	拉断伸长率保持率/% ≥	70			
耐碱性[饱和 $Ca(OH)_2$ 溶液 23 ℃×168 h]	拉伸强度保持率/% ≥	80			6.3.8
	拉断伸长率保持率/% ≥	80			
注：壳体形状和高度无具体要求，但性能指标须满足本表规定。					

5.3.5 点(条)粘片

点(条)粘片主体材料应符合表 4 中相关类别的要求，粘接部位的性能应符合表 8 的规定。

表 8　点(条)粘片粘接部位的物理性能

项　目		指　标			适用试验条目
		DS1/TS1	DS2/TS2	DS3/TS3	
常温(23 ℃)拉伸强度/(N/cm)	≥	100	60		6.3.2.1.3
常温(23 ℃)拉断伸长率/%	≥	150	400		
剥离强度/(N/mm)	≥	1			6.3.11

6　试验方法

6.1　片材尺寸的测定

6.1.1　长度、宽度

用钢卷尺测量，精确到 1 mm。宽度在纵向两端及中央附近测定三点，取算术平均值；长度的测定取每卷展平后的全长的最短部位。

6.1.2　厚度

用分度为 1/100 mm、压力为(22±5)kPa、测足直径为 6 mm 的厚度计测量，其测量点如图 1 所示，自端部起裁去 300 mm，再从其裁断处的 20 mm 内侧，且自宽度方向距两边各 10%宽度范围内取两个点(a、b)，再将 ab 间距四等分，取其等分点(c、d、e)共五个点进行厚度测量，测量结果用五个点的算术平均值表示；宽度不满 500 mm 的，可以省略 c、d 两点的测定。点(条)粘片测量防水层厚度；复合片测量片材总厚度(当需测定芯层厚度时，按附录 A 规定的方法进行)；异型片测量平面部分的膜厚；自粘片材测量时应减去隔离纸(膜)的厚度，主体材料厚度按附录 A 规定的方法测量，精确到 0.01 mm。

单位为毫米

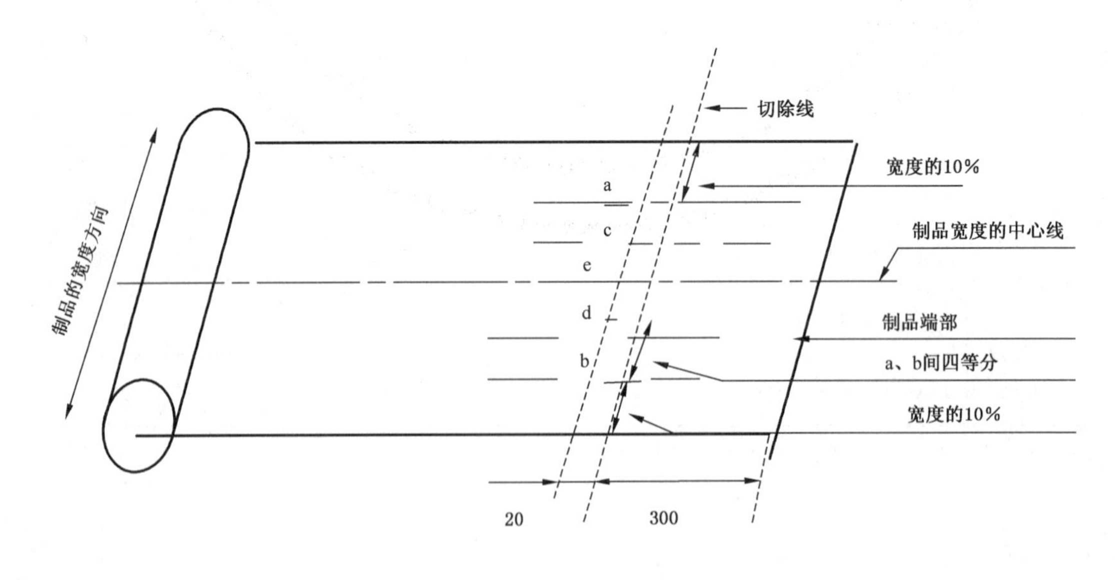

图 1　厚度测量点示意图

6.1.3 异型片材壳体高度

用精度为 0.02 mm 的游标卡尺测量，自端部起裁掉大于等于 300 mm，然后再裁取 100 mm 长试样，测量点同 6.1.2，应保证裁切处的壳体完整，测量结果以五个壳体高度的算术平均值表示。

6.2 外观质量

片材的外观质量用目测方法及量具检查。

6.3 片材物理性能的测定

6.3.1 试样制备

将规格尺寸检测合格的卷材展平后在标准状态下静置 24 h，裁取试验所需的足够长度试样，均质片、复合片、自粘片和点(条)粘片按图 2 及表 9 裁取所需试样；用于自粘层性能检测的试样按图 3 及表 10 裁取所需试样；异形片按图 4 及表 11 裁取所需试样；试片距卷材边缘不得小于 100 mm。裁切复合片时应顺着织物的纹路，尽量不破坏纤维并使工作部分保证最大的纤维根数。

表 9 试样的形状、尺寸与数量

<table>
<tr><th colspan="2" rowspan="2">项 目</th><th rowspan="2">试样代号</th><th colspan="3" rowspan="2">试样形状及尺寸</th><th colspan="2">试样数量</th></tr>
<tr><th>纵向</th><th>横向</th></tr>
<tr><td colspan="2">不透水性</td><td>A</td><td colspan="3">140 mm×140 mm</td><td colspan="2">3</td></tr>
<tr><td rowspan="3">拉伸性能</td><td>常温(23 ℃)</td><td>B,B′</td><td rowspan="3">GB/T 528 中
Ⅰ型哑铃片</td><td rowspan="3">FS2 类
片材</td><td>200 mm×25 mm</td><td>5</td><td>5</td></tr>
<tr><td>高温(60 ℃)</td><td>D,D′</td><td rowspan="2">100 mm×25 mm</td><td>5</td><td>5</td></tr>
<tr><td>低温(−20 ℃)</td><td>E,E′</td><td>5</td><td>5</td></tr>
<tr><td colspan="2">撕裂强度</td><td>C,C′</td><td colspan="3">GB/T 529 中直角形试片</td><td>5</td><td>5</td></tr>
<tr><td colspan="2">低温弯折</td><td>S,S′</td><td colspan="3">120 mm×50 mm</td><td>2</td><td>2</td></tr>
<tr><td colspan="2">加热伸缩量</td><td>F,F′</td><td colspan="3">300 mm×30 mm</td><td>3</td><td>3</td></tr>
<tr><td colspan="2">热空气老化</td><td>G,G′</td><td rowspan="2">GB/T 528 中
Ⅰ型哑铃片</td><td colspan="2">—</td><td>3</td><td>3</td></tr>
<tr><td colspan="2">耐碱性</td><td>I,I′</td><td colspan="2">FS2 类片材，
200 mm×25 mm</td><td>3</td><td>3</td></tr>
<tr><td colspan="2">臭氧老化</td><td>L,L′</td><td rowspan="2">GB/T 528 中
Ⅰ型哑铃片</td><td colspan="2" rowspan="2">FS2 类片材，
200 mm×25 mm</td><td>3</td><td>3</td></tr>
<tr><td colspan="2">人工气候老化</td><td>H,H′</td><td>3</td><td>3</td></tr>
<tr><td rowspan="2">粘接剥离强度</td><td>标准试验条件</td><td>M</td><td colspan="3" rowspan="2">200 mm×150 mm</td><td>2</td><td>—</td></tr>
<tr><td>浸水 168 h</td><td>N</td><td>2</td><td>—</td></tr>
<tr><td colspan="2">复合强度</td><td>K</td><td colspan="3">FS2 类片材，50 mm×50 mm</td><td>5</td><td>—</td></tr>
<tr><td colspan="8">注：试样代号中，字母上方有“′”者应横向取样。</td></tr>
</table>

单位为毫米

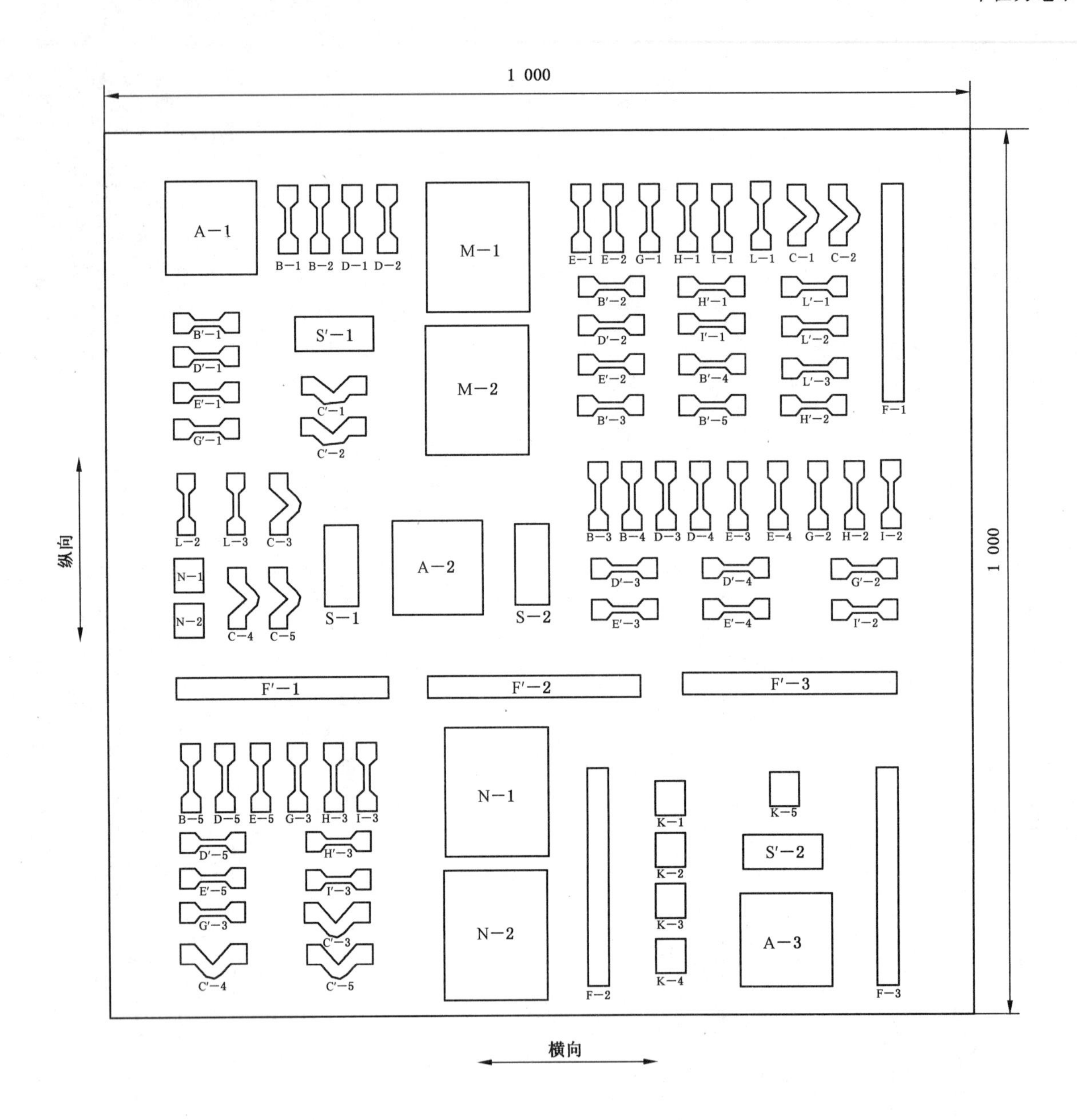

图 2 裁样示意图

单位为毫米

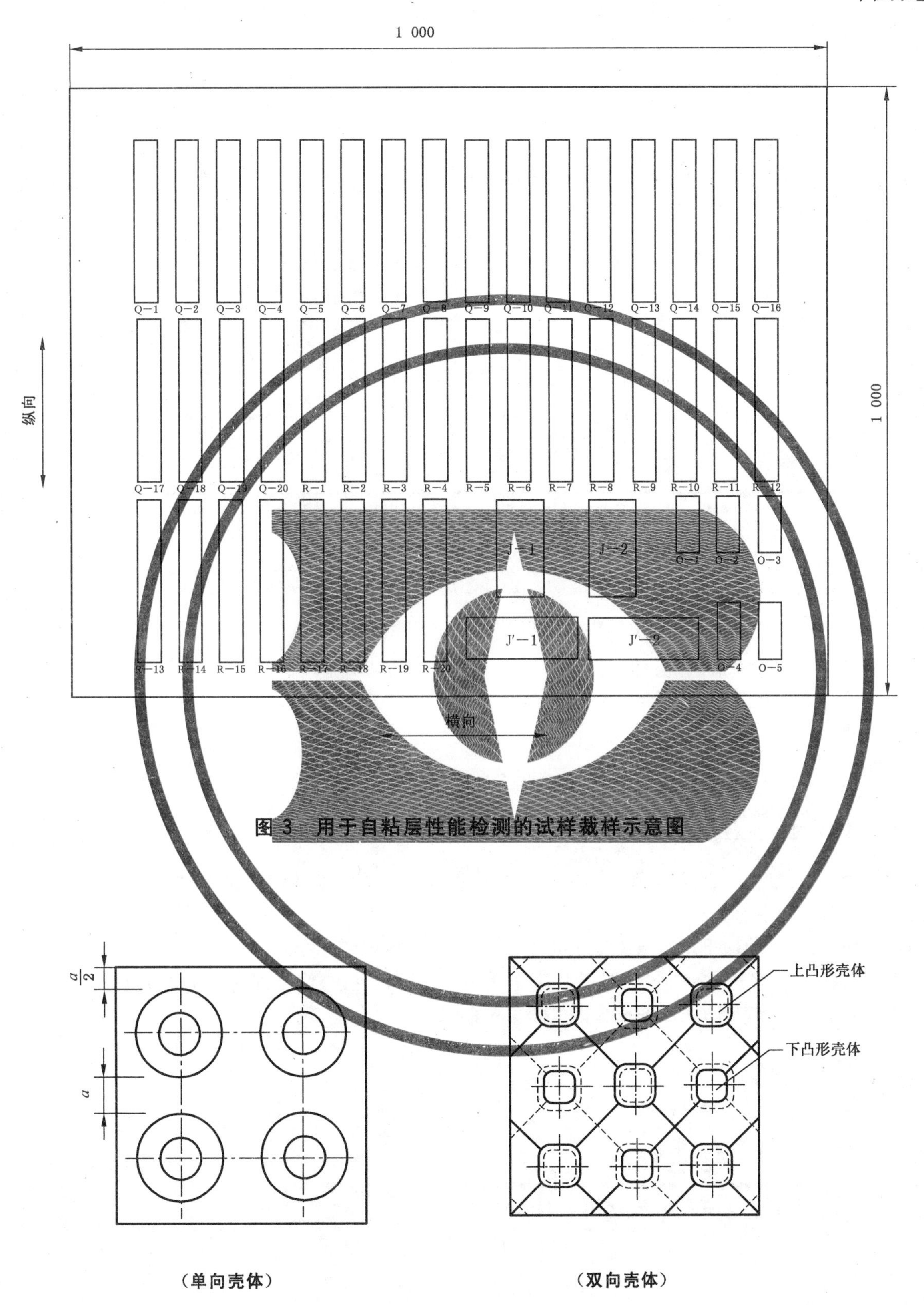

图 3　用于自粘层性能检测的试样裁样示意图

图 4　异型片抗压强度裁样示意图

表 10 用于自粘层性能检测的试样尺寸与数量

项目		试样代号	试样规格尺寸	试样数量	
				纵向	横向
低温弯折		J,J′	120 mm×50 mm	2	2
持粘性		O	70 mm×25 mm	5	—
剥离强度（片材与片材、片材与铝板、片材与水泥砂浆板）	标准试验条件	Q	200 mm×25 mm	20	—
	热空气老化后	R	200 mm×25 mm	20	—

表 11 异形片试样的尺寸与数量

项目	试样规格尺寸	试样数量	
		纵向	横向
平均膜厚度	100 mm×片材宽度	1	—
壳体总厚度	100 mm×片材宽度	1	—
拉伸强度和拉断伸长率	试样长度为 250 mm;宽度:单向壳体至少含有一个完整的壳型凸起的宽度,双向壳体至少上下各含有一个完整的壳型凸起的宽度	3	3
抗压强度	单向壳体取 4 个完整壳体构成的正方形样块,双向壳体上面取 5 个完整壳体下面 4 个完整壳体构成的正方形样块(见图 4 所示)	5	—

6.3.2 片材的拉伸性能

6.3.2.1 均质片、复合片、自粘片和点(条)粘片

6.3.2.1.1 均质片、复合片、自粘片和点(条)粘片的拉伸强度、拉断伸长率试验按 GB/T 528 的规定进行。测试五个试样,取中值。

6.3.2.1.2 均质片、自粘均质片的拉伸强度按式(1)计算,精确到 0.1 MPa,常温(23 ℃)拉断伸长率按式(2)计算,低温(−20 ℃)拉断伸长率按式(4)计算,精确到 1%,点(条)粘片、自粘均质片进行拉伸强度计算时,应取主体材料的厚度,拉断伸长率为主体材料指标。

$$TS_b = F_b/Wt \qquad \cdots\cdots (1)$$

式中:

TS_b ——试样拉伸强度,单位为兆帕(MPa);

F_b ——最大拉力,单位为牛顿(N);

W ——哑铃试片狭小平行部分宽度,单位为毫米(mm);

t ——试验长度部分的厚度,单位为毫米(mm)。

$$E_b = \frac{(L_b - L_0)}{L_0} \times 100\% \qquad \cdots\cdots (2)$$

式中:

E_b ——常温(23 ℃)试样拉断伸长率,%;

L_b ——试样断裂时的标距,单位为毫米(mm);

L_0 ——试样的初始标距,单位为毫米(mm)。

6.3.2.1.3 复合片、点(条)粘片粘接部位、自粘复合片拉伸强度按式(3)计算,精确到0.1N/cm;拉断伸长率按式(4)计算,精确到1%。

$$TS_b = F_b / W \qquad \cdots\cdots(3)$$

式中:

TS_b ——试样拉伸强度,单位为牛顿每厘米(N/cm);

F_b ——最大拉力,单位为牛顿(N);

W ——哑铃试片狭小平行部分宽度或矩形试片的宽度,单位为厘米(cm)。

$$E_b = \frac{(L_b - L_0)}{L_0} \times 100\% \qquad \cdots\cdots(4)$$

式中:

E_b ——试样拉断伸长率,%;

L_b ——试样完全断裂时夹持器间的距离,单位为毫米(mm);

L_0 ——试样的初始夹持器间距离(Ⅰ型试样50 mm,Ⅱ型试样30 mm)。

6.3.2.1.4 拉伸试验用Ⅰ型试样,高温(60 ℃)和低温(−20 ℃)试验时,如Ⅰ型试样不适用,可用Ⅱ型试样,将试样在规定温度下预热或预冷1 h。仲裁检验试样的形状为哑铃Ⅱ型;FS2型片材拉伸试样为矩形,尺寸为200 mm×25 mm,夹持距离为120 mm,若试样拉伸至设备极限(如>600%)而不能断裂时,可采用50 mm夹持距离重新试验,高温(60 ℃)和低温(−20 ℃)试验时,试样尺寸为100 mm×25 mm,夹持距离为50 mm。

6.3.2.1.5 试样夹持器的移动速度:橡胶类为(500±50)mm/min;树脂类为(250±50)mm/min,其中FS2型片材为(100±10)mm/min。

6.3.2.2 异形片

异形片拉伸强度、拉断伸长率按GB/T 1040.2进行,拉伸强度按式(5)计算,精确到0.1 N/cm,拉断伸长率按式(6)计算,精确到1%,夹具间距170 mm,试验速度为50 mm/min,纵、横向均进行试验。试样宽度:单向壳体至少含有一个完整的壳型凸起,双向壳体至少上下各含有一个完整的壳型凸起。

$$TS = \frac{F}{W} \qquad \cdots\cdots(5)$$

式中:

TS ——拉伸强度,单位为牛顿每厘米(N/cm);

F ——最大拉力,单位为牛顿(N);

W ——试样的初始宽度,单位为厘米(cm)。

分别计算纵向和横向三个试样的算术平均值作为试验结果。精确到0.1 N/cm。

$$E = \frac{L_1 - L_0}{L_0} \times 100\% \qquad \cdots\cdots(6)$$

式中:

E ——试样拉断伸长率,%;

L_0 ——试样初始夹具间距离,L_0=170 mm;

L_1 ——试样断裂时夹具间距离,单位为毫米(mm)。

分别计算纵向或横向三个试样的算术平均值作为试验结果,精确到1%。

6.3.3 撕裂强度

片材的撕裂强度试验按GB/T 529中的无割口直角形试样执行,拉伸速度同6.3.2.1.5;复合片取其拉伸至断裂时的最大力值为撕裂强度。试验结果取五个试样的中位数。

6.3.4 不透水性

片材的不透水性试验采用图5所示的十字型压板。试验时按透水仪的操作规程将试样装好，并一次性升压至规定压力，保持30 min后观察试样有无渗漏；以三个试样均无渗漏为合格。

单位为毫米

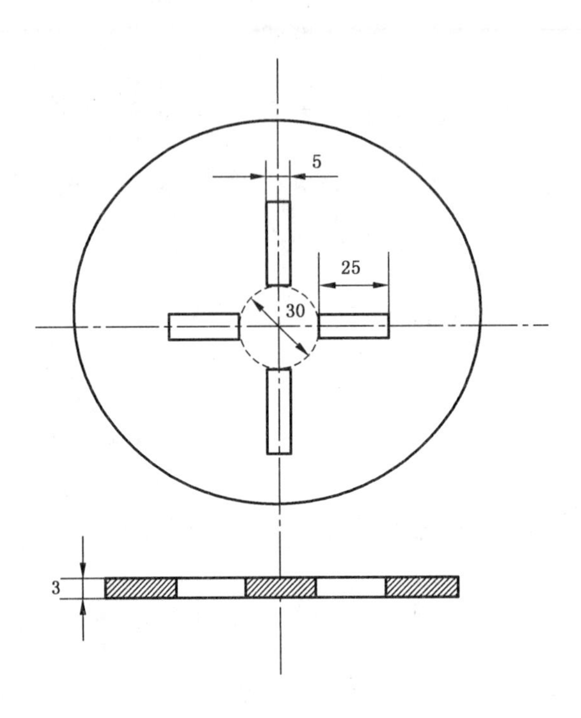

图5 透水仪压板示意图

6.3.5 低温弯折

片材的低温弯折试验按附录B的规定执行。

6.3.6 加热伸缩量

片材的加热伸缩量试验按附录C的规定执行。

6.3.7 热空气老化

片材的热空气老化试验按GB/T 3512的规定执行。

6.3.8 耐碱性

片材的耐碱性试验按GB/T 1690的规定执行，试验前应用适宜的方法将复合片做封边处理。

6.3.9 臭氧老化

片材的臭氧老化试验按GB/T 7762的规定执行，以用8倍放大镜检验无龟裂为合格。

6.3.10 人工气候老化

片材的人工气候老化性能按GB/T 3511的规定执行；黑板温度为(63±3)℃，相对湿度为(50±5)%，降雨周期为120 min，其中降雨18 min，间隔干燥102 min，总辐照量为495 MJ/m²(或辐照强度为550 W/m²，试验时间为250 h)。试样经暴露处理后在标准状态下停放4 h，进行性能测定。

6.3.11 **粘接剥离强度**

片材粘接剥离强度的测定按附录 D 的规定执行，点(条)粘片粘接部位的剥离强度测定按 GB/T 532 的规定执行，从成品中取样。

6.3.12 **复合强度**

FS2 类复合片材的复合强度测定按附录 E 执行，具有两个表面保护或增强层的复合片材，两表面的复合强度均应测定。

6.3.13 **自粘片材粘接性能**

6.3.13.1 **持粘性**

持粘性的测定按 GB/T 4851 的规定进行，试片与试验板的粘合面积为 25 mm×25 mm，试片与加载板的粘合面积为 45 mm×25 mm，粘接试样如图 6 所示，试样数量为五个。分别记录每个试样的脱落时间，若大于 60 min 未脱落，记录为 60 min，计算时去掉一个最大值和一个最小值，取另外三个值的算术平均值为试验结果。单位为 min，对于双面自粘片材，两面应分别进行测定。

单位为毫米

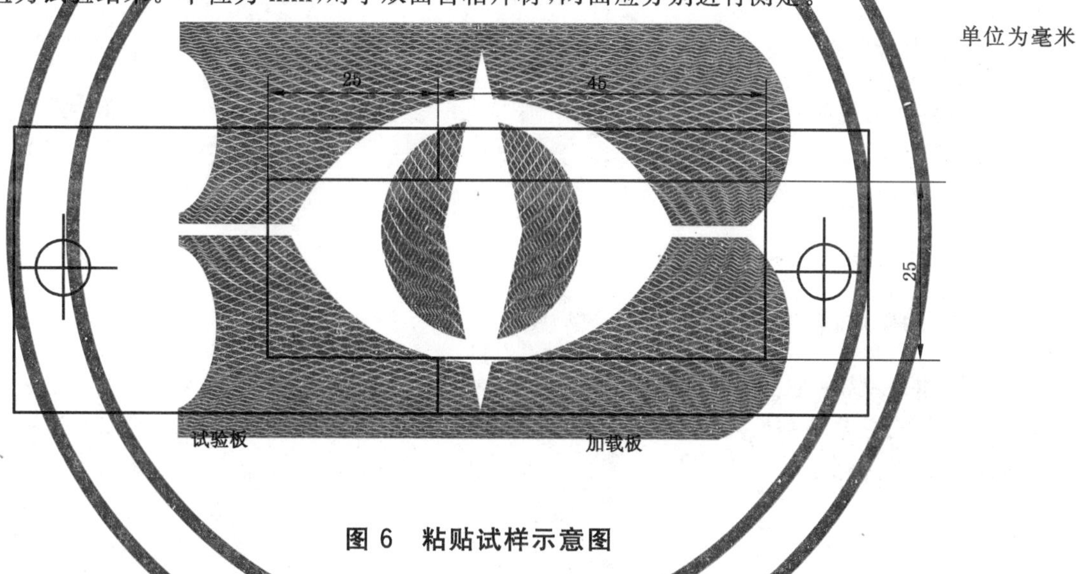

图 6 粘贴试样示意图

6.3.13.2 **剥离强度**

剥离强度按附录 D 的规定执行，对于双面自粘片材，两面应分别进行测定。

6.3.14 **异型片抗压强度**

按 GB/T 1041 进行，试验速度为 2 mm/min。按图 4 和表 11 裁取所需试样，试样上下垫有(100×100)mm，大于 10 mm 厚的钢板，将试样放在夹具中心，不得歪扭。启动试验机，压缩试样至壳体高度的 50%，记录最大压力值，并观察有无破损。试样的抗压强度按式(7)计算，精确到 1 kPa。

$$\sigma = \frac{P}{F} \times 1\,000 \qquad \cdots\cdots(7)$$

式中：

σ ——试样的抗压强度，单位为千帕(kPa)；

P ——最大压力值，单位为牛顿(N)；

F ——试样的原始面积，单位为平方毫米(mm^2)。

6.3.15 异型片排水截面积

排水截面积按式(8)计算：

$$S=(L\times h)-(S_0\times n) \quad \cdots\cdots(8)$$

式中：

S ——每延长米排水截面积，单位为平方厘米(cm^2)；

L ——横截面长度，$L=100$ cm；

h ——壳体高度，单位为厘米(cm)；

S_0——一个壳体的横截面积，单位为平方厘米(cm^2)；

n ——每延长米的壳体数量。

7 检验规则

7.1 检验分类

7.1.1 出厂检验

7.1.1.1 组批与抽样

以连续生产的同品种、同规格的5 000 m^2 片材为一批(不足5 000 m^2 时，以连续生产的同品种、同规格的片材量为一批，日产量超过8 000 m^2 则以8 000 m^2 为一批)，随机抽取3卷进行规格尺寸和外观质量检验，在上述检验合格的样品中再随机抽取足够的试样进行物理性能检验。

7.1.1.2 检验项目

7.1.1.2.1 均质片、复合片、自粘片和点(条)粘片

规格尺寸、外观质量、常温(23 ℃)时的拉伸强度和拉断伸长率、撕裂强度、低温弯折、不透水性、复合强度(FS2)、自粘片持粘性及剥离强度、点(条)粘片粘接部位的常温(23 ℃)时的拉伸强度和拉断伸长率以及剥离强度，按批进行出厂检验。

7.1.1.2.2 异型片

规格尺寸、外观质量、拉伸强度、拉断伸长率、抗压性能、排水截面积按批进行出厂检验。

7.1.2 型式检验

本部分所列全部技术要求为型式检验项目，通常在下列情况之一时应进行型式检验：

a) 新产品的试制定型鉴定；
b) 产品的结构、设计、工艺、材料、生产设备、管理等方面有重大改变；
c) 转产、转厂、长期停产(超过6个月)后复产；
d) 合同规定；
e) 出厂检验结果与上次型式检验有较大差异；
f) 仲裁检验或国家质量监督检验机构提出进行该项试验的要求。

7.1.3 周期检验

在正常情况下，臭氧老化应为每年至少进行一次检验，其余各项为每半年进行一次检验；人工气候老化根据用户要求进行型式试验。

7.2 判定规则

7.2.1 规格尺寸、外观质量及物理性能各项指标全部符合技术要求，则为合格品。

7.2.2 规格尺寸或外观质量若有一项不符合要求，则该卷片材为不合格品；此时需另外抽取3卷进行复试，复试结果如仍有一卷不合格，则应对该批产品进行逐卷检查，剔除不合格品。

7.2.3 物理性能有一项指标不符合技术要求，应另取双倍试样进行该项复试，复试结果若仍不合格，则该批产品为不合格品。

8 标志、包装、运输和贮存

8.1 每一独立包装应有合格证，并注明产品名称、产品标记、商标、生产许可证编号、制造厂名厂址、生产日期、产品标准编号。

8.2 片材卷曲为圆柱形，外用适宜材料包装。

8.3 片材在运输与贮存时，应注意勿使包装损坏，放置于通风、干燥处，贮存垛高不应超过平放五个片材卷高度。堆放时，应放置于干燥的水平地面上，避免阳光直射，禁止与酸、碱、油类及有机溶剂等接触，且隔离热源。

8.4 在遵守8.3规定的条件下，自生产日期起在不超过一年的保存期内产品性能应符合本部分的规定。

附 录 A
（规范性附录）
复合片芯层及自粘片主体材料厚度测量

A.1 试验仪器

读数显微镜：最小分度值 0.01 mm，放大倍数最小 20 倍。

A.2 测量方法

在距片材长度方向边缘(100±15)mm 向内各取一点，在这两点中均分取三点，以这五点为中心裁取五块 50 mm×50 mm 试样，在每块试样上沿宽度方向用薄的锋利刀片，垂直于试样表面切取一条约 50 mm×2 mm 的试条，注意不使试条的切面变形(厚度方向的断面)。将试条的切面向上，置于读数显微镜的试样台上，读取片材芯层(或主体材料)厚度(不包括纤维层和自粘层)，以芯层最外端切线位置计算厚度。每个试条取四个均分点测量，厚度以五个试条共 20 处数值的算术平均值表示，并报告 20 处中的最小单值。

附　录　B
（规范性附录）
低温弯折试验

B.1　试验仪器

低温弯折仪应由低温箱和弯折板两部分组成。低温箱应能在 0 ℃～－40 ℃之间自动调节，误差为 ±2 ℃，且能使试样在被操作过程中保持恒定温度；弯折板由金属平板、转轴和调距螺丝组成，平板间距可任意调节，示意图如图 B.1。

图 B.1　弯折板示意图

B.2　试验条件

B.2.1　试验室温度：(23±2)℃。

B.2.2　试样在试验室温度下停放时间不少于 24 h。

B.3　试验程序

B.3.1　将按本部分 6.3.1 制备的试样弯曲 180°(自粘片时自粘层在外侧)，使 50 mm 宽的试样边缘重合、齐平，并用定位夹或 10 mm 宽的胶布将边缘固定，以保证其在试验中不发生错位；并将弯折仪的两平板间距调到片材厚度的三倍。

B.3.2　将弯折仪上平板打开，将厚度相同的两块试样平放在底板上，重合的一边朝向转轴，且距转轴 20 mm；在规定温度下保持 1 h 之后迅速压下上平板，达到所调间距位置，保持 1 s 后将试样取出，观察试样弯折处是否断裂，并用放大镜观察试样弯折处受拉面有无裂纹。

B.4　判定

用 8 倍放大镜观察试样表面，以纵横向试样均无裂纹为合格。

附 录 C
（规范性附录）
加热伸缩量试验

C.1 试验仪器

C.1.1 测伸缩量的标尺精度不低于 0.5 mm。

C.1.2 老化试验箱。

C.2 试验条件

C.2.1 试验室温度：(23±2)℃。

C.2.2 试样在试验室温度下停放时间不少于 24 h。

C.3 试验程序

将按本部分 6.3.1 规定制好的试样放入(80±2)℃的老化箱中，时间为 168 h；取出试样后停放 1 h，按图 C.1 所示测量方法用量具测量试样的长度，根据初始长度计算伸缩量。取纵横两个方向的算术平均值。用三个试样的算术平均值表示其伸缩量。

注：如试片弯曲，需施以适当的重物将其压平测量。

单位为毫米

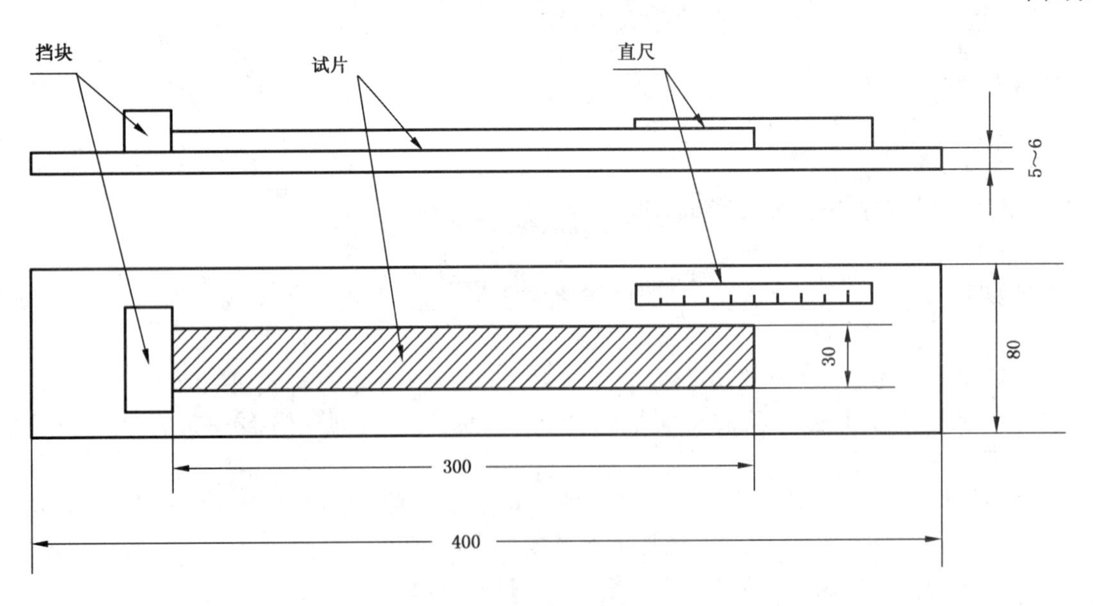

图 C.1 测量方法示意图

附 录 D
（规范性附录）
片材粘接剥离强度试验

D.1 试验设备

拉力试验机，量程≥500 N。

D.2 试验条件

试验室温度为(23±2)℃，相对湿度45%～65%。

D.3 试样制备

D.3.1 胶粘剂粘合时

按本部分6.3.1规定及图2所示沿片材纵向裁取200 mm×150 mm试片4块，在标准试验条件下，将与片材配套的胶粘剂涂在试片上，涂胶面积为150 mm×150 mm；然后将每两片片材按图D.1所示对正粘贴，粘贴时间按生产厂商规定进行。将试片在标准试验条件下停放168 h后裁取10个200 mm×25 mm的试样；取出五个试样在(23±2)℃的水中放置168 h，取出后在标准试验条件下停放4 h备用。

单位为毫米

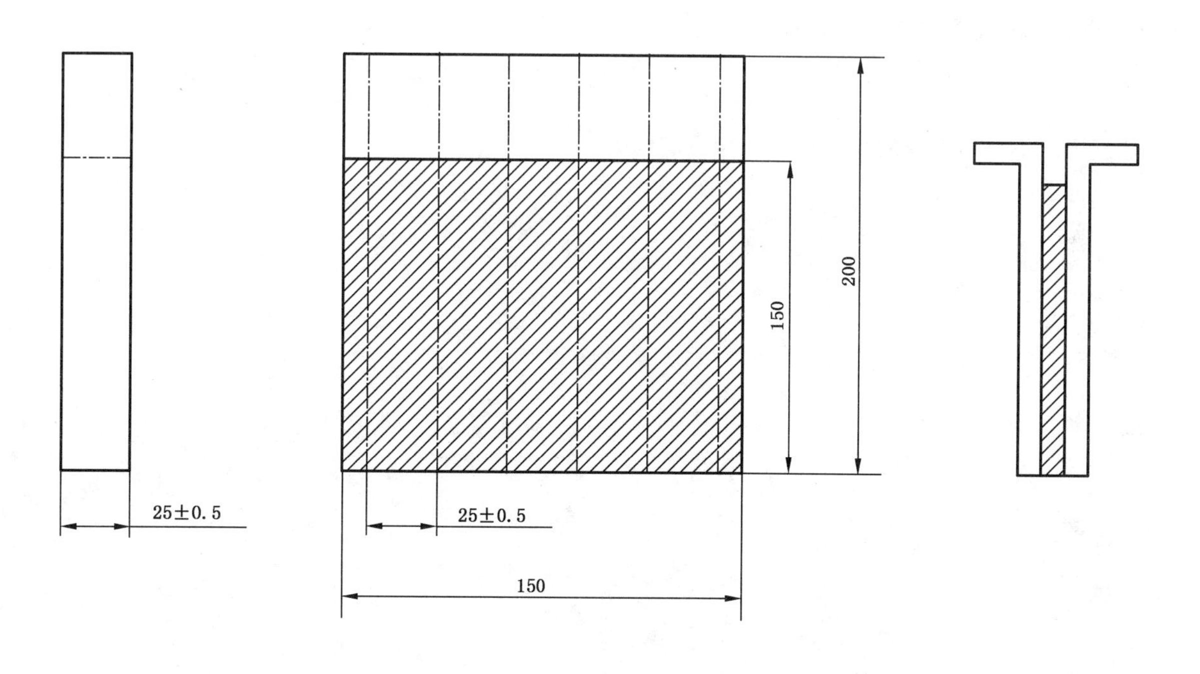

图 D.1 剥离强度试样

D.3.2 自粘片材自粘合或与铝板粘合时

按本部分6.3.1规定及图3所示，沿片材纵向裁取200 mm×25 mm试片40块，标准试验条件下，将自粘片材的胶粘面与片材的非胶表面(用封箱胶带粘除表面灰尘)或光滑铝板表面(用溶剂清洁)进行粘合，粘接面为75 mm×25 mm；用质量为(2 000±50)g、宽度为50 mm～60 mm的压辊反复滚压3次，粘合后试片在标准试验条件下停放72 h备用；用于热空气老化的试样，应将试件连同防粘材料一起水平放入(80±2)℃的烘箱中，经168 h后取出在标准条件下停放24 h，按上述方法进行。

D.3.3 自粘片材与水泥砂浆板粘合时

D.3.3.1 水泥砂浆配合比为：强度等级42.5的普通硅酸盐水泥：中砂：水＝1：2：0.4。

D.3.3.2 将按上述配合比调好的水泥砂浆拌合物倒入模具，振实，厚度约6 mm，必要时可内置铁丝等进行增强处理。在标准养护条件下养护7 d备用。水泥砂浆板与自粘片材粘合前应用封箱胶带粘除表面灰尘。

D.4 试验程序

将试样分别夹在拉力试验机上，夹持部位不能滑移，开动试验机，以(100±10)mm/min的速度进行剥离试验，试样剥离长度至少要有125 mm(自粘片材70 mm)，剥离力以拉伸过程中(不包括最初的25 mm)的最大力值表示。

D.5 结果表示

剥离强度按下式计算：

$$\sigma_T = F/B$$

式中：

σ_T ——剥离强度，单位为牛顿每毫米(N/mm)；

F ——剥离力，单位为牛顿(N)；

B ——试样宽度，单位为毫米(mm)。

取五个试样的剥离强度算术平均值为测定结果。

附 录 E
（规范性附录）
复合强度试验方法

E.1 仪器设备

E.1.1 拉力试验机：量程≥2 000 N，精度 1%。

E.1.2 拉伸专用夹具，上、下粘结钢块面积均为 40 mm×40 mm，厚度 8 mm～10 mm。上粘结钢块与拉力机连接应有活动余量，如以球形连接头连接。

E.2 试验条件

E.2.1 试验室温度：(23±2)℃，相对湿度：(50±10)%。

E.2.2 试样在试验室温度下停放时间不得少于 24 h。

E.3 试件制备

E.3.1 粘结钢块底面用砂纸磨除浮锈，四个侧面薄抹黄油或凡士林后备用。

E.3.2 裁切 50 mm×50 mm 的片材试样五片。

E.3.3 用快干环氧胶粘剂涂于片材试样表面，使胶充分浸润渗入纤维层，上、下表面分别与粘结钢块粘合，并使粘结钢块于中心位置对齐，压实后刮去周边溢出的多余胶液，平置 24 h 以上（见图 E.1）。

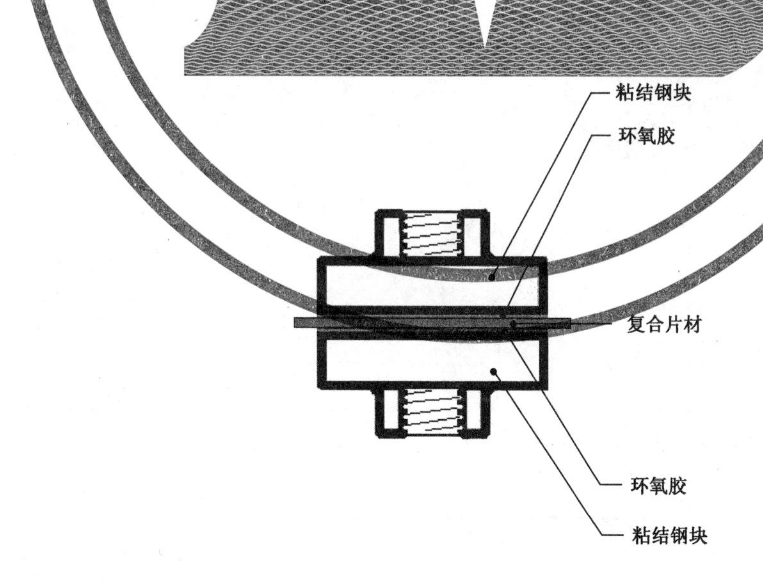

图 E.1 复合强度试件示意图

E.3.4 切除粘结钢块四周多余片材，使试件试验尺寸为 40 mm×40 mm，共制备五个试件。

E.4 试验步骤

将拉伸专用夹具按图 E.2 安装到拉力机上，以 5 mm/min 的速度加荷至试件破坏，记录最大荷载值。

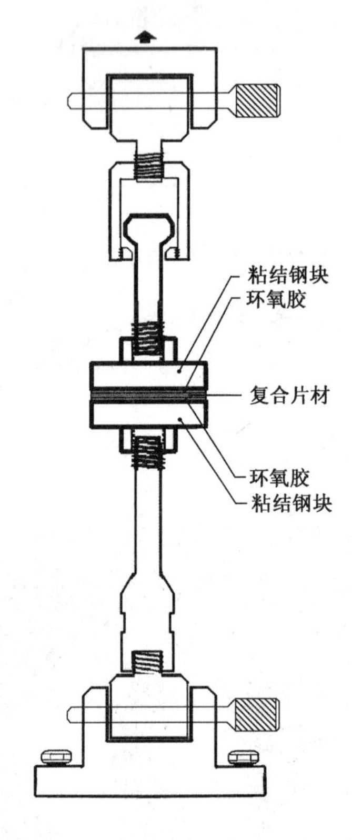

图 E.2 拉伸专用夹具安装示意图

E.5 试验结果

复合强度按下式计算，精确至 0.1 MPa。

$$R=\frac{F}{A}$$

式中：

R ——复合强度，单位为兆帕(MPa)；

F ——试件破坏时的最大荷载，单位为牛顿(N)；

A ——粘结面积，$A=1\ 600\ \mathrm{mm}^2$。

以五个试件试验数据的中位数作为复合强度的结论值。

ICS 91.120.30
Q 17

中华人民共和国国家标准

GB 18242—2008
代替 GB 18242—2000

弹性体改性沥青防水卷材

Styrene butadiene styrene(SBS) modified bituminous sheet materials

2008-09-18 发布　　　　2009-09-01 实施

中华人民共和国国家质量监督检验检疫总局
中国国家标准化管理委员会　发布

前　言

本标准5.3、8.1为强制性的，其余为推荐性的。

本标准与EN 13707—2004《柔性防水卷材——屋面防水用增强沥青卷材——定义和要求》一致性程度为非等效。

本标准代替GB 18242—2000《弹性体改性沥青防水卷材》。

本标准与GB 18242—2000相比，主要变化如下：

——胎基中增列了玻纤增强聚酯毡（2000版的3.1.1；本版的3.1.1）；

——增列了5 mm厚度的产品，删除了2 mm厚度的产品（2000版的3.2.2；本版的3.2）；

——修改了产品的用途提示（2000版的3.4；本版的3.4）；

——用单位面积质量代替卷重（2000版的4.1，本版的4.1）；

——增列了原材料要求（本版的第4章）；

——材料性能增加了次高峰拉力、第二峰时延伸率、浸水后质量增加、热老化、渗油性、接缝剥离强度、钉杆撕裂强度、矿物粒料粘附性、卷材下表面沥青涂盖层厚度（2000版的表3，本版的表2）；

——调整了拉力，删除了撕裂强度（2000版的表3，本版的表2）；

——对试验方法进行了修订，按GB/T 328—2007进行试验（2000版的第5章，本版的第6章）；

——出厂检验项目进行了修订，型式检验周期进行了修改（2000版的6.1，本版的7.1）。

本标准由中国建筑材料联合会提出。

本标准由全国轻质与装饰装修建筑材料标准化技术委员会（SAC/TC 195）归口。

本标准负责起草单位：中国建筑防水材料工业协会、建筑材料工业技术监督研究中心、中国化学建筑材料公司苏州防水材料研究设计所。

本标准参加起草单位：北京东方雨虹防水技术股份有限公司、徐州卧牛山新型防水材料有限公司、盘锦禹王防水建材集团有限公司、颐中（青岛）化学建材有限公司、威达（江苏）建筑材料有限公司、索普瑞玛（上海）建材贸易有限公司、保定市北方防水工程公司、温州长城防水材料厂、东营大明防水有限责任公司、大连细扬防水工程集团有限公司、杰斯曼（上海）无纺布有限公司、吴江市月星防水材料有限公司、常熟市三恒建材有限责任公司、上海台安工程实业有限公司、扬州志高建筑防水材料有限公司、广东科顺化工实业有限公司、上海建筑防水材料（集团）公司、潍坊市宏源防水材料有限公司、潍坊市宇虹防水材料集团有限公司、潍坊市晨鸣新型防水材料有限公司、盘锦大禹防水建材有限公司、苏州力星防水材料有限公司、湖北永阳防水材料股份有限公司、唐山德生防水材料有限公司、科德宝宝利得（上海）贸易有限公司、陕西昌炎置业有限公司、宁波市鄞州劲松防水材料厂、新乡日月防水技术有限公司。

本标准主要起草人：朱志远、杨斌、朱冬青、段文峰、詹福民、李国干、陈孟斌、朱晓华、李伶、刘焕弟、樊细杨、郑家玉。

本标准委托中国化学建筑材料公司苏州防水材料研究设计所负责解释。

本标准2000年首次发布。

弹性体改性沥青防水卷材

1 范围

本标准规定了弹性体改性沥青防水卷材(简称SBS防水卷材)的分类和标记、原材料、要求、试验方法、检验规则、标志、包装、贮存与运输。

本标准适用于以聚酯毡、玻纤毡、玻纤增强聚酯毡为胎基,以苯乙烯-丁二烯-苯乙烯(SBS)热塑性弹性体作石油沥青改性剂,两面覆以隔离材料所制成的防水卷材。

2 规范性引用文件

下列文件中的条款通过本标准的引用而成为本标准的条款。凡是注日期的引用文件,其随后所有的修改单(不包括勘误的内容)或修订版均不适用于本标准,然而,鼓励根据本标准达成协议的各方研究是否可使用这些文件的最新版本。凡是不注日期的引用文件,其最新版本适用于本标准。

GB/T 328.2 建筑防水卷材试验方法 第2部分:沥青防水卷材 外观

GB/T 328.4 建筑防水卷材试验方法 第4部分:沥青防水卷材 厚度、单位面积质量

GB/T 328.6 建筑防水卷材试验方法 第6部分:沥青防水卷材 长度、宽度、平直度

GB/T 328.8 建筑防水卷材试验方法 第8部分:沥青防水卷材 拉伸性能

GB/T 328.10—2007 建筑防水卷材试验方法 第10部分:沥青和高分子防水卷材 不透水性

GB/T 328.11—2007 建筑防水卷材试验方法 第11部分:沥青防水卷材 耐热性

GB/T 328.14 建筑防水卷材试验方法 第14部分:沥青防水卷材 低温柔性

GB/T 328.17—2007 建筑防水卷材试验方法 第17部分:沥青防水卷材 矿物料粘附性

GB/T 328.18 建筑防水卷材试验方法 第18部分:沥青防水卷材 撕裂性能(钉杆法)

GB/T 328.20 建筑防水卷材试验方法 第20部分:沥青防水卷材 接缝剥离强度

GB/T 328.26 建筑防水卷材试验方法 第26部分:沥青防水卷材 可溶物含量(浸涂材料含量)

GB/T 18244 建筑防水材料老化试验方法

GB/T 18840 沥青防水卷材用胎基

JC/T 905 弹性体改性沥青

3 分类和标记

3.1 类型

3.1.1 按胎基分为聚酯毡(PY)、玻纤毡(G)、玻纤增强聚酯毡(PYG)。

3.1.2 按上表面隔离材料分为聚乙烯膜(PE)、细砂(S)、矿物粒料(M)。下表面隔离材料为细砂(S)、聚乙烯膜(PE)。

注:细砂为粒径不超过0.60 mm的矿物颗粒。

3.1.3 按材料性能分为Ⅰ型和Ⅱ型。

3.2 规格

卷材公称宽度为1 000 mm。

聚酯毡卷材公称厚度为3 mm、4 mm、5 mm。

玻纤毡卷材公称厚度为3 mm、4 mm。

玻纤增强聚酯毡卷材公称厚度为5 mm。

每卷卷材公称面积为7.5 m^2、10 m^2、15 m^2。

3.3 标记

产品按名称、型号、胎基、上表面材料、下表面材料、厚度、面积和本标准编号顺序标记。

示例：10 m^2 面积、3 mm 厚上表面为矿物粒料、下表面为聚乙烯膜聚酯毡Ⅰ型弹性体改性沥青防水卷材标记为：

SBS Ⅰ PY M PE 3 10 GB 18242—2008

3.4 用途

3.4.1 弹性体改性沥青防水卷材主要适用于工业与民用建筑的屋面和地下防水工程。

3.4.2 玻纤增强聚酯毡卷材可用于机械固定单层防水，但需通过抗风荷载试验。

3.4.3 玻纤毡卷材适用于多层防水中的底层防水。

3.4.4 外露使用采用上表面隔离材料为不透明的矿物粒料的防水卷材。

3.4.5 地下工程防水采用表面隔离材料为细砂的防水卷材。

4 原材料

4.1 改性沥青

改性沥青宜符合 JC/T 905 的规定。

4.2 胎基

4.2.1 胎基仅采用聚酯毡、玻纤毡、玻纤增强聚酯毡。

4.2.2 采用聚酯毡与玻纤毡作胎基应符合 GB/T 18840 的规定。玻纤增强聚酯毡的规格与性能应满足按本标准生产防水卷材的要求。

4.3 表面隔离材料

表面隔离材料不得采用聚酯膜(PET)和耐高温聚乙烯膜。

5 要求

5.1 单位面积质量、面积及厚度

单位面积质量、面积及厚度应符合表1的规定。

表1 单位面积质量、面积及厚度

规格(公称厚度)/mm		3			4			5		
上表面材料		PE	S	M	PE	S	M	PE	S	M
下表面材料		PE	PE、S		PE	PE、S		PE	PE、S	
面积/(m^2/卷)	公称面积	10、15			10、7.5			7.5		
	偏差	±0.10			±0.10			±0.10		
单位面积质量/(kg/m^2) ≥		3.3	3.5	4.0	4.3	4.5	5.0	5.3	5.5	6.0
厚度/mm	平均值 ≥	3.0			4.0			5.0		
	最小单值	2.7			3.7			4.7		

5.2 外观

5.2.1 成卷卷材应卷紧卷齐，端面里进外出不得超过 10 mm。

5.2.2 成卷卷材在(4～50)℃任一产品温度下展开，在距卷芯 1 000 mm 长度外不应有 10 mm 以上的裂纹或粘结。

5.2.3 胎基应浸透，不应有未被浸渍处。

5.2.4 卷材表面应平整，不允许有孔洞、缺边和裂口、疙瘩，矿物粒料粒度应均匀一致并紧密地粘附于卷材表面。

5.2.5 每卷卷材接头处不应超过一个，较短的一段长度不应少于 1 000 mm，接头应剪切整齐，并加长

150 mm。

5.3 材料性能

材料性能应符合表2要求。

表2 材料性能

序号	项目		指标				
			I		II		
			PY	G	PY	G	PYG
1	可溶物含量/(g/m^2) ≥	3 mm	2 100				—
		4 mm	2 900				—
		5 mm	3 500				
		试验现象	—	胎基不燃	—	胎基不燃	—
2	耐热性	℃	90		105		
		≤mm	2				
		试验现象	无流淌、滴落				
3	低温柔性/℃		-20		-25		
			无裂缝				
4	不透水性 30 min		0.3 MPa	0.2 MPa	0.3 MPa		
5	拉力	最大峰拉力/(N/50 mm) ≥	500	350	800	500	900
		次高峰拉力/(N/50 mm) ≥	—	—	—	—	800
		试验现象	拉伸过程中，试件中部无沥青涂盖层开裂或与胎基分离现象				
6	延伸率	最大峰时延伸率/% ≥	30	—	40	—	—
		第二峰时延伸率/% ≥	—		—		15
7	浸水后质量增加/% ≤	PE、S	1.0				
		M	2.0				
8	热老化	拉力保持率/% ≥	90				
		延伸率保持率/% ≥	80				
		低温柔性/℃	-15		-20		
			无裂缝				
		尺寸变化率/% ≤	0.7	—	0.7	—	0.3
		质量损失/% ≤	1.0				
9	渗油性	张数 ≤	2				
10	接缝剥离强度/(N/mm) ≥		1.5				
11	钉杆撕裂强度[a]/N ≥		—				300
12	矿物粒料粘附性[b]/g ≤		2.0				
13	卷材下表面沥青涂盖层厚度[c]/mm ≥		1.0				
14	人工气候加速老化	外观	无滑动、流淌、滴落				
		拉力保持率/% ≥	80				
		低温柔性/℃	-15		-20		
			无裂缝				

a 仅适用于单层机械固定施工方式卷材。

b 仅适用于矿物粒料表面的卷材。

c 仅适用于热熔施工的卷材。

6 试验方法

6.1 标准试验条件

标准试验条件(23±2)℃。

6.2 面积

按 GB/T 328.6 测量长度和宽度,以其平均值相乘得到卷材的面积。

6.3 厚度

按 GB/T 328.4 进行,对于细砂面防水卷材,去除测量处表面的砂粒再测量卷材厚度;对矿物粒料防水卷材,在卷材留边处,距边缘 60 mm 处,去除砂粒后在长度1 m范围内测量卷材的厚度。

6.4 单位面积质量

称量每卷卷材卷重,根据 6.2 得到的面积,计算单位面积质量(kg/m^2)。

6.5 外观

按 GB/T 328.2 进行。

6.6 试件制备

将取样卷材切除距外层卷头 2 500 mm 后,取 1 m 长的卷材按 GB/T 328.4 取样方法均匀分布裁取试件,卷材性能试件的形状和数量按表 3 裁取。

表 3 试件形状和数量

序号	试验项目		试件形状(纵向×横向)/mm	数量/个
1	可溶物含量		100×100	3
2	耐热性		125×100	纵向 3
3	低温柔性		150×25	纵向 10
4	不透水性		150×150	3
5	拉力及延伸率		(250～320)×50	纵横向各 5
6	浸水后质量增加		(250～320)×50	纵向 5
7	热老化	拉力及延伸率保持率	(250～320)×50	纵横向各 5
		低温柔性	150×25	纵向 10
		尺寸变化率及质量损失	(250～320)×50	纵向 5
8	渗油性		50×50	3
9	接缝剥离强度		400×200(搭接边处)	纵向 2
10	钉杆撕裂强度		200×100	纵向 5
11	矿物粒料粘附性		265×50	纵向 3
12	卷材下表面沥青涂盖层厚度		200×50	横向 3
13	人工气候加速老化	拉力保持率	120×25	纵横向各 5
		低温柔性	120×25	纵向 10

6.7 可溶物含量

按 GB/T 328.26 进行。

对于标称玻纤毡卷材的产品,可溶物含量试验结束后,取出胎基用火点燃,观察现象。

6.8 耐热性

按 GB/T 328.11—2007 中 A 法进行,无流淌、滴落。

6.9 低温柔性

按 GB/T 328.14 进行，3 mm 厚度卷材弯曲直径 30 mm，4 mm、5 mm 厚度卷材弯曲直径 50 mm。

6.10 不透水性

按 GB/T 328.10—2007 中方法 B 进行，采用 7 孔盘，上表面迎水。上表面为细砂、矿物粒料时，下表面迎水，下表面也为细砂时，试验前，将下表面的细砂沿密封圈一圈除去，然后涂一圈 60 号～100 号热沥青，涂平待冷却 1 h 后检测不透水性。

6.11 拉力及延伸率

按 GB/T 328.8 进行，夹具间距 200 mm。分别取纵向、横向各五个试件的平均值。试验过程中观察在试件中部是否出现沥青涂盖层与胎基分离或沥青涂盖层开裂现象。

对于 PYG 胎基的卷材需要记录两个峰值的拉力和对应延伸率。

6.12 浸水后质量增加

6.12.1 仪器设备

6.12.1.1 有盖子水槽。

6.12.1.2 天平：精度 0.1 g。

6.12.1.3 毛刷。

6.12.1.4 鼓风烘箱：控温精度±2 ℃。

6.12.1.5 悬挂试件的装置。

6.12.2 试件处理

对于测量质量增加的试件，用毛刷清除表面所有粘结不牢的砂粒，试件在(50±2)℃的烘箱中干燥 24 h±30 min，然后在标准试验条件下放置 1 h 后称量试件质量(m_1)，在干燥和放置过程中试件相互间不应接触。然后浸入(23±2)℃的水中 7 d±1 h，试件应完全浸入水中。为了防止掉砂，每组试件最好分别放置。

6.12.3 试验步骤

在浸水 7 d±1 h 后，取出试件及掉落的砂粒，在(23±2)℃，相对湿度(50±5)%的条件下放置 5 h±5 min。试件干燥过程中垂直悬挂，相互间距至少 20 mm，然后称量试件及脱落的砂粒质量(m_2)。

6.12.4 结果计算

质量增加按式(1)计算：

$$w = \frac{m_2 - m_1}{m_1} \times 100 \quad \cdots\cdots(1)$$

式中：

w——试件处理后质量增加，%；

m_1——试件处理前质量，单位为克(g)；

m_2——试件处理后质量，单位为克(g)。

试验结果取五个试件的算术平均值。

6.13 热老化

6.13.1 仪器设备

6.13.1.1 天平：精度 0.1 g。

6.13.1.2 烘箱：控温精度±2 ℃。

6.13.1.3 游标卡尺：精度±0.02 mm。

6.13.2 试件处理

纵向拉力保持率及最大拉力时延伸率可以用尺寸变化率及质量损失测定后的试件试验，有争议时用新试件试验。

对于测量拉力保持率、延伸率保持率、尺寸变化率和低温柔性的试件，平放在撒有滑石粉的玻璃板上，然后将试件水平放入已调节到(80±2)℃的烘箱中，在此温度下处理10 d±1 h。

进行质量损失测定的试件按6.6裁取后，用毛刷清除表面所有粘结不牢的砂粒。试件在(50±2)℃的烘箱中干燥24 h±30 min，然后在标准试验条件下放置1 h后称量试件质量(m_1)。

测定尺寸变化率的试件用游标卡尺测量试件的长度(L_1)。

试件在干燥和放置过程中相互间不应接触。质量损失试件放置在隔离纸上，其他试件平放在撒有滑石粉的玻璃板上，然后将试件水平放入已调节到(80±2)℃的烘箱中，在此温度下处理10 d±1 h。

6.13.3 试验步骤

在加热处理10 d±1 h后，取出试件在标准试验条件下放置2 h±5 min。

对于拉力保持率试件，立即按6.11进行拉伸试验。

对于低温柔性试件，立即按6.9进行试验。

对于尺寸变化率试件，立即在原来测量L_1的位置测量试件长度(L_2)。

对于质量损失试件，立即称量试件质量(m_2)。

6.13.4 结果计算

6.13.4.1 拉力保持率及延伸率保持率

拉力保持率按式(2)计算：

$$R_t = TS'/TS \times 100 \quad \cdots\cdots(2)$$

式中：

R_t——试件处理后拉力保持率，%；

TS——试件处理前拉力平均值，单位为牛顿每50毫米(N/50 mm)；

TS'——试件处理后拉力平均值，单位为牛顿每50毫米(N/50 mm)。

拉力保持率用五个试件的平均值计算。

延伸率保持率参照式(2)计算。

对于PYG胎基产品，拉力保持率以最高峰值计算。

对于PYG胎基产品，延伸率保持率以第二峰时延伸率计算。

6.13.4.2 低温柔性

记录试件表面有无裂缝。

6.13.4.3 尺寸变化率

每个试件的尺寸变化率按式(3)计算：

$$D = \left|\frac{L_2 - L_1}{L_1}\right| \times 100 \quad \cdots\cdots(3)$$

式中：

D——试件处理后尺寸变化率，%；

L_1——试件处理前长度，单位为毫米(mm)；

L_2——试件处理后长度，单位为毫米(mm)。

试验结果取五个试件的算术平均值。

6.13.4.4 质量损失

质量损失按式(4)计算：

$$w = \frac{m_1 - m_2}{m_1} \times 100 \quad \cdots\cdots(4)$$

式中：

w——试件处理后质量损失，%；

m_1——试件处理前质量，单位为克(g)；

m_2——试件处理后质量,单位为克(g)。

试验结果取五个试件的算术平均值。

6.14 渗油性

6.14.1 仪器设备

6.14.1.1 烘箱:控温精度±2 ℃。

6.14.1.2 滤纸:中速定性滤纸。

6.14.2 试件制备

将用于试验的试件下表面PE膜或细砂除去,去除方法参考GB/T 328.11。

6.14.3 试验步骤

将处理好的试件分别放在5层直径大于试件的滤纸上,滤纸下垫釉面砖,试件上面压1 kg的重物,然后将试件放入已调节到耐热性规定温度的烘箱中,水平放置5 h±15 min,然后在标准试验条件下放置1 h,检查渗油张数。

6.14.4 结果计算

凡有污染痕迹的滤纸都算作渗出,以三个试件中最多的渗出张数作为试验结果。

6.15 接缝剥离强度

按GB/T 328.20进行,在卷材纵向搭接边处用热熔方法进行搭接,取五个试件平均剥离强度的平均值。

6.16 钉杆撕裂强度

按GB/T 328.18进行,取纵向五个试件的平均值。

6.17 矿物粒料粘附性

按GB/T 328.17—2007中B法进行,取三个试件的平均值。

6.18 卷材下表面沥青涂盖层厚度

按6.6裁取试件,按GB/T 328.4测量试件的厚度,每块试件测量两点,在距中间各50 mm处测量,取两点的平均值。然后用热刮刀铲去卷材下表面的涂盖层直至胎基,待其冷却到标准试验条件,再测量每个试件原来两点的厚度,取两点的平均值。每块试件前后两次厚度平均值的差值,即为该块试件的下表面沥青涂盖层厚度,取三个试件的平均值作为卷材下表面沥青涂盖层厚度。

6.19 人工气候加速老化

按GB/T 18244进行,采用氙弧灯法,累计辐照能量1 500 MJ/m^2(光照时间约720 h)。

老化后,检查试件外观;拉力保持率按6.11进行试验,夹具间距70 mm,按6.13.4.1计算;低温柔性按6.9进行试验。

7 检验规则

7.1 检验分类

按检验类型分为出厂检验、周期检验和型式检验。

7.2 出厂检验

出厂检验项目包括:单位面积质量、面积、厚度、外观、可溶物含量、不透水性、耐热性、低温柔性、拉力、延伸率、渗油性、卷材下表面沥青涂盖层厚度。

7.3 周期检验

周期检验项目为热老化,每三月至少一次。

7.4 型式检验

型式检验项目包括第5章要求中所有规定,在下列情况下进行型式检验:

a) 新产品投产或产品定型鉴定时;

b) 正常生产时,每年进行一次;

c) 原材料、工艺等发生较大变化，可能影响产品质量时；

d) 出厂检验结果与上次型式检验结果有较大差异时；

e) 产品停产三个月以上恢复生产时；

f) 国家质量监督检验机构提出型式检验要求时。

7.5 组批

以同一类型、同一规格 10 000 m^2 为一批，不足 10 000 m^2 亦可作为一批。

7.6 抽样

在每批产品中随机抽取五卷进行单位面积质量、面积、厚度及外观检查。

7.7 判定规则

7.7.1 单项判定

7.7.1.1 单位面积质量、面积、厚度及外观

抽取的五卷样品均符合 5.1、5.2 规定时，判为单位面积质量、面积、厚度及外观合格。若其中有一项不符合规定，允许从该批产品中再随机抽取五卷样品，对不合格项进行复查。如全部达到标准规定时则判为合格；否则，判该批产品不合格。

7.7.1.2 材料性能

从单位面积质量、面积、厚度及外观合格的卷材中任取一卷进行材料性能试验。

7.7.1.2.1 可溶物含量、拉力、延伸率、吸水率、耐热性、接缝剥离强度、钉杆撕裂强度、矿物粒料粘附性、卷材下表面沥青涂盖层厚度以其算术平均值达到标准规定的指标判为该项合格。

7.7.1.2.2 不透水性以三个试件分别达到标准规定判为该项合格。

7.7.1.2.3 低温柔性两面分别达到标准规定时判为该项合格。

7.7.1.2.4 渗油性以最大值符合标准规定判为该项合格。

7.7.1.2.5 热老化、人工气候加速老化各项结果达到表 2 规定时判为该项合格。

7.7.1.2.6 各项试验结果均符合表 2 规定，则判该批产品材料性能合格。若有一项指标不符合规定，允许在该批产品中再随机抽取五卷，从中任取一卷对不合格项进行单项复验。达到标准规定时，则判该批产品材料性能合格。

7.7.2 总判定

试验结果符合第 5 章规定的全部要求时，判该批产品合格。

8 标志、包装、贮存及运输

8.1 标志

卷材外包装上应包括：

——生产厂名、地址；

——商标；

——产品标记；

——能否热熔施工；

——生产日期或批号；

——检验合格标识；

——生产许可证号及其标志。

8.2 包装

卷材可用纸包装、塑胶带包装、盒包装或塑料袋包装。纸包装时应以全柱面包装，柱面两端未包装长度总计不超过 100 mm。产品应在包装或产品说明书中注明贮存与运输注意事项。

8.3 贮存与运输

8.3.1 贮存

贮存与运输时，不同类型、规格的产品应分别存放，不应混杂。避免日晒雨淋，注意通风。贮存温度不应高于 50 ℃，立放贮存只能单层，运输过程中立放不超过两层。

8.3.2 运输

运输时防止倾斜或横压，必要时加盖苫布。

8.3.3 贮存期

在正常贮存、运输条件下，贮存期自生产日起为一年。

ICS 91.120.30
Q 17

中华人民共和国国家标准

GB 18243—2008
代替 GB 18243—2000

塑性体改性沥青防水卷材

Atactic polypropylene(APP) modified bituminous sheet materials

2008-09-18 发布　　2009-09-01 实施

中华人民共和国国家质量监督检验检疫总局
中国国家标准化管理委员会　发布

前　言

本标准5.3、8.1为强制性的，其余为推荐性的。

本标准与EN 13707—2004《柔性防水卷材——屋面防水用增强沥青卷材——定义和要求》一致性程度为非等效。

本标准代替GB 18243—2000《塑性体改性沥青防水卷材》。

本标准与GB 18243—2000相比，主要变化如下：

——胎基中增列了玻纤增强聚酯毡(2000版的3.1.1本版的3.1.1)；

——增列了5 mm厚度的产品，删除了2 mm厚度的产品(2000版的3.2.2;本版的3.2)；

——修改了产品的用途提示(2000版的3.4;本版的3.4)；

——用单位面积质量代替卷重(2000版的4.1，本版的4.1)；

——增列了原材料要求(本版的第4章)；

——材料性能增列了次高峰拉力、第二峰时延伸率、浸水后质量增加、热老化、接缝剥离强度、钉杆撕裂强度、矿物粒料粘附性、卷材下表面沥青涂盖层厚度(2000版的表3，本版的表2)；

——调整了拉力，删除了撕裂强度(2000版的表3，本版的表2)；

——对试验方法进行了修订，按GB/T 328—2007进行试验(2000版的第5章，本版的第6章)；

——出厂检验项目进行了修订，型式检验周期进行了修改(2000版的6.1，本版的7.1)。

本标准由中国建筑材料联合会提出。

本标准由全国轻质与装饰装修建筑材料标准化技术委员会(SAC/TC 195)归口。

本标准负责起草单位：中国建筑防水材料工业协会、建筑材料工业技术监督研究中心、中国化学建筑材料公司苏州防水材料研究设计所。

本标准参加起草单位：盘锦禹王防水建材集团有限公司、上海建筑防水材料(集团)公司、颐中(青岛)化学建材有限公司、北京东方雨虹防水技术股份有限公司、徐州卧牛山新型防水材料有限公司、广东科顺化工实业有限公司、保定市北方防水工程公司、温州长城防水材料厂、东营大明防水有限责任公司、大连细扬防水工程集团有限公司、陕西昌炎置业有限公司、吴江市月星防水材料有限公司、常熟市三恒建材有限责任公司、上海台安工程实业有限公司、扬州志高建筑防水材料有限公司、湖北永阳防水材料股份有限公司、科德宝宝利得(上海)贸易有限公司、苏州力星防水材料有限公司、宁波市鄞州劲松防水材料厂、盘锦大禹防水建材有限公司。

本标准主要起草人：朱志远、杨斌、朱冬青、詹福民、段文峰、宋新华、朱晓华、吴建明、陈斌、陈文洁、陈伟忠、瞿建民。

本标准委托中国化学建筑材料公司苏州防水材料研究设计所负责解释。

本标准2000年首次发布。

塑性体改性沥青防水卷材

1 范围

本标准规定了塑性体改性沥青防水卷材(简称APP防水卷材)的分类和标记、原材料、要求、试验方法、检验规则、标志、包装、贮存与运输。

本标准适用于以聚酯毡、玻纤毡、玻纤增强聚酯毡为胎基,以无规聚丙烯(APP)或聚烯烃类聚合物(APAO、APO等)作石油沥青改性剂,两面覆以隔离材料所制成的防水卷材。

2 规范性引用文件

下列文件中的条款通过本标准的引用而成为本标准的条款。凡是注日期的引用文件,其随后所有的修改单(不包括勘误的内容)或修订版均不适用于本标准,然而,鼓励根据本标准达成协议的各方研究是否可使用这些文件的最新版本。凡是不注日期的引用文件,其最新版本适用于本标准。

GB/T 328.2 建筑防水卷材试验方法 第2部分:沥青防水卷材 外观

GB/T 328.4 建筑防水卷材试验方法 第4部分:沥青防水卷材 厚度、单位面积质量

GB/T 328.6 建筑防水卷材试验方法 第6部分:沥青防水卷材 长度、宽度、平直度

GB/T 328.8 建筑防水卷材试验方法 第8部分:沥青防水卷材 拉伸性能

GB/T 328.10—2007 建筑防水卷材试验方法 第10部分:沥青和高分子防水卷材 不透水性

GB/T 328.11—2007 建筑防水卷材试验方法 第11部分:沥青防水卷材 耐热性

GB/T 328.14 建筑防水卷材试验方法 第14部分:沥青防水卷材 低温柔性

GB/T 328.17—2007 建筑防水卷材试验方法 第17部分:沥青防水卷材 矿物料粘附性

GB/T 328.18 建筑防水卷材试验方法 第18部分:沥青防水卷材 撕裂性能(钉杆法)

GB/T 328.20 建筑防水卷材试验方法 第20部分:沥青防水卷材 接缝剥离强度

GB/T 328.26 建筑防水卷材试验方法 第26部分:沥青防水卷材 可溶物含量(浸涂材料含量)

GB/T 18244 建筑防水材料老化试验方法

GB/T 18840 沥青防水卷材用胎基

JC/T 904 塑性体改性沥青

3 分类和标记

3.1 类型

3.1.1 按胎基分为聚酯毡(PY)、玻纤毡(G)、玻纤增强聚酯毡(PYG)。

3.1.2 按上表面隔离材料分为聚乙烯膜(PE)、细砂(S)、矿物粒料(M)。下表面隔离材料为细砂(S)、聚乙烯膜(PE)。

注:细砂为粒径不超过0.60 mm的矿物颗粒。

3.1.3 按材料性能分为Ⅰ型和Ⅱ型。

3.2 规格

卷材公称宽度为1 000 mm。

聚酯毡卷材公称厚度为3 mm、4 mm、5 mm。

玻纤毡卷材公称厚度为3 mm、4 mm。

玻纤增强聚酯毡卷材公称厚度为5 mm。

每卷卷材公称面积为7.5 m^2、10 m^2、15 m^2。

3.3 标记

产品按名称、型号、胎基、上表面材料、下表面材料、厚度、面积和本标准编号顺序标记。

示例：10 m^2 面积、3 mm厚上表面为矿物粒料、下表面为聚乙烯膜聚酯毡Ⅰ型塑性体改性沥青防水卷材标记为：

APP Ⅰ PY M PE 3 10 GB 18243—2008

3.4 用途

3.4.1 塑性体改性沥青防水卷材适用于工业与民用建筑的屋面和地下防水工程。

3.4.2 玻纤增强聚酯毡卷材可用于机械固定单层防水，但需通过抗风荷载试验。

3.4.3 玻纤毡卷材适用于多层防水中的底层防水。

3.4.4 外露使用应采用上表面隔离材料为不透明的矿物粒料的防水卷材。

3.4.5 地下工程防水应采用表面隔离材料为细砂的防水卷材。

4 原材料

4.1 改性沥青

改性沥青应符合JC/T 904的规定。

4.2 胎基

4.2.1 胎基仅采用聚酯毡、玻纤毡、玻纤增强聚酯毡。

4.2.2 采用聚酯毡与玻纤毡作胎基应符合GB/T 18840的规定。玻纤增强聚酯毡的规格与性能应满足按本标准生产防水卷材的要求。

4.3 表面隔离材料

表面隔离材料不得采用聚酯膜(PET)和耐高温聚乙烯膜。

5 要求

5.1 单位面积质量、面积及厚度

单位面积质量、面积及厚度应符合表1的规定。

表1 单位面积质量、面积及厚度

规格(公称厚度)/mm		3			4			5		
上表面材料		PE	S	M	PE	S	M	PE	S	M
下表面材料		PE	PE、S		PE	PE、S		PE	PE、S	
面积/(m^2/卷)	公称面积	10、15			10、7.5			7.5		
	偏差	±0.10			±0.10			±0.10		
单位面积质量/(kg/m^2)≥		3.3	3.5	4.0	4.3	4.5	5.0	5.3	5.5	6.0
厚度/mm	平均值≥	3.0			4.0			5.0		
	最小单值	2.7			3.7			4.7		

5.2 外观

5.2.1 成卷卷材应卷紧卷齐，端面里进外出不得超过10 mm。

5.2.2 成卷卷材在(4～60)℃任一产品温度下展开，在距卷芯1 000 mm长度外不应有10 mm以上的裂纹或粘结。

5.2.3 胎基应浸透，不应有未被浸渍处。

5.2.4 卷材表面应平整，不允许有孔洞、缺边和裂口、疙瘩，矿物粒料粒度应均匀一致并紧密地粘附于卷材表面。

5.2.5 每卷卷材接头处不应超过一个，较短的一段长度不应少于1 000 mm，接头应剪切整齐，并加长150 mm。

5.3 材料性能

材料性能应符合表2要求。

表2 材料性能

序号	项目			指标				
				Ⅰ		Ⅱ		
				PY	G	PY	G	PYG
1	可溶物含量/(g/m^2) ≥		3 mm	2 100				—
			4 mm	2 900				—
			5 mm	3 500				
			试验现象	—	胎基不燃	—	胎基不燃	—
2	耐热性		℃	110		130		
			≤mm	2				
			试验现象	无流淌、滴落				
3	低温柔性/℃			−7		−15		
				无裂缝				
4	不透水性 30 min			0.3 MPa	0.2 MPa	0.3 MPa		
5	拉力	最大峰拉力/(N/50 mm)	≥	500	350	800	500	900
		次高峰拉力/(N/50 mm)	≥	—	—	—	—	800
		试验现象		拉伸过程中，试件中部无沥青涂盖层开裂或与胎基分离现象				
6	延伸率	最大峰时延伸率/%	≥	25	—	40	—	—
		第二峰时延伸率/%	≥	—		—		15
7	浸水后质量增加/% ≤		PE、S	1.0				
			M	2.0				
8	热老化	拉力保持率/%	≥	90				
		延伸率保持率/%	≥	80				
		低温柔性/℃		−2		−10		
				无裂缝				
		尺寸变化率/%	≤	0.7	—	0.7	—	0.3
		质量损失/%	≤	1.0				
9	接缝剥离强度/(N/mm)		≥	1.0				
10	钉杆撕裂强度[a]/N		≥	—				300
11	矿物粒料粘附性[b]/g		≤	2.0				
12	卷材下表面沥青涂盖层厚度[c]/mm		≥	1.0				
13	人工气候加速老化	外观		无滑动、流淌、滴落				
		拉力保持率%	≥	80				
		低温柔性℃		−2		−10		
				无裂缝				

[a] 仅适用于单层机械固定施工方式卷材。

[b] 仅适用于矿物粒料表面的卷材。

[c] 仅适用于热熔施工的卷材。

6 试验方法

6.1 标准试验条件

标准试验条件(23±2)℃。

6.2 面积

按 GB/T 328.6 测量长度和宽度,以其平均值乘得到卷材的面积。

6.3 厚度

按 GB/T 328.4 进行,对于细砂面防水卷材,去除测量处表面的砂粒再测量卷材厚度;对矿物粒料防水卷材,在卷材留边处,距边缘 60 mm 处,去除砂粒后在长度 1 m 范围内测量卷材的厚度。

6.4 单位面积质量

称量每卷卷材卷重,根据 6.2 得到的面积,计算单位面积质量(kg/m^2)。

6.5 外观

按 GB/T 328.2 进行。

6.6 试件制备

将取样卷材切除距外层卷头 2 500 mm 后,取 1 m 长的卷材按 GB/T 328.4 取样方法均匀分布裁取试件,卷材性能试件的形状和数量按表 3 裁取。

表 3 试件形状和数量

序号	试验项目		试件形状(纵向×横向)/mm	数量/个
1	可溶物含量		100×100	3
2	耐热性		125×100	纵向 3
3	低温柔性		150×25	纵向 10
4	不透水性		150×150	3
5	拉力及延伸率		(250～320)×50	纵横向各 5
6	浸水后质量增加		(250～320)×50	纵向 5
7	热老化	拉力及延伸率保持率	(250～320)×50	纵横向各 5
		低温柔性	150×25	纵向 10
		尺寸变化率及质量损失	(250～320)×50	纵向 5
8	接缝剥离强度		400×200(搭接边处)	纵向 2
9	钉杆撕裂强度		200×100	纵向 5
10	矿物粒料粘附性		265×50	纵向 3
11	卷材下表面沥青涂盖层厚度		200×50	横向 3
12	人工气候加速老化	拉力保持率	120×25	纵横向各 5
		低温柔性	120×25	纵向 10

6.7 可溶物含量

按 GB/T 328.26 进行。

对于标称玻纤毡卷材的产品,可溶物含量试验结束后,取出胎基用火点燃,观察现象。

6.8 耐热性

按 GB/T 328.11—2007 中 A 法进行,无流淌、滴落。

6.9 低温柔性

按 GB/T 328.14 进行,3 mm 厚度卷材弯曲直径 30 mm,4 mm、5 mm 厚度卷材弯曲直径 50 mm。

6.10 不透水性

按 GB/T 328.10—2007 中方法 B 进行，采用 7 孔盘，上表面迎水。上表面为细砂、矿物粒料时，下表面迎水，下表面也为细砂时，试验前，将下表面的细砂沿密封圈一圈除去，然后涂一圈 60 号～100 号热沥青，涂平待冷却 1 h 后检测不透水性。

6.11 拉力及延伸率

按 GB/T 328.8 进行，夹具间距 200 mm。分别取纵向、横向各五个试件的平均值。试验过程中观察在试件中部是否出现沥青涂盖层与胎基分离或沥青涂盖层开裂现象。

对于 PYG 胎基的卷材需要记录两个峰值的拉力和对应延伸率。

6.12 浸水后质量增加

6.12.1 仪器设备

6.12.1.1 有盖子水槽。

6.12.1.2 天平：精度 0.1 g。

6.12.1.3 毛刷。

6.12.1.4 鼓风烘箱：控温精度±2 ℃。

6.12.1.5 悬挂试件的装置。

6.12.2 试件处理

对于测量质量增加的试件，用毛刷清除表面所有粘结不牢的砂粒，试件在(50±2)℃的烘箱中干燥 24 h±30 min，然后在标准试验条件下放置 1 h 后称量试件质量(m_1)，在干燥和放置过程中试件相互间不应接触。然后浸入(23±2)℃的水中 7 d±1 h，试件应完全浸入水中。为了防止掉砂，每组试件最好分别放置。

6.12.3 试验步骤

在浸水 7 d±1 h 后，取出试件及掉落的砂粒，在(23±2)℃，相对湿度(50±5)%的条件下放置 5 h±5 min。试件干燥过程中垂直悬挂，相互间距至少 20 mm，然后称量试件及脱落的砂粒质量(m_2)。

6.12.4 结果计算

质量增加按式(1)计算：

$$w = \frac{m_2 - m_1}{m_1} \times 100 \qquad \cdots\cdots(1)$$

式中：

w——试件处理后质量增加，%；

m_1——试件处理前质量，单位为克(g)；

m_2——试件处理后质量，单位为克(g)。

试验结果取五个试件的算术平均值。

6.13 热老化

6.13.1 仪器设备

6.13.1.1 天平：精度 0.1 g。

6.13.1.2 烘箱：控温精度±2 ℃。

6.13.1.3 游标卡尺：精度±0.02 mm。

6.13.2 试件处理

纵向拉力保持率及最大拉力时延伸率可以用尺寸变化率及质量损失测定后的试件试验，有争议时用新试件试验。

对于测量拉力保持率、延伸率保持率、尺寸变化率和低温柔性的试件，平放在撒有滑石粉的玻璃板上，然后将试件水平放入已调节到(80±2)℃的烘箱中，在此温度下处理 10 d±1 h。

进行质量损失测定的试件按 6.6 裁取后，用毛刷清除表面所有粘结不牢的砂粒。试件在(50±2)℃

的烘箱中干燥 24 h±30 min,然后在标准试验条件下放置 1 h 后称量试件质量(m_1)。

测定尺寸变化率的试件用游标卡尺测量试件的长度(L_1)。

试件在干燥和放置过程中相互间不应接触。质量损失试件放置在隔离纸上,其他试件平放在撒有滑石粉的玻璃板上,然后将试件水平放入已调节到(80±2)℃的烘箱中,在此温度下处理 10 d±1 h。

6.13.3 试验步骤

在加热处理 10 d±1 h 后,取出试件在标准试验条件下放置 2 h±5 min。

对于拉力保持率试件,立即按 6.11 进行拉伸试验。

对于低温柔性试件,立即按 6.9 进行试验。

对于尺寸变化率试件,立即在原来测量 L_1 的位置测量试件长度(L_2)。

对于质量损失试件,立即称量试件质量(m_2)。

6.13.4 结果计算

6.13.4.1 拉力保持率及延伸率保持率

拉力保持率按式(2)计算:

$$R_t = TS'/TS \times 100 \qquad \cdots\cdots(2)$$

式中:

R_t——试件处理后拉力保持率,%;

TS——试件处理前拉力平均值,单位为牛顿每 50 毫米(N/50 mm);

TS'——试件处理后拉力平均值,单位为牛顿每 50 毫米(N/50 mm)。

拉力保持率用五个试件的平均值计算。

延伸率保持率参照式(2)计算。

对于 PYG 胎基产品,拉力保持率以最高峰值计算。

对于 PYG 胎基产品,延伸率保持率以第二峰时延伸率计算。

6.13.4.2 低温柔性

记录试件表面有无裂缝。

6.13.4.3 尺寸变化率

每个试件的尺寸变化率按式(3)计算:

$$D = \left| \frac{L_2 - L_1}{L_1} \right| \times 100 \qquad \cdots\cdots(3)$$

式中:

D——试件处理后尺寸变化率,%;

L_1——试件处理前长度,单位为毫米(mm);

L_2——试件处理后长度,单位为毫米(mm)。

试验结果取五个试件的算术平均值。

6.13.4.4 质量损失

质量损失按式(4)计算:

$$w = \frac{m_1 - m_2}{m_1} \times 100 \qquad \cdots\cdots(4)$$

式中:

w——试件处理后质量损失,%;

m_1——试件处理前质量,单位为克(g);

m_2——试件处理后质量,单位为克(g)。

试验结果取五个试件的算术平均值。

6.14 接缝剥离强度

按 GB/T 328.20 进行，在卷材纵向搭接边处用热熔方法进行搭接，取五个试件平均剥离强度的平均值。

6.15 钉杆撕裂强度

按 GB/T 328.18 进行，取纵向五个试件的平均值。

6.16 矿物粒料粘附性

按 GB/T 328.17—2007 中 B 法进行，取三个试件的平均值。

6.17 卷材下表面沥青涂盖层厚度

按 6.6 裁取试件，按 GB/T 328.4 测量试件的厚度，每块试件测量两点，在距中间各 50 mm 处测量，取两点的平均值。然后用热刮刀铲去卷材下表面的涂盖层直至胎基，待其冷却到标准试验条件，再测量每个试件原来两点的厚度，取两点的平均值。每块试件前后两次厚度平均值的差值，即为该块试件的下表面沥青涂盖层厚度，取三个试件的平均值作为卷材下表面沥青涂盖层厚度。

6.18 人工气候加速老化

按 GB/T 18244 进行，采用氙弧灯法，累计辐照能量 1 500 MJ/m^2(光照时间约 720 h)。

老化后，检查试件外观；拉力保持率按 6.11 进行试验，夹具间距 70 mm，按 6.13.4.1 计算；低温柔性按 6.9 进行试验。

7 检验规则

7.1 检验分类

按检验类型分为出厂检验、周期检验和型式检验。

7.2 出厂检验

出厂检验项目包括：单位面积质量、面积、厚度、外观、可溶物含量、不透水性、耐热性、低温柔性、拉力、延伸率、卷材下表面沥青涂盖层厚度。

7.3 周期检验

周期检验项目为热老化，每三月至少一次。

7.4 型式检验

型式检验项目包括第 5 章要求中所有规定，在下列情况下进行型式检验：

a) 新产品投产或产品定型鉴定时；

b) 正常生产时，每年进行一次；

c) 原材料、工艺等发生较大变化，可能影响产品质量时；

d) 出厂检验结果与上次型式检验结果有较大差异时；

e) 产品停产 3 个月以上恢复生产时；

f) 国家质量监督检验机构提出型式检验要求时。

7.5 组批

以同一类型、同一规格 10 000 m^2 为一批，不足 10 000 m^2 亦可作为一批。

7.6 抽样

在每批产品中随机抽取五卷进行卷重、面积、厚度及外观检查。

7.7 判定规则

7.7.1 单项判定

7.7.1.1 单位面积质量、面积、厚度及外观

抽取的五卷样品均符合 5.1、5.2 规定时，判为单位面积质量、面积、厚度及外观合格。若其中有一项不符合规定，允许从该批产品中再随机抽取五卷样品，对不合格项进行复查。如全部达到标准规定时则判为合格，否则，判该批产品不合格。

7.7.1.2 **材料性能**

从单位面积质量、面积、厚度及外观合格的卷材中任取一卷进行材料性能试验。

7.7.1.2.1 可溶物含量、拉力、延伸率、吸水率、耐热性、接缝剥离强度、钉杆撕裂强度、矿物粒料粘附性、卷材下表面沥青涂盖层厚度以其算术平均值达到标准规定的指标判为该项合格。

7.7.1.2.2 不透水性以三个试件分别达到标准规定判为该项合格。

7.7.1.2.3 低温柔性两面分别达到标准规定时判为该项合格。

7.7.1.2.4 热老化、人工气候加速老化各项结果达到表2规定时判为该项合格。

7.7.1.2.5 各项试验结果均符合表2规定，则判该批产品材料性能合格。若有一项指标不符合规定，允许在该批产品中再随机抽取五卷，从中任取一卷对不合格项进行单项复验。达到标准规定时，则判该批产品材料性能合格。

7.7.2 **总判定**

试验结果符合第5章规定的全部要求时，判该批产品合格。

8 标志、包装、贮存及运输

8.1 标志

卷材外包装上应包括：

——生产厂名、地址；

——商标；

——产品标记；

——能否热熔施工；

——生产日期或批号；

——检验合格标识；

——生产许可证号及其标志。

8.2 包装

卷材可用纸包装、塑胶带包装、盒包装或塑料袋包装。纸包装时应以全柱面包装，柱面两端未包装长度总计不超过100 mm。产品应在包装或产品说明书中注明贮存与运输注意事项。

8.3 贮存与运输

8.3.1 **贮存**

贮存与运输时，不同类型、规格的产品应分别存放，不应混杂。避免日晒雨淋，注意通风。贮存温度不应高于50 ℃，立放贮存只能单层，运输过程中立放不超过两层。

8.3.2 **运输**

运输时防止倾斜或横压，必要时加盖苫布。

8.3.3 **贮存期**

在正常贮存、运输条件下，贮存期自生产之日起为1年。

ICS 91.120.30
Q 17

中华人民共和国国家标准

GB 18967—2009
代替 GB 18967—2003

改性沥青聚乙烯胎防水卷材

Modified bituminous waterproof sheet using polyethylene reinforcement

2009-03-28 发布　　2010-03-01 实施

中华人民共和国国家质量监督检验检疫总局
中国国家标准化管理委员会　发布

前　言

本标准的5.3条为强制性的，其余为推荐性的。

本标准对应于西班牙标准UNE 104-242—1989(1990)第1部分:《沥青和改性沥青防水材料　弹性体改性沥青卷材》，本标准与UNE 104-242—1989(1990)第1部分的一致性程度为非等效。

本标准代替GB 18967—2003《改性沥青聚乙烯胎防水卷材》。

本标准与GB 18967—2003相比，主要变化如下：

——增列了“术语和定义”(本版的第3章)；

——取消了按物理力学性能及上表面覆盖材料分类(2003版的3.1.3、3.1.4)；

——产品分类增加了按施工工艺进行分类(本版的4.1.1)；

——物理力学性能中增列了耐根刺穿卷材和自粘型卷材的技术指标；热熔型卷材增加了卷材下表面沥青涂盖层厚度；自粘型卷材增加了剥离强度、钉杆水密性、持粘性、自粘沥青再剥离强度(本版的5.3)。

——提高了物理力学性能中的不透水性、拉力和低温柔性指标，调整了耐热性、断裂延伸率指标(2003版的4.3，本版的5.3)；

——对试验方法进行了修订，按GB/T 328—2007进行试验(2003版的第5章，本版的第6章)。

本标准由中国建筑材料联合会提出。

本标准由全国轻质与装饰装修建筑材料标准化技术委员会(SAC/TC 195)归口。

本标准负责起草单位：建筑材料工业技术监督研究中心、盘锦禹王防水建材集团有限公司。

本标准参加起草单位：盘锦大禹防水建材有限公司、盘锦通达防水材料有限公司。

本标准主要起草人：杨斌、詹福民、窦艳梅、王颖、张延安、李讴颖、王贺华、陈斌。

本标准于2003年首次发布。

改性沥青聚乙烯胎防水卷材

1 范围

本标准规定了改性沥青聚乙烯胎防水卷材的术语和定义、分类和标记、要求、试验方法、检验规则、标志、包装、运输与贮存。

本标准适用于以高密度聚乙烯膜为胎基，上下两面为改性沥青或自粘沥青，表面覆盖隔离材料制成的防水卷材。

2 规范性引用文件

下列文件中的条款通过本标准的引用而成为本标准的条款。凡是注日期的引用文件，其随后所有的修改单(不包括勘误的内容)或修订版均不适用于本标准，然而，鼓励根据本标准达成协议的各方研究是否可使用这些文件的最新版本。凡是不注日期的引用文件，其最新版本适用于本标准。

GB/T 328.2—2007 建筑防水卷材试验方法 第2部分：沥青防水卷材 外观

GB/T 328.4—2007 建筑防水卷材试验方法 第4部分：沥青防水卷材 厚度、单位面积质量

GB/T 328.5—2007 建筑防水卷材试验方法 第5部分：高分子防水卷材 厚度、单位面积质量

GB/T 328.6—2007 建筑防水卷材试验方法 第6部分：沥青防水卷材 长度、宽度、平直度

GB/T 328.8—2007 建筑防水卷材试验方法 第8部分：沥青防水卷材 拉伸性能

GB/T 328.10—2007 建筑防水卷材试验方法 第10部分：沥青和高分子防水卷材 不透水性

GB/T 328.11—2007 建筑防水卷材试验方法 第11部分：沥青防水卷材 耐热性

GB/T 328.13—2007 建筑防水卷材试验方法 第13部分：高分子防水卷材 尺寸稳定性

GB/T 328.14—2007 建筑防水卷材试验方法 第14部分：沥青防水卷材 低温柔性

GB/T 328.20—2007 建筑防水卷材试验方法 第20部分：沥青防水卷材 接缝剥离性能

GB/T 18244—2000 建筑防水材料老化试验方法

JC/T 1075—2008 种植屋面用耐根穿刺防水卷材

3 术语和定义

下列术语和定义适用于本标准。

3.1

改性氧化沥青防水卷材 modified oxidized asphalt waterproof sheet

用添加改性剂的沥青氧化后制成的防水卷材。

3.2

丁苯橡胶改性氧化沥青防水卷材 SBR modified oxidized asphalt waterproof sheet

用丁苯橡胶和树脂将氧化沥青改性后制成的防水卷材。

3.3

高聚物改性沥青防水卷材 polymer modified asphalt waterproof sheet

用苯乙烯-丁二烯-苯乙烯(SBS)等高聚物将沥青改性后制成的防水卷材。

3.4

自粘防水卷材 self-adhering sheet

以高密度聚乙烯膜为胎基，上下表面为自粘聚合物改性沥青，表面覆盖防粘材料制成的防水卷材。

3.5

耐根穿刺防水卷材　root penetration resistance of waterproof sheet

以高密度聚乙烯膜为胎基，上下表面覆以高聚物改性沥青，并以聚乙烯膜为隔离材料制成的具有耐根穿刺功能的防水卷材。

4　分类和标记

4.1　类型

4.1.1　按产品的施工工艺分为热熔型和自粘型两种。

4.1.2　热熔型产品按改性剂的成份分为改性氧化沥青防水卷材、丁苯橡胶改性氧化沥青防水卷材、高聚物改性沥青防水卷材、高聚物改性沥青耐根穿刺防水卷材四类。

4.1.3　隔离材料

4.1.3.1　热熔型卷材上下表面隔离材料为聚乙烯膜。

4.1.3.2　自粘型卷材上下表面隔离材料为防粘材料。

4.2　规格

4.2.1　厚度

——热熔型：3.0 mm、4.0 mm，其中耐根穿刺卷材为 4.0 mm；

——自粘型：2.0 mm、3.0 mm。

4.2.2　公称宽度：1 000 mm 、1 100 mm。

4.2.3　公称面积：每卷面积为 10 m^2、11 m^2。

4.2.4　生产其他规格的卷材，可由供需双方协商确定。

4.3　标记

4.3.1　代号

——热熔型：T；

——自粘型：S；

——改性氧化沥青防水卷材：O；

——丁苯橡胶改性氧化沥青防水卷材：M；

——高聚物改性沥青防水卷材：P；

——高聚物改性沥青耐根穿刺防水卷材：R；

——高密度聚乙烯膜胎体：E；

——聚乙烯膜覆面材料：E。

4.3.2　标记方法

卷材按施工工艺、产品类型、胎体、上表面覆盖材料、厚度和本标准号顺序标记。

4.3.3　标记示例

示例：3.0 mm 厚的热熔型聚乙烯胎聚乙烯膜覆面高聚物改性沥青防水卷材，其标记如下：

T PEE 3 GB 18967—2009

4.4　用途

改性沥青聚乙烯胎防水卷材适用于非外露的建筑与基础设施的防水工程。

5　要求

5.1　单位面积质量及规格尺寸

单位面积质量及规格尺寸应符合表 1 规定。

表 1 单位面积质量及规格尺寸

<table>
<tr><td colspan="2">公称厚度/mm</td><td>2</td><td>3</td><td>4</td></tr>
<tr><td colspan="2">单位面积质量/(kg/m²) ≥</td><td>2.1</td><td>3.1</td><td>4.2</td></tr>
<tr><td colspan="2">每卷面积偏差/m²</td><td colspan="3">±0.2</td></tr>
<tr><td rowspan="2">厚度/mm</td><td>平均值 ≥</td><td>2.0</td><td>3.0</td><td>4.0</td></tr>
<tr><td>最小单值 ≥</td><td>1.8</td><td>2.7</td><td>3.7</td></tr>
</table>

5.2 外观

5.2.1 成卷卷材应卷紧卷齐，端面里进外出不得超过 20 mm。

5.2.2 成卷卷材在(4～45)℃任一产品温度下展开，在距卷芯 1 000 mm 长度外不应有裂纹或长度 10 mm以上的粘结。

5.2.3 卷材表面应平整，不允许有孔洞、缺边和裂口、疙瘩或任何其他能观察到的缺陷存在。

5.2.4 每卷卷材接头处不应超过一个，较短的一段长度不应少于 1 000 mm，接头应剪切整齐，并加长 150 mm。

5.3 物理力学性能

物理力学性能应符合表 2 的规定。

表 2 物理力学性能

<table>
<tr><td rowspan="3">序号</td><td rowspan="3" colspan="3">项　　目</td><td colspan="5">技术指标</td></tr>
<tr><td colspan="4">T</td><td>S</td></tr>
<tr><td>O</td><td>M</td><td>P</td><td>R</td><td>M</td></tr>
<tr><td>1</td><td colspan="3">不透水性</td><td colspan="5">0.4 MPa，30 min 不透水</td></tr>
<tr><td rowspan="2">2</td><td rowspan="2" colspan="3">耐热性/℃</td><td colspan="4">90</td><td>70</td></tr>
<tr><td colspan="4">无流淌，无起泡</td><td>无流淌，无起泡</td></tr>
<tr><td rowspan="2">3</td><td rowspan="2" colspan="3">低温柔性/℃</td><td>−5</td><td>−10</td><td>−20</td><td>−20</td><td>−20</td></tr>
<tr><td colspan="5">无裂纹</td></tr>
<tr><td rowspan="4">4</td><td rowspan="4">拉伸性能</td><td rowspan="2">拉力/(N/50 mm) ≥</td><td>纵向</td><td rowspan="2" colspan="3">200</td><td rowspan="2">400</td><td rowspan="2">200</td></tr>
<tr><td>横向</td></tr>
<tr><td rowspan="2">断裂延伸率/% ≥</td><td>纵向</td><td rowspan="2" colspan="5">120</td></tr>
<tr><td>横向</td></tr>
<tr><td rowspan="2">5</td><td rowspan="2" colspan="2">尺寸稳定性</td><td>℃</td><td colspan="4">90</td><td>70</td></tr>
<tr><td>% ≤</td><td colspan="5">2.5</td></tr>
<tr><td>6</td><td colspan="3">卷材下表面沥青涂盖层厚度/mm ≥</td><td colspan="4">1.0</td><td>—</td></tr>
<tr><td rowspan="2">7</td><td rowspan="2" colspan="2">剥离强度/(N/mm) ≥</td><td>卷材与卷材</td><td rowspan="2" colspan="4">—</td><td>1.0</td></tr>
<tr><td>卷材与铝板</td><td>1.5</td></tr>
<tr><td>8</td><td colspan="3">钉杆水密性</td><td colspan="4">—</td><td>通过</td></tr>
<tr><td>9</td><td colspan="3">持粘性/min ≥</td><td colspan="4">—</td><td>15</td></tr>
<tr><td>10</td><td colspan="3">自粘沥青再剥离强度(与铝板)/N/mm ≥</td><td colspan="4">—</td><td>1.5</td></tr>
<tr><td rowspan="4">11</td><td rowspan="4">热空气老化</td><td colspan="2">纵向拉力/(N/50 mm) ≥</td><td colspan="3">200</td><td>400</td><td>200</td></tr>
<tr><td colspan="2">纵向断裂延伸率/% ≥</td><td colspan="5">120</td></tr>
<tr><td rowspan="2" colspan="2">低温柔性/℃</td><td>5</td><td>0</td><td>−10</td><td>−10</td><td>−10</td></tr>
<tr><td colspan="5">无裂纹</td></tr>
</table>

5.4 耐根穿刺卷材应用性能

高聚物改性沥青耐根穿刺防水卷材(R)的性能除符合本标准表 2 的要求外，其耐根穿刺与耐霉菌腐蚀性能应符合 JC/T 1075—2008 表 2 的规定。

6 试验方法

6.1 标准试验条件

标准试验条件(23±2)℃。

6.2 面积

按 GB/T 328.6—2007 测量长度和宽度，以其平均值相乘得到卷材的面积。

6.3 单位面积质量

称量每卷卷材卷重，根据 6.2 得到的面积，计算单位面积质量(kg/m²)。对于自粘卷材，应扣除防粘材料质量。

6.4 厚度

按 GB/T 328.4—2007 进行。

6.5 外观

按 GB/T 328.2—2007 进行。

6.6 试件制备

将取样卷材切除距外层卷头 2 500 mm 后，取 1 m 长的试样按 GB/T 328.4 取样方法均匀分布裁取试件，卷材性能试件的尺寸和数量按表 3 裁取。

表 3 试件尺寸和数量

序号	项目		试件尺寸(纵向×横向)/mm	数量/个
1	不透水性		150×150	3
2	耐热性		100×50	3
3	低温柔性		150×25	纵向 10
4	拉伸性能		150×50	纵横向各 5
5	尺寸稳定性		250×250	3
6	卷材下表面沥青涂盖层厚度		200×50	3
7	剥离强度	卷材与卷材	150×50	10(5 组)
		卷材与铝板	250×50	5
8	钉杆水密性		300×300	2
9	持粘性		150×50	5
10	自粘沥青再剥离强度		250×50	5
11	热空气老化		200×200	5

6.7 不透水性

按 GB/T 328.10—2007 中方法 B 进行。采用十字开缝盘，保持时间(30±2)min。自粘型卷材试验时应撕去两面的隔离纸，表面覆盖滤纸以防粘结。

6.8 耐热性

按 GB/T 328.11—2007 中方法 B 进行。上端用宽度 50 mm 以上的夹子夹住，垂直悬挂在规定温度下恒温 2 h，观察试件表面的涂盖层有无流淌、起泡。

6.9 低温柔性

按 GB/T 328.14—2007 进行。2.0 mm、3.0 mm 厚度卷材弯曲直径 30 mm，4.0 mm 厚度卷材弯曲直径 50 mm。取纵向 10 个试件，五个试件上表面，五个试件下表面分别试验，每面五个试件中至少四个试件目测无裂纹为该面通过，上下两面都通过为低温柔性符合要求。

6.10 拉伸性能

按 GB/T 328.8—2007 进行，夹具间距 70 mm。试验过程不得出现沥青涂盖层与胎基在夹具间范围内分离现象。

6.11 尺寸稳定性

按 GB/T 328.13—2007 进行。热熔型(T)试验温度 90 ℃，自粘型(S)试验温度 70 ℃。

6.12 卷材下表面沥青涂盖层厚度

按 GB/T 328.5—2007 进行。用光学装置测量下表面沥青涂覆层的厚度，每块试件测量两点，在距中间各 50 mm 处测量。取三块试件测量值的平均值为试验结果。

6.13 剥离强度

6.13.1 卷材与卷材

在(23±2)℃条件下，按 GB/T 328.20—2007 进行试验，一个试件的下表面与另一个试件的上表面粘结，粘合面为 50 mm×75 mm，用质量为 2 kg、宽度(50～60)mm 的压辊依次来回滚压三次，粘合后放置 24 h。

6.13.2 卷材与铝板

在(23±2)℃条件下，参照 GB/T 328.20—2007 将卷材试件粘在已用溶剂清洁的光滑铝板表面，粘合面为 50 mm×75 mm，用质量为 2 kg、宽度(50～60)mm 的压辊依次来回滚压三次，粘合后放置24 h。铝板一端夹入夹具，将同一端的卷材弯折 180°夹入另一夹具，进行试验，用最大力计算剥离强度，单位 N/mm，取 5 个试件的算术平均值作为试验结果，观察剥离位置。两面分别进行试验。

6.14 钉杆水密性

6.14.1 试件制备

在(23±2)℃条件下，去除试件的防粘材料，将卷材轻放在与卷材同样尺寸的胶合板(五合板)上。用质量为 2 kg、宽度(50～60)mm 的压辊依次来回滚压三次使其与胶合板粘合。胶合板不应重复使用。

在胶合板下放两个木块作支撑，以便于将钉子钉入。将长(30±4)mm，直径(3.5～4)mm 的无翼镀锌无螺纹钉，从卷材表面钉入胶合板，钉入两颗钉子，位置在试件的中心附近，钉子之间相距(25～50)mm，将钉子钉入到钉帽与卷材表面平齐，然后从背面轻敲钉头使钉子升起，使钉帽与卷材表面距离 6 mm。

共制备两块试件。

6.14.2 试验步骤

将一直径(150～250)mm，高不小于 150 mm 的圆管居中放在水平放置的试件卷材表面上，然后用密封胶沿外边一圈密封在卷材上，放置 2 h 后，在沿内边一圈密封，然后在室温养护 24 h。

将其放在一个无盖且与圆管直径相近的干燥容器上，然后向上面的圆管中加蒸馏水，水位高度为(130±3)mm，再将其移入(4±2)℃的冰箱中，放置 3 d。

6.14.3 结果评定

取出试件，观察并记录容器内、胶合板底部及钉杆末梢有无水迹。倒掉圆管中的水并拭干，揭下卷材，观察卷材背面有无水迹。

两块试件都没有观察到水迹，认为试验通过，报告无渗水。

6.15 持粘性

将试件粘在两块表面已用溶剂清洁干净光滑的镜面不锈钢板上，上板的不锈钢板上的粘结面积(50×50)mm，试件宽度为 50 mm，试件粘贴部位不允许接触手和其他物体，然后用 2 kg 的压辊来回碾压三次。

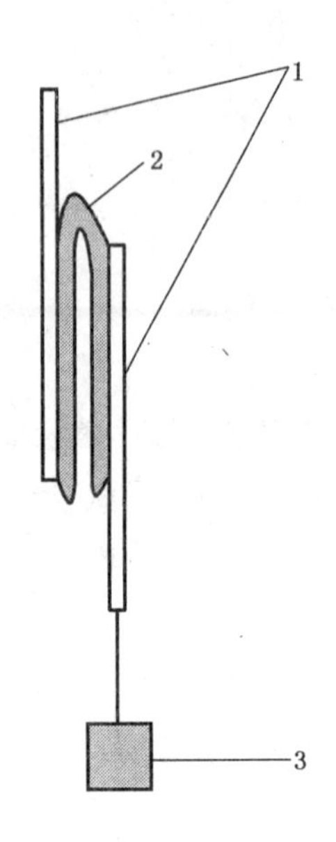

1——不锈钢板；

2——试件；

3——重物。

图 1 持粘性

在(23±2)℃条件下，将粘结好的试件放置 24 h 后，如图 1 所示方向垂直悬挂，在下板下端挂 1 kg 的重物(包括下板质量)，开始记录时间，记录试件从上板完全剥下所需时间，单位 min。取五个试件测定值的平均值为试验结果。若大于 60 min 未剥落，记录为大于 60 min。

两面分别进行试验。

6.16 自粘沥青再剥离强度

取一块自粘防水卷材，用热刮刀将卷材的涂盖层铲下，放入坩锅中，保证坩锅中的沥青有约 100 g，将坩锅放在电炉上加热至沥青融化，温度约 180 ℃，然后将沥青倒在防粘纸上刮平，厚度约 1.5 mm，立即用聚酯膜或聚酯胎基增强。共制备五个试件，为防止试件粘结可用硅油纸隔离。

在(23±2)℃条件下放置 4 h 后，按 6.13.2 进行试验。

6.17 热空气老化

按 GB/T 18244—2000 中第 4 章进行，试验温度(70±2)℃，试件水平放置 168 h。

老化后，裁取试件按 6.10 测定纵向拉力及断裂延伸率，按 6.9 测定低温柔性。

6.18 耐根穿刺卷材应用性能

按 JC/T 1075—2008 中 6.3.1 与 6.3.2 进行。

7 检验规则

7.1 检验分类

按检验类型分为出厂检验和型式检验。

7.1.1 出厂检验

出厂检验项目包括：面积、单位面积质量、厚度、外观、不透水性、耐热性、低温柔性、拉伸性能、卷材下表面沥青涂盖层厚度(T)、卷材与铝板剥离强度(S)、持粘性(S)、自粘沥青再剥离强度(S)。

7.1.2 型式检验

型式检验项目包括第 5 章要求的所有项目。在下列情况下应进行型式检验：

a) 新产品投产或产品定型鉴定时；

b) 正常生产时,每年进行一次;耐根穿刺性能试验每五年进行一次;

c) 原材料、工艺等发生较大变化,可能影响产品质量时;

d) 出厂检验结果与上次型式检验结果有较大差异时;

e) 产品停产六个月以上恢复生产时。

7.2 组批

以同一类型,同一规格 10 000 m^2 为一批,不足 10 000 m^2 时亦可作为一批。

7.3 抽样

在每批产品中随机抽取五卷进行单位面积质量、规格尺寸及外观检查。

在上述检查合格后,从中随机抽取一卷取至少 1.5 m^2 的试样进行物理力学性能检测。

7.4 判定规则

7.4.1 单项判定

7.4.1.1 单位面积质量及规格尺寸

在抽取的五卷样品中上述各项检查结果均符合 5.1,5.2 规定时,判定其单位面积质量及规格尺寸合格。若其中有一项不符合规定,允许从该批产品中再随机抽取五卷样品,对不合格项进行复查。如全部达到标准规定时则判为合格;否则,判该批产品不合格。

7.4.1.2 物理力学性能

7.4.1.2.1 耐热性、拉力、断裂延伸率、尺寸稳定性、卷材下表面涂盖层厚度 以其算术平均值达到标准规定的指标判为该项合格。

7.4.1.2.2 不透水性、钉杆水密性 以每个试件分别达到标准规定时判为该项合格。

7.4.1.2.3 低温柔性 两面分别达到标准规定时判为该项合格。

7.4.1.2.4 剥离强度、持粘性、自粘沥青再剥离强度(与铝板)、热空气老化 以试验结果符合表 2 规定时,判为该项合格。

7.4.1.2.5 各项试验结果均符合表 2 规定,则判该批产品物理力学性能合格。若有一项指标不符合规定,允许在该批产品中再随机抽取一卷对不合格项进行单项复验。达到标准规定时,则判该批产品物理力学性能合格。

7.4.1.2.6 高聚物改性沥青耐根穿刺防水卷材符合 5.4 规定时,判定该批产品应用性能合格。

7.4.2 总判定

试验结果符合第 5 章规定的全部要求时,判该批产品合格。

8 标志、包装、运输与贮存

8.1 标志

卷材外包装上应包括:

a) 产品名称;

b) 生产厂名、厂址;

c) 商标;

d) 产品标记;

e) 生产日期或批号;

f) 检验合格标识;

g) 生产许可证号及其标志;

h) 运输与贮存注意事项。

8.2 包装

卷材宜以塑料膜包装，柱面两端热塑封好，外用胶带捆扎；也可用编织袋包装。

8.3 运输与贮存

8.3.1 运输

运输时防止倾斜或横压，必要时加盖苫布。

8.3.2 贮存

贮存与运输时，不同类型、规格的产品应分别堆放，不应混杂。避免日晒雨淋，注意通风。贮存温度不应高于45 ℃，卷材平放贮存，码放高度不超过五层。

8.3.3 贮存期

产品在正常运输、贮存条件下，贮存期自生产之日起至少为一年。

ICS 91.120.30
Q 17

中华人民共和国国家标准

GB 27789—2011

热塑性聚烯烃(TPO)防水卷材

Thermoplastic polyolefin sheets for waterproofing

2011-12-30 发布　　　　2012-11-01 实施

中华人民共和国国家质量监督检验检疫总局
中国国家标准化管理委员会　发布

前　言

本标准的5.3条为强制性的，其余为推荐性的。

本标准按照GB/T 1.1—2009给出的规则起草。

本标准与ASTM D6878:2008《热塑性聚烯烃屋面卷材》一致性程度为非等效。

本标准由中国建筑材料联合会提出。

本标准由全国轻质装饰与装修建筑材料标准化技术委员会建筑防水材料分技术委员会(SAC/TC 195/SC 1)归口。

本标准主要起草单位:中国建筑材料科学研究总院苏州防水研究院、中国建筑防水协会。

本标准参加起草单位:深圳市卓宝科技股份有限公司、上海市建筑科学研究院(集团)有限公司、索普瑞玛(上海)建材贸易有限公司、巴塞尔亚太咨询(上海)有限公司、陶氏化学(中国)有限公司、上海申达科宝新材料有限公司、上海海纳尔建筑科技有限公司、杰斯曼(上海)国际贸易有限公司、山东思达建筑系统工程有限公司、广东科顺化工实业有限公司、璞耐特(大连)科技有限公司、唐山德生防水材料有限公司、上海台安工程实业有限公司、上海豫宏建筑防水材料有限公司、常熟市三恒建材有限责任公司、四川蜀羊防水材料有限公司。

本标准主要起草人:朱志远、朱冬青、杨胜、邹先华、朱晓华、孟赟、尚华胜、蒋勤逸、陈建华、陈文洁。

热塑性聚烯烃(TPO)防水卷材

1 范围

本标准规定了热塑性聚烯烃防水卷材的术语和定义、分类和标记、要求、试验方法、检验规则、标志、包装、贮存和运输。

本标准适用于建筑工程用的以乙烯和 α 烯烃的聚合物为主要原料制成的防水卷材。

2 规范性引用文件

下列文件对于本文件的应用是必不可少的。凡是注日期的引用文件，仅注日期的版本适用于本文件。凡是不注日期的引用文件，其最新版本(包括所有的修改单)适用于本文件。

GB/T 328.5—2007 建筑防水卷材试验方法 第5部分:高分子防水卷材 厚度、单位面积质量

GB/T 328.7 建筑防水卷材试验方法 第7部分:高分子防水卷材 长度、宽度、平直度和平整度

GB/T 328.9—2007 建筑防水卷材试验方法 第9部分:高分子防水卷材 拉伸性能

GB/T 328.10—2007 建筑防水卷材试验方法 第10部分:沥青和高分子防水卷材 不透水性

GB/T 328.13 建筑防水卷材试验方法 第13部分:高分子防水卷材 尺寸稳定性

GB/T 328.15 建筑防水卷材试验方法 第15部分:高分子防水卷材 低温弯折性

GB/T 328.19 建筑防水卷材试验方法 第19部分:高分子防水卷材 撕裂性能

GB/T 328.21 建筑防水卷材试验方法 第21部分:高分子防水卷材 接缝剥离强度

GB/T 328.25—2007 建筑防水卷材试验方法 第25部分:沥青和高分子防水卷材 抗静态荷载

GB/T 528 硫化橡胶或热塑性橡胶 拉伸应力应变性能的测定

GB/T 529 硫化橡胶或热塑性橡胶 撕裂强度的测定(裤形、直角形和新月形试样)

GB 12952—2011 聚氯乙烯(PVC)防水卷材

GB/T 18244 建筑防水材料老化试验方法

GB/T 18378 防水沥青与防水卷材术语

GB/T 20624.2 色漆和清漆 快速变形(耐冲击性)试验 第2部分:落锤试验(小面积冲头)

GB 50009 建筑结构荷载规范

3 术语和定义

GB/T 18378 界定的以及下列术语和定义适用于本文件。

3.1

均质热塑性聚烯烃防水卷材 homogeneous thermoplastic polyolefin waterproofing sheets

不采用内增强材料或背衬材料的热塑性聚烯烃防水卷材。

3.2

带纤维背衬的热塑性聚烯烃防水卷材 thermoplastic polyolefin waterproofing sheets backed with fabric

用织物如聚酯无纺布等复合在卷材下表面的热塑性聚烯烃防水卷材。

3.3

织物内增强的热塑性聚烯烃防水卷材 thermoplastic polyolefin waterproofing sheets with internally reinforced with fabric

用聚酯或玻纤网格布在卷材中间增强的热塑性聚烯烃防水卷材。

4 分类和标记

4.1 分类

按产品的组成分为均质卷材(代号 H)、带纤维背衬卷材(代号 L)、织物内增强卷材(代号 P)。

4.2 规格

公称长度规格为 15 m、20 m、25 m。

公称宽度规格为 1.00 m、2.00 m。

厚度规格为 1.20 mm、1.50 mm、1.80 mm、2.00 mm。

其他规格可由供需双方商定。

4.3 标记

按产品名称(代号 TPO 卷材)、类型、厚度、长度、宽度和本标准号顺序标记。

示例:

长度 20 m、宽度 2.00 m、厚度 1.50 mm、P 类热塑性聚烯烃防水卷材标记为:

TPO 卷材 P 1.50 mm/20 m×2.00 mm GB 27789—2011

5 要求

5.1 尺寸偏差

长度、宽度不应小于规格值的 99.5%。

厚度不应小于 1.20 mm,厚度允许偏差和最小单值见表 1。

表 1 厚度允许偏差

厚度/mm	允许偏差/%	最小单值/mm
1.20	−5,+10	1.05
1.50		1.35
1.80		1.65
2.00		1.85

5.2 外观

5.2.1 卷材的接头不应多于一处,其中较短的一段长度不应少于 1.5 m,接头应剪切整齐,并应加长 150 mm。

5.2.2 卷材表面应平整、边缘整齐,无裂纹、孔洞、粘结、气泡和疤痕。卷材耐候面(上表面)宜为浅色。

5.3 材料性能

材料性能指标应符合表 2 的规定。

表 2 材料性能指标

序号	项目		指标		
			H	L	P
1	中间胎基上面树脂层厚度/mm ≥		—		0.40
2	拉伸性能	最大拉力/(N/cm) ≥	—	200	250
		拉伸强度/MPa ≥	12.0	—	—
		最大拉力时伸长率/% ≥	—	—	15
		断裂伸长率/% ≥	500	250	—
4	热处理尺寸变化率/% ≤		2.0	1.0	0.5
5	低温弯折性		−40 ℃无裂纹		
6	不透水性		0.3 MPa,2 h 不透水		
7	抗冲击性能		0.5 kg·m,不渗水		
8	抗静态荷载[a]		—	—	20 kg 不渗水
9	接缝剥离强度/(N/mm) ≥		4.0 或卷材破坏	3.0	
10	直角撕裂强度/(N/mm) ≥		60	—	—
11	梯形撕裂强度/N ≥		—	250	450
12	吸水率(70 ℃ 168 h)/% ≤		4.0		
13	热老化(115 ℃)	时间/h	672		
		外观	无起泡、裂纹、分层、粘结和孔洞		
		最大拉力保持率/% ≥	—	90	90
		拉伸强度保持率/% ≥	90	—	—
		最大拉力时伸长率保持率/% ≥	—	—	90
		断裂伸长率保持率/% ≥	90	90	—
		低温弯折性	−40 ℃无裂纹		
14	耐化学性	外观	无起泡、裂纹、分层、粘结和孔洞		
		最大拉力保持率/% ≥	—	90	90
		拉伸强度保持率/% ≥	90	—	—
		最大拉力时伸长率保持率/% ≥	—	—	90
		断裂伸长率保持率/% ≥	90	90	—
		低温弯折性	−40 ℃无裂纹		
15	人工气候加速老化	时间/h	1 500[b]		
		外观	无起泡、裂纹、分层、粘结和孔洞		
		最大拉力保持率/% ≥	—	90	90
		拉伸强度保持率/% ≥	90	—	—
		最大拉力时伸长率保持率/% ≥	—	—	90
		断裂伸长率保持率/% ≥	90	90	—
		低温弯折性	−40 ℃无裂纹		

[a] 抗静态荷载仅对用于压铺屋面的卷材要求。

[b] 单层卷材屋面使用产品的人工气候加速老化时间为 2 500 h。

5.4 抗风揭能力

采用机械固定方法施工的单层屋面卷材，其抗风揭能力的模拟风压等级应不低于 4.3 kPa (90 psf)。

注：psf 为英制单位——磅每平方英尺，其与 SI 制的换算为 1 psf=0.047 9 kPa。

6 试验方法

6.1 标准试验条件

试验室标准试验条件为温度 23 ℃±2 ℃，相对湿度(60±15)%。

6.2 试件制备

将试样在标准试验条件下放置 24 h，按 GB/T 328.5—2007 裁样方法和表 3 数量裁取所需试件，试件距卷材边缘应不小于 100 mm。裁切织物增强卷材时应顺着织物的走向，使工作部位有最多的纤维根数。

表 3 试件尺寸与数量

序号	项目	尺寸(纵向×横向)/mm	数量/个
1	拉伸性能	150×50(或符合 GB/T 528 的哑铃Ⅰ型)	各 6
2	热处理尺寸变化率	100×100	3
3	低温弯折性	100×25	各 2
4	不透水性	150×150	3
5	抗冲击性能	150×150	3
6	抗静态荷载	500×500	3
7	接缝剥离强度	200×300 (粘合后裁取 200×50 试件)	2 (5)
8	直角撕裂强度	符合 GB/T 529 的直角形	各 6
9	梯形撕裂强度	130×50	各 5
10	吸水率	100×100	3
11	热老化	300×200	3
12	耐化学性	300×200	各 3
13	人工气候加速老化	300×200	3

6.3 尺寸偏差

6.3.1 长度、宽度

按 GB/T 328.7 进行试验，以平均值作为试验结果。若有接头，长度以量出的两段长度之和减去 150 mm 计算。

6.3.2 厚度

6.3.2.1 H类、P类卷材厚度

H类、P类卷材厚度按GB/T 328.5—2007中机械测量法进行，测量五点，以五点的平均值作为卷材的厚度，并报告最小单值。

6.3.2.2 L类卷材厚度，中间胎基上面树脂层厚度

卷材按6.3.2.1在五点处各取一块50 mm×50 mm试样，在每块试样上沿横向用薄的锋利刀片，垂直于试样表面切取一条约50 mm×2 mm的试条，注意不使试条的切面变形(厚度方向的断面)。采用最小分度值0.01 mm，放大倍数最小20倍的读数显微镜进行试验。将试条的切面向上，置于读数显微镜的试样台上，读取卷材热塑性聚烯烃层厚度(不包括表面纤维层)，对于表面压花纹的产品，以花纹最外端切线位置计算厚度。每个试条上测量四处，厚度以5个试条共20处数值的平均值表示，并报告20处中的最小单值。

P类中间胎基上面树脂层厚度取织物线束距上表面的最外端切线与上表面最外层的距离，每块试件读取两个线束的数据，纵向和横向分别测5块试件，取20个点的平均值。

6.4 外观

目测检查。

6.5 拉伸性能

L类、P类产品试件尺寸为150 mm×50 mm，按GB/T 328.9—2007中方法A进行试验，夹具间距90 mm，伸长率用70 mm的标线间距离计算，P类伸长率取最大拉力时伸长率，L类伸长率取断裂伸长率。若有产品试验机行程到底都未断裂，将夹具间距改为50 mm，标线间距30 mm进行试验，同一样品的所有拉伸性能试验，应采用相同的方法。

H类按GB/T 328.9—2007中方法B进行试验，采用符合GB/T 528的哑铃Ⅰ型试件，拉伸速度(250±50)mm/min。

分别计算纵向或横向5个试件的算术平均值作为试验结果。

6.6 热处理尺寸变化率

按GB/T 328.13进行，80 ℃±2 ℃的鼓风烘箱中，不得叠放，在此温度下恒温24 h。取出在标准试验条件下放置24 h，再测量长度。

6.7 低温弯折性

按GB/T 328.15进行试验。

6.8 不透水性

按GB/T 328.10—2007的方法B进行试验，采用十字金属开缝槽盘，压力为0.3 MPa，保持2 h。

6.9 抗冲击性能

单位为毫米

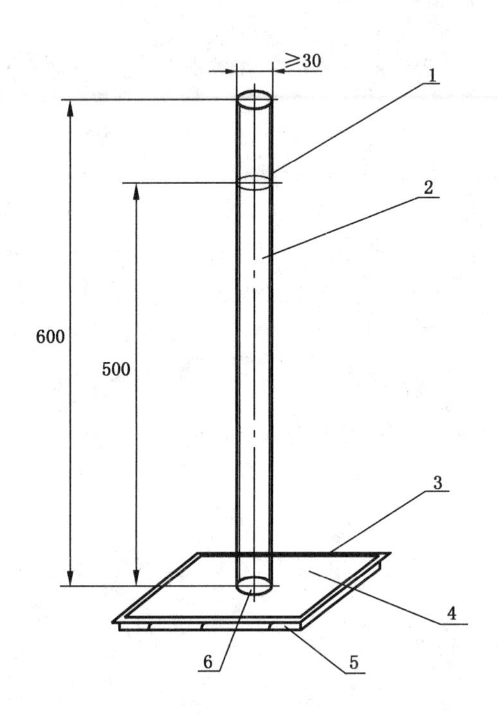

说明：

1——玻璃管；

2——染色水；

3——滤纸；

4——试件；

5——玻璃板；

6——密封胶。

图 1 穿孔水密性试验装置

6.9.1 试验器具

6.9.1.1 落锤冲击仪：符合 GB/T 20624.2 规定，由一个带有刻度的金属导管、可在其中自由运动的活动重锤、锁紧螺栓和半球形钢珠冲头组成。其中导管刻度长为 0 mm～1 000 mm，分度值为 10 mm，重锤质量 1 000 g，钢珠直径 12.7 mm。

6.9.1.2 玻璃管：内径不小于 30 mm，长 600 mm。

6.9.1.3 铝板：厚度不小于 4 mm。

6.9.2 试验步骤

将试件平放在铝板上，并一起放在密度 25 kg/m^3、厚度 50 mm 的泡沫聚苯乙烯垫板上。按 GB/T 20624.2 进行试验。穿孔仪置于试件表面，将冲头下端的钢珠置于试件的中心部位，球面与试件接触。把重锤调节到规定的落差高度 500 mm 并定位。使重锤自由下落，撞击位于试件表面的冲头，然后将试件取出，检查试件是否穿孔，试验 3 块试件。

无明显穿孔时，采用图 1 所示的装置对试件进行水密性试验。将圆形玻璃管垂直放在试件穿孔试验点的中心，用密封胶密封玻璃管与试件间的缝隙。将试件置于 150 mm×150 mm 滤纸上，滤纸放置在玻璃板上，把染色的水加入玻璃管中，静置 24 h 后检查滤纸，如有变色、水迹现象表明试件已穿孔。

6.10 抗静态荷载

按 GB/T 328.25—2007 方法 A 进行试验，采用 20 kg 荷载。

6.11 接缝剥离强度

按生产厂要求搭接，采用胶黏剂搭接应在标准试验条件下按生产厂规定的时间放置，但不应超过 7 d。裁取试件(200 mm×50 mm)，按 GB/T 328.21 进行试验，对于 H 类、L 类产品，以最大剥离力计算剥离强度。对于 G 类、P 类、GL 类产品，若试件产生空鼓脱壳时，应立即用刀将空鼓处切割断，取拉伸应力应变曲线的后一半的平均剥离力计算剥离强度。

6.12 直角撕裂强度

按 GB/T 529 进行试验，采用无割口直角撕裂方法，拉伸速度 250 mm/min±50 mm/min。

分别计算纵向或横向 5 个试件的算术平均值作为试验结果。

6.13 梯形撕裂强度

按 GB/T 328.19 进行试验。

分别计算纵向或横向 5 个试件的算术平均值作为试验结果。

6.14 吸水率

将试件于干燥器中放置 24 h，然后取出用精度至少 0.001 g 的天平称量试件(m_1)，接着将试件放入 70 ℃±2 ℃的蒸馏水中浸泡 168 h±2 h，浸泡期间试件相互隔开，避免完全接触。然后取出试件，放入 23 ℃±2 ℃的水中 15 min，取出立即擦干表面的水迹，称量试件(m_2)。对于带背衬的产品，在留边处取样，试件尺寸 100 mm×70 mm。

吸水率按式(1)计算：

$$R_m = (m_2 - m_1)/m_1 \times 100 \quad \cdots\cdots(1)$$

式中：

R_m ——吸水率，以百分数(%)表示；

m_2 ——浸水后试件质量，单位为克(g)；

m_1 ——浸水前试件质量，单位为克(g)。

以 3 个试件的算术平均值作为吸水率试验结果。

6.15 热老化

6.15.1 试验步骤

将试片按 GB/T 18244 进行热老化试验，温度为 115 ℃±2 ℃，时间 672 h。处理后的试片在标准试验条件下放置 24 h，按 6.4 检查外观，然后每块试片上裁取纵向、横向拉伸性能试件各两块。低温弯折性试验在一块试片上裁取两个纵向试件，另一块裁两个横向试件。

低温弯折性按 6.7 进行试验，拉伸性能按 6.5 进行试验。

6.15.2 结果计算

处理后最大拉力或拉伸强度保持率按式(2)进行计算，精确到 1%：

$$R_t = (T_1/T) \times 100 \quad \cdots\cdots(2)$$

式中：

R_t ——试件处理后最大拉力或拉伸强度保持率，用百分数(%)表示；

T ——试件处理前最大拉力，单位为牛顿每厘米(N/cm)[或拉伸强度，单位为兆帕(MPa)]；

T_1 ——试件处理后最大拉力，单位为牛顿每厘米(N/cm)[或拉伸强度，单位为兆帕(MPa)]。

处理后伸长率保持率按式(3)进行计算，精确到1%：

$$R_e=(E_1/E)\times 100 \qquad (3)$$

式中：

R_e ——试件处理后伸长率保持率，以百分数(%)表示；

E ——试件处理前伸长率平均值，以百分数(%)表示；

E_1 ——试件处理后伸长率平均值，以百分数(%)表示。

6.16 耐化学性

6.16.1 试验步骤

按表4的规定，用蒸馏水和化学试剂(分析纯)配制均匀溶液，并分别装入各自贴有标签的容器中，温度为23 ℃±2 ℃。试验容器能耐酸、碱、盐的腐蚀，可以密闭，容积根据样片数量而定。

在每种溶液中浸入按表3裁取的一组三块试片，试片上面离液面至少20 mm，密闭容器，浸泡28 d后取出用清水冲洗干净，擦干。在标准试验条件下放置24 h，每块试片上裁取纵向、横向拉伸性能试件各两个，在一块试片上裁取纵向低温弯折性试件两个，另一块试片裁横向两个。分别按6.5和6.7进行试验。对于P类卷材拉伸性能试件应离试片边缘10 mm以上裁取。

表4 溶液浓度

试剂名称	溶液质量分数
NaCl	(10±2)%
$Ca(OH)_2$	饱和溶液
H_2SO_4	(5±1)%

6.16.2 结果计算

结果计算同6.15.2。

6.17 人工气候加速老化

6.17.1 试验步骤

按GB/T 18244进行氙弧灯试验，照射时间1 500 h(累计辐照能量约3 000 MJ/m²)，单层屋面卷材照射时间2 500 h(累计辐照能量约5 000 MJ/m²)。处理后的试片在标准试验条件下放置24 h，每块试片上裁取纵向、横向拉伸性能试件各两个，在一块试片上裁取纵向低温弯折性试件两个，另一块试片裁横向两个，按6.5和6.7进行试验。对于P类卷材拉伸性能试件应离试片边缘10 mm以上裁取。

6.17.2 结果计算

结果计算同6.15.2。

6.18 抗风揭能力

按GB 12952—2011的附录A进行，采用标准试验方法，在模拟风压等级为4.3 kPa(90 psf)时应无破坏。GB 12952—2011 的附录 B 给出了一种供参考的用于评价单层卷材屋面系统的动态法抗风揭试验方法。

7 检验规则

7.1 检验分类

7.1.1 出厂检验

出厂检验项目为 5.1、5.2 和 5.3 中拉伸性能、热处理尺寸变化率、低温弯折性、中间胎基上面树脂层厚度。

7.1.2 型式检验

型式检验项目包括第 5 章的全部要求。在下列情况下进行型式检验：

a) 新产品投产或产品定型鉴定时；

b) 正常生产时，每年进行一次。抗风揭能力、人工气候加速老化每两年进行一次；

c) 原材料、工艺等发生较大变化，可能影响产品质量时；

d) 出厂检验结果与上次型式检验结果有较大差异时；

e) 产品停产 6 个月以上恢复生产时。

7.2 抽样

以同类型的 10 000 m^2 卷材为一批，不满 10 000 m^2 也可作为一批。在该批产品中随机抽取 3 卷进行尺寸偏差和外观检查，在上述检查合格的试件中任取一卷，在距外层端部 500 mm 处裁取 3 m（出厂检验为 1.5 m）进行材料性能检验。

7.3 判定规则

7.3.1 尺寸偏差、外观

尺寸偏差和外观符合 5.1、5.2 时判为合格。若有不合格项，允许在该批产品中随机抽 3 卷进行复检，复检合格的为合格，若仍有不合格的判该批产品不合格。

7.3.2 材料性能

7.3.2.1 对于中间胎基上面树脂层厚度、拉伸性能、热处理尺寸变化率、接缝剥离强度、撕裂强度、吸水率以算术平均值符合标准规定时，则判该项合格。

7.3.2.2 低温弯折性、不透水性、抗冲击性能、抗静态荷载、抗风揭能力所有试件均符合标准规定时，则该项合格，若有一个试件不符合标准规定则判该项不合格。

7.3.2.3 热老化、耐化学性、人工气候加速老化所有项目符合标准规定，则判该项合格。

7.3.2.4 试验结果符合 5.3 规定，判该批产品材料性能合格。若 5.3 中仅有一项不符合标准规定，允许在该批产品中随机抽取一卷进行单项复验，符合标准规定则判该批产品材料性能合格，否则判该批产品材料性能不合格。

7.3.3 型式检验总判定

试验结果符合标准第 5 章全部要求时判该批产品合格。

8 标志、包装、贮存和运输

8.1 标志

8.1.1 卷材外包装上应包括：

——生产厂名、地址；

——商标；

——产品标记；

——生产日期或批号；

——生产许可证号及其标志；

——贮存与运输注意事项；

——检验合格标记；

——复合的纤维或织物种类。

8.1.2 单层屋面使用的卷材及其包装应有明显的标识。

8.2 包装

卷材用硬质芯卷取，宜用塑料袋或编织袋包装。

8.3 贮存和运输

8.3.1 贮存

8.3.1.1 卷材应存放在通风、防止日晒雨淋的场所。贮存温度不应高于 45 ℃。

8.3.1.2 不同类型、不同规格的卷材应分别堆放。

8.3.1.3 卷材平放时堆放高度不应超过 5 层；立放时应单层堆放。禁止与酸、碱、油类及有机溶剂等接触。

8.3.1.4 在正常贮存条件下，贮存期限至少为一年。

8.3.2 运输

运输时防止倾斜或横压，必要时加盖苫布。

第3部分：JC/T 1075—2008《种植屋面用耐根穿刺防水卷材》及编制说明

ICS 91.120.30
分类号:Q 17
备案号:22945—2008

中华人民共和国建材行业标准

JC/T 1075—2008

种植屋面用耐根穿刺防水卷材

Root penetration resistance of waterproof sheets for green roof system

2007-02-01 发布　　2008-07-01 实施

中华人民共和国国家发展和改革委员会　发布

前　言

本标准参考了欧洲标准草案 prEN 13948:2006《柔性防水卷材—沥青、塑料、橡胶屋面防水卷材—耐根穿刺性能的测定》。

本标准的附录 A 为规范性附录。

本标准由中国建筑材料联合会提出。

本标准由全国轻质与装饰装修建筑材料标准化技术委员会(SAC/TC 195)归口。

本标准负责起草单位:建筑材料工业技术监督研究中心、中国化学建筑材料公司苏州防水材料研究设计所、北京建筑材料科学研究总院、中国建筑防水材料工业协会。

本标准参加起草单位:北京市园林科学研究所、威达(江苏)建筑材料有限公司、盘锦禹王防水建材集团有限公司、索普瑞玛(上海)建材贸易有限公司、渗耐防水系统(上海)有限公司、北京东方雨虹防水技术股份有限公司、大连细扬防水工程集团有限公司、吴江市月星建筑防水材料有限公司、上海台安工程实业有限公司、北京世纪洪雨防水技术有限责任公司、山东鑫达鲁鑫防水材料有限公司、中防佳缘(北京)防水材料有限公司、徐州卧牛山新型防水材料有限公司、潍坊宏源防水材料有限公司、北京市建国伟业防水材料有限公司。

本标准主要起草人:杨斌、朱志远、檀春丽、朱冬青、丛日晨、李翔、詹福民、贾伟一、姚双华、陈斌、樊细杨。

本标准为首次发布。

种植屋面用耐根穿刺防水卷材

1 范围

本标准规定了种植屋面用耐根穿刺防水卷材的分类和标记、一般要求、技术要求、试验方法、检验规则、标志、包装、运输及贮存。

本标准适用于种植屋面使用的具有耐根穿刺能力的防水卷材，不适用于由不同类型的卷材复合而成的系统。

2 规范性引用文件

下列文件中的条款通过本标准的引用而成为本标准的条款。凡是注日期的引用文件，其随后所有的修改单(不包括勘误的内容)或修订版均不适用于本标准，然而，鼓励根据本标准达成协议的各方研究是否可使用这些文件的最新版本。凡是不注日期的引用文件，其最新版本适用于本标准。

GB 12952 聚氯乙烯防水卷材

GB/T 14686—1993 石油沥青玻璃纤维胎油毡

GB 18173.1 高分子防水材料 第1部分:片材

GB 18242 弹性体改性沥青防水卷材

GB 18243 塑性体改性沥青防水卷材

GB/T 18244—2000 建筑防水材料老化试验方法

GB 18967 改性沥青聚乙烯胎防水卷材

3 分类和标记

3.1 分类

种植屋面用耐根穿刺防水卷材分为:改性沥青类(B)、塑料类(P)、橡胶类(R)。

3.2 标记

产品的标记由耐根穿刺加原标准标记和本标准号组成。

示例:4 mm Ⅱ型弹性体改性沥青(SBS)聚酯胎(PY)砂面种植屋面用耐根穿刺防水卷材标记为:

耐根穿刺 SBS Ⅱ PY S 4 JC/T 1075—2008

4 一般要求

种植屋面用耐根穿刺防水卷材的生产与使用不应对人体、生物与环境造成有害的影响，所涉及与使用有关的安全与环保要求，应符合我国相关国家标准和规范的规定。

5 技术要求

5.1 厚度

改性沥青类防水卷材厚度不小于 4.0 mm，塑料、橡胶类防水卷材不小于 1.2 mm。

5.2 基本性能

种植屋面用耐根穿刺防水卷材基本性能(包括人工气候加速老化),应符合相应国家标准或行业标准中的相关要求,尺寸变化率应符合表2的规定,表1列出了应符合的现行国家标准中的相关要求。

表1 现行国家标准及相关要求

序号	标准名称	要求
1	GB 18242 弹性体改性沥青防水卷材	Ⅱ型全部要求
2	GB 18243 塑性体改性沥青防水卷材	Ⅱ型全部要求
3	GB 18967 改性沥青聚乙烯胎防水卷材	Ⅱ型全部要求
4	GB 12952 聚氯乙烯防水卷材	Ⅱ型全部要求
5	GB 18173.1 高分子防水材料 第1部分:片材	全部要求

5.3 应用性能

种植屋面用耐根穿刺防水卷材应用性能指标应符合表2的要求。

表2 应用性能

序号	项目		技术指标
1	耐根穿刺性能		通过
2	耐霉菌腐蚀性	防霉等级	0级或1级
		拉力保持率% ≥	80
3	尺寸变化率 ≤		1.0

6 试验方法

6.1 厚度

聚氯乙烯防水卷材按GB 12952测量厚度;高分子防水片材按GB 18173.1测量厚度;弹性体改性沥青防水卷材按GB 18242测量厚度;塑性体改性沥青防水卷材按GB 18243测量厚度;改性沥青聚乙烯胎防水卷材按GB 18967测量厚度。改性沥青砂面卷材在留边处测量,去除砂粒后,在距卷材纵向边缘约60 mm处测量,在1 m的长度内均匀分布测量5点,取平均值作为测定值。

6.2 基本性能

卷材的基本性能按表1相应的国家标准和行业标准规定的试验方法进行试验。

6.3 应用性能

6.3.1 耐根穿刺性能

按附录A进行。

6.3.2 耐霉菌腐蚀性

按 GB/T 14686—1993 附录 A 进行。

6.3.3 尺寸变化率

按 GB/T 18244—2000 中第 4 章进行，试验温度：80 ℃，时间 168 h。试件尺寸为(200×200) mm，数量三块，计算热处理前后尺寸变化率，精确到 0.1%。

7 检验规则

7.1 检验分类

按检验类型分为出厂检验和型式检验。

出厂检验项目按表 1 相关产品的国家标准和行业标准的规定。

型式检验项目包括本标准第 5 章的所有要求。

7.2 型式检验

有下列情况之一时，应进行型式检验：

a) 新产品投产或产品定型鉴定时；

b) 正常生产时，每年进行一次。耐根穿刺性能每五年进行一次；

c) 原材料、工艺等发生较大变化，可能影响产品质量时；

d) 出厂检验结果与上次型式检验结果有较大差异时；

e) 产品停产一年以上恢复生产时；

f) 国家质量监督机构提出型式检验要求时。

7.3 组批

按相关国家标准和行业标准进行，样品数量应满足试验需要。

7.4 判定规则

全部试验结果符合第 5 章规定，则判该批产品合格。

耐根穿刺项目不符合标准规定，则判该批产品不合格。

若有其他指标不符合标准规定时，应对同一批产品的不合格项取样进行单项复验，若复验后该项指标符合标准规定，则判该批产品合格；否则为不合格。

8 标志、包装、运输及贮存

8.1 标志

产品标志应在产品包装的醒目位置明示，产品标志内容应包括：

a) 生产厂名、地址；

b) 商标；

c) 产品标记及产品类型；

d) 产品耐根穿刺方式(阻根剂，多层组成中的防侵入和穿透层)；

e) 使用说明；

f) 生产日期或批号；

g) 贮存与运输注意事项；

h) 使用有效期。

8.2 包装

卷材可用纸包装或塑胶带成卷包装，也可采用其他合适的包装形式。纸包装时应以全柱面包装，柱面两端未包装长度总计不应超过100 mm。

8.3 运输

运输、装卸过程中，不同类型、规格产品应分别堆放，不应混杂，避免日晒雨淋。

8.4 贮存

产品应按规格、类型、生产日期分别贮存。贮存场地应干燥、通风、避免日晒雨淋，并不得与容易发生反应的化学物质接触。

8.5 使用有效期

产品应规定使用有效期，并在产品说明书与包装上明示用户。产品使用有效期从生产之日起开始计算。

附　录　A
（规范性附录）
防水卷材耐根穿刺性能试验方法

A.1　范围

本附录规定了种植屋面用沥青类、塑料类、橡胶类等防水卷材耐植物根侵入和穿透能力的试验方法。

本附录没有包含评价有关试验卷材的环保性能。

A.2　术语和定义

下列术语和定义适用于本附录。

A.2.1

根穿刺　root penetration

a）试验条件下，植物根已生长进入试验卷材的平面或者接缝中，在那里植物的地下部分已主动造成树穴，引起卷材的破坏。

b）试验条件下，植物根已生长穿透试验卷材的平面或者接缝。

A.3　原理

耐根穿刺试验在箱中进行，并在指定条件下将试验卷材置于根的下方。

试验卷材的试样安装在6个试验箱中，并需包含几条接缝。另外需要2个不安装试验卷材的对照箱，以便在整个试验期间比较植物的生长效率。

试验箱中包含种植土层和密集的植物覆盖层，这将产生来自根部的高的生长应力。为了保证这种高的生长应力，应适度施肥并浇水灌溉。

试验和对照箱安放在有空调的温室里。由于环境条件对植物的生长具有影响，因此，生长条件须具有可控性。

两年试验期是获得可靠结果所需要的最短时间。

试验结束后，将种植土层取走，观察并评价试验卷材是否有根穿刺发生。

A.4　试验用植物

A.4.1　试验植物的种类

火棘（*Pyracantha fortuneana*‘*orange charmer*’），栽在2 L的容器中，高度（700±100）mm。

A.4.2　试验植物生长量的要求

挑选植物时，确保长势一致。

整个试验期间，试验箱中的植物至少达到对照箱中植物平均生长量的80%（高度、干茎直径）。

A.4.3 试验植物的数量

每个试验箱与对照箱中，种4株试验植物。

A.5 试验设备和材料

A.5.1 温室

温室温度须可调节并且具有通风设备。在白天应不低于18 ℃，在夜晚应不低于16 ℃。室内温度从22 ℃起温室必须通风。应避免室内温度高于35 ℃。需要时可在夏天进行遮阳或者在冬天进行人工光照。

每个试验箱(800×800)mm：约需占地2 m^2。

A.5.2 试验箱

每个试验试样需要6个试验箱和2个对照箱。

试验箱的内部尺寸不小于(800×800×250) mm。根据需要，考虑安装要求，也可使用比较大和高的试验箱。

试验箱底部采用透明材料，用于观察植物根系的生长状况。为了预防在潮湿层里生长藻类，箱底应遮光(如用塑料薄膜)。

试验箱内由下向上结构依次为：潮湿层、保护层、试验卷材、种植土层和植物。

为保证潮湿层的水分，需在箱体下部镶上Φ35 mm注水管，注水管顶端需向上倾斜(如图A.1)。

单位为毫米

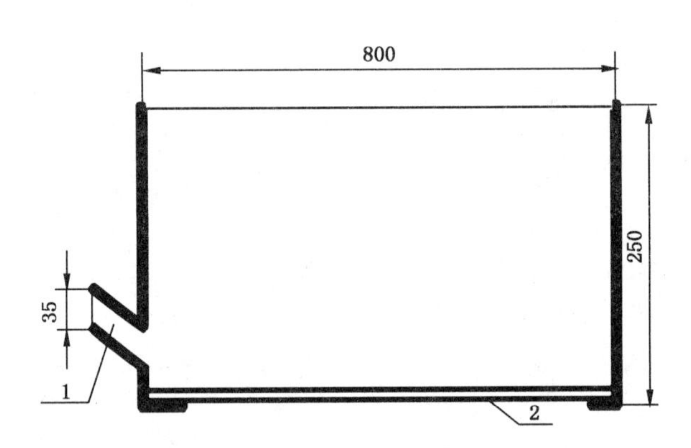

1——注水管；

2——透明底部。

图A.1 试验箱示意图

A.5.3 潮湿层

潮湿层由陶粒(颗粒度8 mm～16 mm)组成。直接铺放在透明的底板上。电导率<15.0 ms/m，厚度为(50±5)mm。

A.5.4 保护层

保护层为规格不小于170 g/m^2的聚醋无纺布，铺在潮湿层上部、试验卷材下部，并保证此种材料与试验卷材相容。

A.5.5 种植土层

种植土层应是品质稳定的、均匀一致原料的混合物。在同一试验室，这种稳定和均一性应保持一致，具有结构上的稳定性并有适宜的水/气比率。为了保证植物根部最佳的生长状态，还应含薄肥。

70%(体积比)由刚分解的泥炭组成，电导率应小于 8.0 ms/m，pH 值为(4.0±1.0)。

30%(体积比)由 A.5.3 的陶粒(颗粒度 8 mm～16 mm)组成，其品质应符合 A.5.3 要求。

种植土应和基肥混合均匀。

混合均匀后的种植土应符合表 A.1 要求。

表 A.1 混合均匀后的种植土要求

序号	项目	指标
a	pH	6.5±0.8
b	电导率	<30 ms/m
c	N(氮)	(100±50)mg/L
d	P(磷)	(40±20)mg/L
e	K(钾)	(100±50)mg/L

A.5.6 肥料

种植土基肥包含 N、P、K 元素，氯化物的含量低(<0.5% Cl)；基肥的成分和数量应符合种植土的要求(表 A.1)。

种植土基肥还包含 Fe、cu、MO、Mn、B 和 Zn 元素，为使其富有营养应使用生产商推荐的含量。

缓释肥有效期为(6～8)个月，包含(15±5)%N、(7±3)%P 和(15±5)%K。

缓释肥的使用量应符合每(800×800)mm 试验箱中 5 g N 的需求量。

A.5.7 张力计

测量范围为(-600～0) hPa 的控制水分用张力计，每个试验箱配备一个。

A.5.8 灌溉用水

符合表 A.2 规定。

表 A.2 灌溉用水要求

项目	指标
电导率	<70 ms/m
重碳酸盐(HCO_3)	(3±1)me/L
硫酸盐(SO_4)	<250 mg/L
氯化物(Cl)	<50 mg/L
钠(Na)	<50 mg/L
硝酸盐(NO_3)	<50 mg/L
注：me 为毫克当量，1 me=1 毫摩尔电子电荷。	

A.6 试验样品

试验前、后都需从卷材上取参比样品，参比样品至少含一条接缝并至少为 1 m^2。参比样品应当存放在实验室黑暗、干燥、温度在(15±10)℃的地方(例如试验用试验室)。

为便于清楚确认试验卷材，下列信息在试验开始时需明确：产品名称、用途、材料类型、防水层厚度(塑料和橡胶卷材的有效厚度)、产品构造、生产日期、在实验室的安装方法(搭接、接缝方式、接缝处理剂、接缝密封类型、接缝封边带、特殊的拐角的搭接)、阻根剂(如延缓生根的物质)等。

进行第三方试验时，卷材生产商应向试验机构提供施工说明书(附带有效日期)。

A.7 安装

A.7.1 试验箱中的各层应按如下顺序设置(从下到上)：潮湿层、保护层、试验卷材、种植土层。

A.7.2 潮湿层应直接安放在透明底部上，厚度均匀，为(50±5) mm。

A.7.3 保护层裁剪成适当的尺寸，直接铺设在潮湿层上。

A.7.4 试验卷材的铺设

试验的试样由试验的委托者裁剪成适应试验箱安装的尺寸；搭接和安装由试验的委托者根据生产商的安装说明施工，每个试样应有四条立角接缝、两条底边接缝以及一条中心 T 型接缝(图 A.2)；卷材试样必须向上延伸到试验箱边缘。只要达到材料接缝型式相同的目的(如，热熔焊接和热风焊接的接缝方式被看作是同等的)，允许在试验中使用不同的接缝工艺。然而，无胶粘剂接头和有胶粘剂接头或者用两种不同胶粘剂的接头，是不同类的接缝工艺，需要分别试验。

A.7.5 卷材铺设完成后，放入种植土，种植土厚度应均匀，为(150±10)mm。

A.7.6 在每个试验箱里种上 4 株试验植物火棘，使它们平均地分布在现有的平面上(如图 A.3)。如要使用更大尺寸的试验箱，为了获得同样的种植密度，应增加植物数量(至少 6 株/m^2)。

单位为毫米

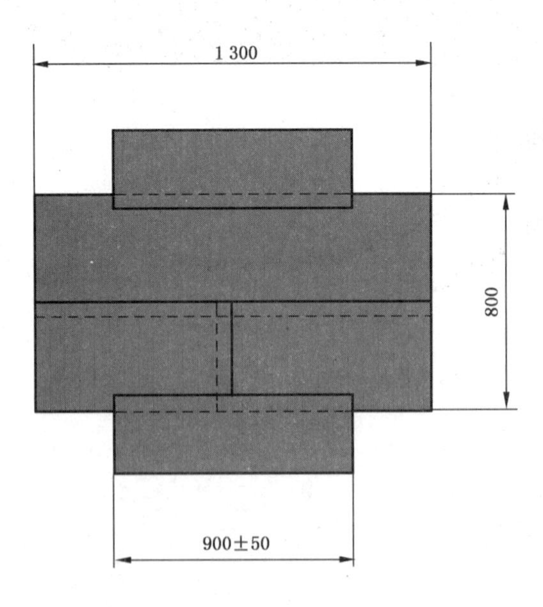

图 A.2 试验卷材上的接缝示意图

A.7.7 为了在试验期间能观察根穿刺情况，应将试验箱放在台子上，试验箱四周至少保证 0.4 m 间距。试验箱和对照箱应随机放置。

A.7.8 张力计直接安置在种植土层里，保持与植物相等的间距（如图 A.3）。

A.7.9 对照箱步骤与方法和试验箱相同，只是不需铺设试验卷材，将种植土直接放在保护层上。

单位为毫米

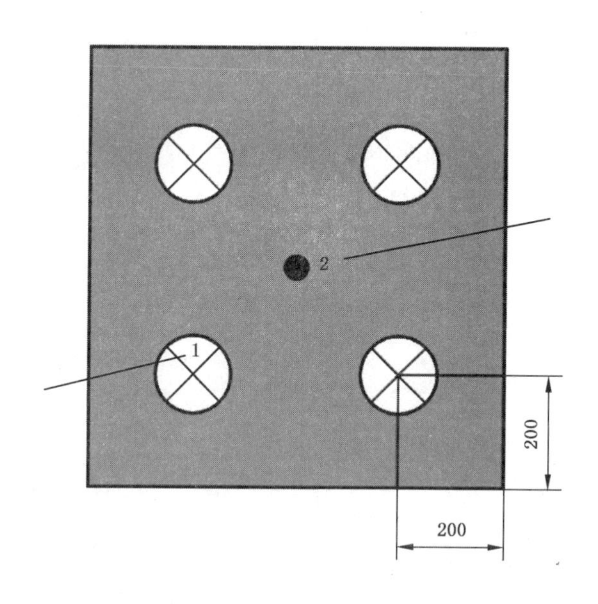

1—试验植物；
2—张力计。

图 A.3 植物栽植分布方式和张力计安置位置

A.8 植物养护

A.8.1 根据植物的需要，向种植土层浇水，调整种植土的湿度。通过张力计测定湿度。当吸水张力下降到－(350±50) hPa 时浇水，使吸水张力接近 0 hPa。

A.8.2 使整个种植土层（尤其是四边范围）均匀地湿润，避免在种植土层下部持续积水。

A.8.3 潮湿层通过安装在试验箱侧面的注水管每周 1 次注水，保持足够湿润。

A.8.4 缓释肥每 6 个月使用一次，第一次应在种植 3 个月后施用。

A.8.5 种植后的 3 个月内死掉的植物应该替换。为了不干扰保留的植物的根系生长，替换只允许在试验的前 3 个月进行。

A.8.6 不允许修剪试验植物，允许在试验箱之间的通道范围里修剪侧芽。

A.8.7 当出现病虫害时应采取适当的保护植物的措施。

A.8.8 如果在试验的过程中有超过 25% 的植物死亡，试验需要重新进行。

A.9 结果

A.9.1 概述

以下情况不属于卷材被根穿刺，但在试验报告中需要提及：

a) 在试验开始时，生产商应明确地表明这种卷材是否含阻根剂。因为只有当植物根侵入后阻根剂才能发挥作用，所以当卷材含有阻根剂（如延缓生根的物质）时，植物根侵入卷材平面或者不大于 5 mm 的接缝深度时不属于被根穿刺。

b) 当产品是由多层组成的情况下，比如，带铜带衬里的沥青卷材或者带聚醋无纺衬里的 PVC 卷材，植物根虽侵入平面里，但若起防止根穿刺作用的那层并没有被损害的话，不属于被根穿刺。在试验开始时,起作用的这层就应被明确的表明。

c) 因为接缝封边是焊接时挤压出的熔化物质或者是保护接缝边缘的液体物质。根侵入接缝封边(接缝没有损害)不属于被根穿刺。

A.9.2 试验期间

a) 6个月通过透明底部观察6个试验箱的潮湿层是否有根穿刺现象发生。当有根穿刺现象发生时,必须通知试验委托者,停止试验。

b) 每年记录试验箱和对照箱里试验植物的生长量,方法是记录高度和(20±2) cm高度处干茎的直径,并比较试验植物的平均生长量。

c) 受损的植物要单独记录,如生长变形或树叶变色等。

A.9.3 试验结束

a) 事先通知试验的委托者试验结束的日期,以便到场。

b) 记录下在每个试验箱中侵入和穿透卷材的植物根的数量。对平面和接缝处的穿刺要分开记录。

c) 无论有没有根穿刺现象发生,都要对实物拍照作为证明。

d) 在试验结束后,在每个试验箱中都没有任何根穿刺现象发生,同时满足试验期间试验箱中植物的生长量至少达到对照箱植物生长量的平均80%(高度、干茎直径),此卷材认为是耐根穿刺。

e) 根据A.9.1对植物根的生长进行描述。

f) 试验样品按A.6进行保存。

A.10 试验报告

试验报告至少应包含如下信息:

a) 与A.6一致的确认产品的所有信息;

b) 根据A.7的安装细节;

c) 按A.9判定的试验结果;

d) 依照A.9.3对试验卷材的评价;

e) 按A.9.1的相关信息;

f) 试验日期和地点。

《种植屋面用耐根穿刺防水卷材》行业标准编制说明

根据国家发展和改革委员会办公厅改办工业〔2005〕739号文《2005年行业标准项目计划（建材工业）》，《种植屋面用耐根穿刺防水卷材》行业标准由建筑材料工业技术监督研究中心、中国化学建筑材料公司苏州防水材料研究设计所、北京市建筑材料科学研究总院、中国建筑防水材料工业协会负责组织有关科研院所、生产企业等参加起草。

种植屋面系指屋顶花园与地下车库顶面上的种植面。由于其美化城市景观、净化空气、充分利用雨水灌溉、调节环境温度、降低热岛效应等优点而备受人们推崇。屋面绿化已有4 000多年悠久的历史，从古代幼发拉底河下游（现伊拉克）的城堡庙塔至巴比伦王国宫庭的屋顶花园，从明代南京旧城墙、山西古长城至承德宗庙石筑平台上种植的花木，均展示了种植屋面发展的历史足迹。改革开放以来，我国城镇建设获得长足的发展，屋面绿化与汽车库顶板绿化也取得较大的进展。北京、广州、深圳、南京、成都、桂林等城市在屋面绿化做了大量的工作。2006年北京市计划绿化的屋顶面积就达10万m^2。

种植屋面用的防水卷材与普通建筑屋面工程用的防水卷材不同，它不仅需要产品防水性能符合使用要求，其产品的抗植物根穿刺性能也必须符合规定要求。否则，就不能保证种植屋面的正常使用与使用寿命。种植屋面用的防水卷材，国际上没有产品标准。欧洲仅有一个试验方法标准草案，即prEN 13948:2000《柔性防水卷材—沥青、塑料和橡胶屋面防水卷材—耐根穿刺性能的测定》。我国国内目前使用的种植屋面防水卷材，除从国外进口的部分产品通过欧洲标准或FLL协会标准检测外，大多数未进行卷材抗根穿刺性能的测定，而是根据各生产企业自己制定的企业标准检验产品质量，并根据多年积累的工程实践经验，设计与施工种植屋面。因此，制定《种植屋面用耐根穿刺防水卷材》行业标准，对于推广屋面绿化，保证种植屋面质量，美化城乡环境，改善人民的工作与居住质量具有重大意义。

2005年12月23日，标准负责起草单位在北京召开了第一次行业标准工作会议。参加会议的有行业协会、科研设计、质检机构、生产企业与施工部门等29个单位的34名代表。会上，与会代表交流了生产、设计、施工种植屋面用防水卷材的情况与经验，讨论了标准的内容，制定了工作方案与工作计划，协调了分工，安排了试验验证工作，并对标准起草小组的组成与经费筹集进行了磋商。2006年由中国化建公司苏州防水材料研究设计所和北京市建筑材料科学研究总院采集部分样品进行了试验验证。2006年7月底至8月上旬，由中国建筑防水材料工业协会组团，赴欧洲考察了种植屋面与抗根穿刺性能试验室。北京市园林科学研究所翻译了prEN 13948:2006最新版本。2007年1月初，在苏州召开了由标准负责起草单位与主要参加起草单位参加的工作会议，交流与总结了调研与试验验证情况，讨论了行业标准（征求意见稿）的编写原则与内容，安排了下一阶段的工作。会后，相关单位共同起草了《种植屋面用耐根穿刺防水卷材》行业标准（征求意见稿）与编制说明，发至全国建设与园林部门、设计、科研、施工单位、生产企业、质检机构等广泛征求意见。2007年5月29日在扬州召开了第二次标准工作会议，针对征求意见反馈和验证试验结果对标准征求意见稿进行修改，形成送审稿及有关文件，2007年8月20日在北戴河召开了标准审查会。

现对《种植屋面用耐根穿刺防水卷材》行业标准的编制内容作如下主要说明：

1 标准名称

标准负责起草单位上报时的标准名称为《绿色屋面系统用防水卷材》，国家发改委下达文件时的名称误改为《屋面用绿色防水卷材》，与原上报项目名称歧义很大。随后，标准负责起草单位建筑材料工业技术监督研究中心向国家发展和改革委员会工业司报告，要求更正下达计划中行业标准的名称，仍为《绿色屋面系统用防水卷材》。

在第一次行业标准工作会议上，根据约定俗成的原则，便于与相关的技术规程链接，会议代表建议将“绿色屋面系统”改为“种植屋面”。北美绿色屋面系统英文名称为“Green roof systems”，而我国制定的《种植屋面工程技术规程》行业标准将“种植屋面”翻译成英文“Planed roof system”。在本标准中，标准名称“种植屋面”英文仍采用“Green roof systems”，以便于国际交流。

因为种植屋面构造包括耐根穿刺防水卷材层与普通防水卷材层，本标准制定的对象为耐根穿刺防水卷材，因此决定标准名称定为《种植屋面用耐根穿刺防水卷材》。

2 范围

种植屋面结构设计中，一般要求设两道防水。为了防止植物根穿透防水层，第一道铺设耐根穿刺的防水卷材；第二道铺设普通防水卷材层。本标准的范围不包括种植屋面中使用的普通防水卷材。

本标准仅适用于种植屋面用具有耐根穿刺能力的防水卷材，即改性沥青类、橡胶类与塑料类三大类防水卷材，而不适用于不同类型卷材复合而成的系统。

3 分类

根据国际与国内种植屋面用耐根穿刺防水卷材的实际状况，将产品分为：

——改性沥青类(B)如改性沥青铜蒸汽处理聚酯毡防水卷材、改性沥青铜胎基防水卷材、聚乙烯胎改性沥青防水卷材、掺入阻根剂的改性沥青防水卷材等，改性沥青一般为SBS改性。

——塑料类(P)如聚氯乙烯(PVC)、多元聚烯烃(TPO)、乙烯、醋酸乙烯、沥青共混(ECB)、高密度聚乙烯(HDPE)、乙烯醋酸乙烯(EVA)防水卷材等。

——橡胶类(R)如三元乙丙防水卷材。

4 一般要求

环境保护和人类与生物的安全已成为全人类、全社会共同关注的重大话题。种植屋面用耐根穿刺卷材采用的原材料为石油沥青、橡胶、塑料、金属等，生产过程中应采取有效环保措施，防止有毒气体与有害物质外逸，污染周围空气、水质与土壤，实现工业废弃物的“零排放”。种植屋面铺设耐根穿刺防水卷材后，常年使用过程中要防止卷材中的有害物质与重金属扩散至土壤与水中，被植物吸收，进而影响植物生长并污染周围空气，并对人的居住与工作环境造成不良影响，危害人类与植物的健康与生存。为此，本标准提出了原则性要求：“产品的生产与使用不应对人体、生物与环境造成有害的影响，所涉及与使用有关的安全与环保要求，应符合我国相关国家标准和规范的规定”。

5 技术要求

5.1 厚度

根据国内外种植屋面工程积累的经验与技术资料，为保证耐根穿刺卷材的耐久性与种植屋面的使用寿命，改性沥青类防水卷材厚度不小于4.0 mm；塑料类、橡胶类防水卷材不小于1.2 mm，与种植屋面工程规范统一。

5.2 基本性能

改性沥青类防水卷材应符合相关国家或行业标准的最高要求，如 SBS 聚酯胎防水卷材应符合 GB 18242—2000《弹性体改性沥青防水卷材》的规定，采用Ⅱ型聚酯胎弹性体改性沥青防水卷材。

三元乙丙橡胶类防水卷材应符合 GB 18173.1—2006《高分子防水材料　第 1 部分　片材》三元乙丙橡胶片材的规定。

聚氯乙烯塑料类防水卷材应符合 GB 12952—2003《聚氯乙烯防水卷材》的规定Ⅱ型，HDPE、EVA 应符合 GB 18173.1—2006 的规定。

现在正在研究开发的新产品将来制定国家标准或行业标准后，凡符合本标准要求的亦可作为种植屋面用耐根穿刺的防水卷材。

5.3 应用性能

5.3.1　耐根穿刺性能按照附录 A《防水卷材耐根穿刺性能试验方法》进行，试验“通过”则该批防水卷材耐根穿性能合格。

5.3.2　考虑到种植屋面用的耐根穿刺防水卷材长期处于潮湿土壤环境中，可能发生霉变，胎体被霉菌腐蚀，为此规定了此项目。试验方法按照 GB/T 14686—1993《石油沥青玻璃纤维胎油毡》附录 A《油毡耐霉菌试验方法》进行。

5.3.3　耐根穿刺防水卷材的防水效果的好坏，还与卷材的尺寸变化率有关，若尺寸变化率不达标，会造成搭接处脱开，影响防水和耐根穿刺性能，有些产品标准已经作出规定，但变化率指标太大，不能满足种植屋面要求，有些产品标准没有规定尺寸变化率，因此需要评价卷材的尺寸变化率。

6 试验方法

6.1　厚度与基本性能按所属产品类别标准规定的试验方法测定。注意改性沥青砂面卷材在留边处测量厚度，带被衬的塑料和橡胶类卷材厚度也在留边处测量。基本性能中人工加速老化按相关标准的要求进行，如 GB 18242、GB 18243、GB 18967 规定卷材必须进行人工加速老化试验，GB 12952、GB 18173.1规定非外露使用不检测人工加速老化性能。但本标准规定，凡是用于种植屋面用耐根穿刺的防水卷材均必须进行人工气候加速老化试验，并符合相应国家标准或行业标准的要求。

6.2 应用性能

除耐根穿刺性按本标准附录 A 进行外，其余项目均按现行的国家标准规定的试验方法进行。有变动处，在标准条文中均加以说明。

7 检验规则

耐根穿刺试验是种植屋面用防水卷材最重要的性能测试项目。欧洲种植屋面用的防水卷材，至今没有统一的产品标准，但制定了 prEN 13948:2006《柔性防水卷材—沥青、塑料和橡胶屋面防水卷材—耐根穿刺性能的测定》试验方法标准，不论哪一类产品，只要通过该项性能测试，就可用于种植屋面上作耐根穿刺防水层；否则，就不能使用。

因此，耐根据穿刺性能测定是产品应用性能检验中最重要的项目。应用性能都属于型式检验。

8 产品使用有效期

建筑防水卷材产品标准中一般规定产品的贮存期，贮存期自生产之日起开始计。在正常贮存与运输条件下，贮存期为1年。在贮存期内，生产企业要保证卷材的各项性能仍符合标准规定。本标准中，要求规定产品的使用有效期，但未规定具体年限，这是因为考虑到不同产品性能不同，由各生产企业根据自己企业生产的产品类别与性能自行规定产品的使用有效期，但一定要在产品说明书与包装上明示。产品使用有效期自产品生产之日起开始计。

9 附录A 防水卷材耐根穿刺试验方法

附录A等效采用了prEN 19348:2006《柔性防水卷材—沥青、塑料和橡胶屋面防水卷材—耐根穿刺性能的测定》。在编写时，章、节、条款有所变动。

第4部分：相关行业标准及编制说明

ICS 91.120.30
Q 17
备案号:38942—2013

JC

中华人民共和国建材行业标准

JC/T 2112—2012

塑料防护排水板

Plastic board for drainage and protection

2012-12-28 发布　　　　2013-06-01 实施

中华人民共和国工业和信息化部　发布

前　言

本标准按照 GB/T 1.1—2009 给出的规则起草。

本标准由中国建筑材料联合会提出。

本标准由全国轻质与装饰装修建筑材料标准化技术委员会建筑防水材料分技术委员会(SAC/TC 195/SC 1)归口。

本标准负责起草单位：建筑材料工业技术监督研究中心、中国建筑材料科学研究总院苏州防水研究院、南京水利科学研究院、广东科顺化工实业有限公司。

本标准参加起草单位：中国建筑材料检验认证中心、北京金石联科工程技术有限公司、南通沪望塑料科技发展有限公司、北京东方雨虹防水技术股份有限公司、上海乐卫建材贸易有限公司、北京正菱科技发展有限公司、北京市建国伟业防水材料有限公司、上海凯迪科技实业公司、上海三彩科技发展有限公司。

本标准主要起草人：杨斌、朱志远、彭超、陈伟忠、杨明昌、陈斌、王新、穆金鹏、许小华、吴留成、戴光宇、李勇、邹新建、曾立敏、叶军、吴晓根、周明权。

本标准为首次发布。

塑料防护排水板

1 范围

本标准规定了塑料防护排水板(简称排水板)的分类和标记、一般要求、技术要求、试验方法、检验规则以及标志、包装、贮存和运输等。

本标准适用于以聚乙烯、聚丙烯等树脂为主要原材料，表面呈凹凸形状，用于种植屋面、地下建筑、隧道等工程的塑料防护排水板。

其他材质和用途的防护排水板也可参照本标准使用。

2 规范性引用文件

下列文件对于本文件的应用是必不可少的。凡是注日期的引用文件，仅注日期的版本适用于本文件。凡是不注日期的引用文件，其最新版本(包括所有的修改单)适用于本文件。

GB/T 328.9—2007 建筑防水卷材试验方法 第9部分：高分子防水卷材 拉伸性能

GB/T 1041 塑料 压缩性能的测定

SL/T 235—1999 土工合成材料测试规程

3 分类和标记

3.1 分类

排水板按表面是否覆盖过滤用无纺布分：不带无纺布排水板(N)、带无纺布排水板(F)。

3.2 规格

3.2.1 排水板厚度：0.50 mm、0.60 mm、0.70 mm、0.80 mm、1.00 mm。

注：厚度指排水板主材厚度，不含无纺布。

3.2.2 排水板凹凸高度：8 mm、12 mm、20 mm。

3.2.3 排水板宽度不小于1 000 mm。

3.2.4 其他规格可由供需双方商定。

3.3 标记

按产品名称、分类、厚度、凹凸高度、宽度、长度、主材与无纺布的单位面积质量和标准编号的顺序标记。

示例：带无纺布的、厚度0.70 mm、凹凸高度8 mm、宽度1 000 mm、长度20 m、主材单位面积质量800 g/m²、无纺布单位面积质量200 g/m²的排水板标记为：

排水板 F 0.70 8 1000×20 800/200 JC/T 2112—2012

4 一般要求

本标准所包括产品的生产与使用不应对人体、生物与环境造成有害的影响，所涉及与生产、使用有关的安全和环境要求应符合我国相关标准和规范的规定。

5 技术要求

5.1 规格尺寸

5.1.1 厚度、凹凸高度、宽度及长度

排水板厚度、凹凸高度、宽度、长度应不小于生产商明示值。板厚度应不小于 0.50 mm，凹凸高度应不小于 8 mm。

5.1.2 单位面积质量

排水板主材单位面积质量与无纺布单位面积质量应不小于生产商明示值。无纺布单位面积质量应不小于 200 g/m^2。

5.2 外观

5.2.1 排水板应边缘整齐，无裂纹、缺口、机械损伤等可见缺陷。

5.2.2 每卷板材接头不得超过一个。较短的一段长度应不少于 2 000 mm，接头处应剪切整齐，并加长 300 mm。

5.3 物理力学性能

排水板物理力学性能应符合表 1 的规定。

表1 排水板物理力学性能

序号	项 目			指 标
1	伸长率 10%时拉力/(N/100 mm)		≥	350
2	最大拉力/(N/100 mm)		≥	600
3	断裂伸长率/%		≥	25
4	撕裂性能/N		≥	100
5	压缩性能	压缩率为 20%时最大强度/kPa	≥	150
		极限压缩现象		无破裂
6	低温柔度			-10℃无裂纹
7	热老化(80℃，168 h)	伸长率 10%时拉力保持率/%	≥	80
		最大拉力保持率/%	≥	90
		断裂伸长率保持率/%	≥	70
		压缩率为 20%时最大强度保持率/%	≥	90
		极限压缩现象		无破裂
		低温柔度		-10℃无裂纹
8	纵向通水量(侧压力 150 kPa)/(cm^3/s)		≥	10

6 试验方法

6.1 试件制备

试样在(23±2)℃下放置24 h后进行裁取，所取每组试件沿排水板长度方向均匀分布。

试件尺寸与数量见表2。

表2 排水板试件尺寸与数量

序号	项目		尺寸(纵向×横向) mm	数量 个
1	拉伸性能		约(280×100)	纵横向各5
2	撕裂性能		约(200×100)	纵横向各5
3	压缩性能		约(100×100)	5
4	低温柔度		约(200×50)	5
5	热老化	拉伸性能	约(280×100)	纵横向各5
		压缩性能	约(100×100)	5
		低温柔度	约(200×50)	5
6	纵向通水量		300×150	2

6.2 厚度

测量厚度时，去除排水板表面覆盖的无纺布，用分度值为0.01 mm螺旋测微计(千分尺)测量，在排水板的平面两凹凸之间处测量，旋转到有两下“咔咔”声为止。在排水板长度方向每隔200 mm测量一点，共测量五点，以五点的平均值作为产品的厚度。

6.3 凹凸高度

试件采用正方形，边长约100mm，允许在小于一个凹凸的范围内增减宽度。将试件去除无纺布，放在光洁的平面，上面压一面积不小于试件尺寸的平板，施加0.2 g/mm^{2}的压力(包括平板质量)，然后用精度0.1 mm的量具测量排水板平面上与平板之间的高度。每个试件每边测量一点，共测量四点。测量三个试件，取算术平均值作为试验结果，修约到1 mm。

6.4 宽度、长度

用最小分度值为1 mm的尺在宽度与长度方向均匀分布测量三处，取三个测量值的平均值作为试验结果，精确到1 mm。

6.5 单位面积质量

取约2m长度的全幅宽试件，先称量整体质量(m)，再去除无纺布，称量去除无纺布排水板质量(m_1)，测量试件的长度(L)和宽度(B)。

排水板主材的单位面积质量按式(1)计算：

$$\rho_{主材}=\frac{m_1}{L\times B} \qquad (1)$$

式中：

$\rho_{主材}$——排水板主材单位面积质量，单位为克每平方米(g/m²)；

m_1——去除无纺布排水板质量，单位为克(g)；

L——测量的排水板长度，单位为米(m)；

B——测量的排水板宽度，单位为米(m)。

无纺布的单位面积质量按式(2)计算：

$$\rho_{无纺布}=\frac{m-m_1}{L\times B} \qquad (2)$$

式中：

$\rho_{无纺布}$——无纺布单位面积质量，单位为克每平方米(g/m²)；

m——含除无纺布排水板质量，单位为克(g)。

计算结果精确到 10 g/m²。

也可用整卷样品进行试验。

6.6 外观

目测观察。

6.7 拉伸性能

裁取试件时，试件的方向应能裁取完整的凹凸的宽度与长度，从凹凸形状的中间裁切试件，允许与样品的纵横向偏离。对于F类产品，试验时将无纺布揭去。

按GB/T 328.9—2007中A法进行试验，夹具间距200 mm，试件宽度100 mm，允许在小于一个凹凸宽度的范围内增减宽度。记录伸长率10%时拉力(N/100 mm)和最大拉力(N/100 mm)，若延伸率小于10%试件已破坏，记录试件破坏时拉力作为伸长率10%时拉力。记录试件出现孔洞、裂口时的伸长率(%)作为断裂伸长率，分别取纵向和横向五个试件的平均值。

6.8 撕裂性能

按图1裁取试件，宽度取四个完整的凹凸，割口位于试样宽度中心线上，其深度为四个完整的凹凸，长度约100 mm。将试件割口处的两边分别夹在试验机上，拉伸速度100 mm/min，记录最大力(N)，分别取纵向和横向五个试件的平均值。对于F类产品，夹持时将无纺布揭去。

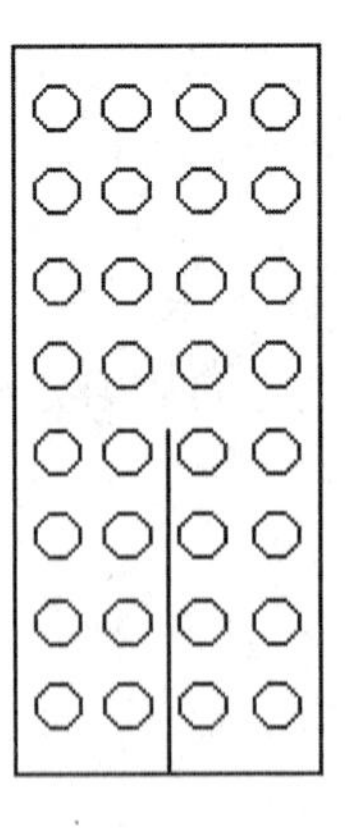

图1　撕裂强度试件

6.9 压缩性能

按GB/T 1041进行，试件采用正方形，边长约100 mm，从凹凸形状的中间裁切试件，允许在小于一个凹凸形状的范围内增减宽度。压缩速度为2 mm/min，记录压缩率为20%范围内的最大压缩负荷，继续将试件压缩到应力陡升，观察并记录试件是否破裂，作为极限压缩现象。

6.10 低温柔度

试件尺寸允许在小于一个凹凸形状的范围内增减宽度和长度，在-10℃放置2 h后，绕直径30 mm弯曲轴，3s弯曲180°，取纵向五个试件，凹凸高出部位朝上，凹口作为下表面，绕轴弯曲。五个试件中至少四个试件无裂纹认为试验通过。

6.11 热老化

将试件在(80±2)℃水平放置处理168 h后，取出在(23±2)℃放置4 h后试验。按6.7测定拉伸性能，计算拉伸性能保持率。按6.9测定压缩性能，计算压缩强度保持率。按6.10测定低温柔度。

6.12 纵向通水量

试件随机抽取。从板上切取试件宽度150 mm，深度(长度)300 mm。N类产品在试件的上表面加一相同尺寸的，单位面积质量为(200±15)g/m^{2}的聚酯无纺布。试件平面承受的侧压为150 kPa，试验时两端水头的水位差为300 mm。按SL/T 235—1999进行试验，记录渗流15 min时的渗水量，试验结果表示为立方厘米每秒(cm^3/s)，取两次测定的平均值作为试验结果。当排水板凹凸高度超过8 mm，受试验设备的限制时，允许取凹凸高度8 mm、同样厚度、同样材质、相似形状的排水板试件进行试验。若试验通过，则可判定同样材质、凹凸高度大于8 mm的排水板纵向通水量亦符合标准，试验结果报告为8 mm高度排水板的纵向通水量。

7 检验规则

7.1 检验分类

按检验类型分为出厂检验和型式检验。

7.1.1 出厂检验

出厂检验项目包括：外观、厚度、凹凸高度、宽度、长度、主材和无纺布单位面积质量、伸长率10%时拉力、最大拉力、断裂伸长率、压缩性能、低温柔度。

7.1.2 型式检验

型式检验项目包括第5章的全部要求。在下列情况下进行型式检验：

a) 新产品投产或产品定型鉴定时；
b) 正常生产时，每年进行一次；
c) 原材料、工艺等发生较大变化，可能影响产品质量时；
d) 出厂检验结果与上次型式检验结果有较大差异时；
e) 产品停产六个月以上恢复生产时。

7.2 组批

以同一类型、同一规格10 000 m^{2}为一批，不足10 000 m^{2}亦可作为一批。

7.3 抽样

在每批产品中随机抽取五卷进行外观、规格尺寸检查。

在上述检查合格后，从中随机抽取一卷取至少2 m长的全幅宽试样进行物理力学性能试验。

7.4 判定规则

7.4.1 厚度、凹凸高度、宽度、长度、单位面积质量、外观

外观、厚度、凹凸高度、宽度、长度、主材和无纺布单位面积质量均符合5.1、5.2规定时，判其上述项目合格。若其中有两项试验结果不符合标准规定，则判该批产品不合格；若其中有一项试验结果不符合标准规定，对不合格的项，允许在该批产品中再随机抽五卷重新检验。若该项试验结果达到标准规定，则判该批产品合格；否则，判该批产品不合格。

7.4.2 物理力学性能

物理力学性能的试验结果均符合5.3的规定，则判该批产品物理力学性能合格。若有两项性能试验结果不符合标准规定，则判该批产品不合格；若其中仅有一项不符合标准规定，允许在该批产品中随机另取一卷进行单项复验。若该项符合标准规定，则判该批产品物理力学性能合格；否则，判该批产品不合格。

7.4.3 总判定

试验结果符合标准第5章全部要求时判该批产品合格。

8 标志、包装、贮存和运输

8.1 标志

产品外包装上应包括：

a) 生产商名称、地址；
b) 商标；
c) 产品标记；
d) 生产日期或批号；
e) 贮存和运输注意事项；
f) 检验合格标识。

8.2 包装

产品采用适于运输和贮存的方式包装。

8.3 运输

运输时应防止倾斜或侧压，必要时加盖苫布。

8.4 贮存

8.4.1 贮存时，不同类型、规格的产品应分别立放，不应混杂。

8.4.2 避免日晒雨淋，注意通风。贮存温度不应高于45℃。

8.4.3 在正常贮存条件下，贮存期自生产之日起至少为一年。

ICS 91.120.30
Q 17
备案号:48682—2015

JC

中华人民共和国建材行业标准

JC/T 2289—2014

聚苯乙烯防护排水板

Polystyrene board for drainage and protection

2014-12-24 发布 2015-06-01 实施

中华人民共和国工业和信息化部 发布

前　　言

本标准按照GB/T 1.1—2009给出的规则起草。

本标准由中国建筑材料联合会提出。

本标准由全国轻质与装饰装修建筑材料标准化技术委员会建筑防水材料分技术委员会(SAC/TC 195/SC 1)归口。

本标准负责起草单位：建筑材料工业技术监督研究中心、中国建材检验认证集团苏州有限公司、南通沪望塑料科技发展有限公司。

本标准参加起草单位：上海勘测设计研究院、中国建材检验认证集团股份有限公司、郑州三合防水材料有限公司。

本标准主要起草人：杨斌、朱志远、许小华、陈斌、张鹏程、彭超、吴晓根、杨育清、高金峰、林良。

本标准为首次发布。

聚苯乙烯防护排水板

1 范围

本标准规定了聚苯乙烯防护排水板(简称PS排水板)的分类、规格和标记、一般要求、技术要求、试验方法、检验规则以及标志、包装、运输和贮存等。

本标准适用于以聚苯乙烯树脂为主要原材料，表面呈凹凸形状的防护排水板。

2 规范性引用文件

下列文件对于本文件的应用是必不可少的。凡是注日期的引用文件，仅注日期的版本适用于本文件。凡是不注日期的引用文件，其最新版本(包括所有的修改单)适用于本文件。

GB/T 328.9—2007 建筑防水卷材试验方法 第9部分：高分子防水卷材 拉伸性能

GB/T 1041 塑料 压缩性能的测定

GB/T 17633—1998 土工布及其有关产品 平面内水流量的测定

3 分类、规格和标记

3.1 分类

排水板按表面是否覆盖过滤用无纺布分：不带无纺布排水板(N)、带无纺布排水板(F)。

3.2 规格

3.2.1 排水板厚度：最小膜厚度不小于0.50 mm。

注：厚度指排水板主材厚度，不含无纺布。

3.2.2 排水板凹凸高度：10 mm、15 mm、20 mm。

3.2.3 排水板宽度不小于1 000 mm。

3.2.4 其他规格可由供需双方商定。

3.3 标记

按产品名称、标准编号、分类、厚度、凹凸高度、宽度、长度、主材和无纺布的单位面积质量的顺序标记。

示例：带无纺布的、厚度0.70 mm、凹凸高度15 mm、宽度1 000 mm、长度20 m、主材单位面积质量800 g/m²、无纺布单位面积质量200 g/m²的排水板标记为：

PS排水板 JC/T 2289—2014 F 0.70 15 1000×20 800/200

4 一般要求

本标准所包括产品的生产与使用不应对人体、生物与环境造成有害的影响，所涉及与生产、使用有关的安全和环境要求应符合我国相关标准和规范的规定。

5 技术要求

5.1 规格尺寸

5.1.1 厚度、凹凸高度、宽度及长度

排水板厚度、凹凸高度、宽度、长度应不小于生产商明示值。排水板厚度应不小于 0.50 mm，凹凸高度应不小于 10 mm。

5.1.2 单位面积质量

排水板主材单位面积质量与无纺布单位面积质量应不小于生产商明示值。无纺布单位面积质量应不小于 200 g/m²。

5.2 外观

5.2.1 排水板应边缘整齐，无裂纹、缺口、机械损伤等可见缺陷。
5.2.2 每卷板材接头不得超过一个。较短的一段长度应不少于 2 000 mm，接头处应剪切整齐，并加长 300 mm。

5.3 物理力学性能

排水板物理力学性能应符合表 1 的规定。

表1 排水板物理力学性能

序号	项 目		指 标
1	最大拉力/(N/100 mm)		≥300
2	断裂伸长率/%		≥3.0
3	撕裂性能/N		≥30
4	压缩率为 10%内的最大强度/kPa		≥150
5	低温柔性		-5℃无裂口
6	热老化(80℃,168h)	最大拉力保持率/%	≥80
		压缩率为 10%内最大强度保持率/%	≥90
		低温柔性	-5℃无裂口
7	单宽流量(150 kPa, 水力梯度 0.1)/[L/(s·m)]		≥0.300

6 试验方法

6.1 试件制备

试样在(23±2)℃下放置 24 h 后进行裁取，所取每组试件沿排水板长度方向均匀分布。
试件尺寸与数量见表 2。

表2　排水板试件尺寸与数量

序号	项　目		尺寸(纵向×横向) mm	数　量 个
1	拉伸性能		约(280×100)	纵横向各5
2	撕裂性能		约(200×100)	纵横向各5
3	压缩性能		约(200×200)	5
4	低温柔性		约(200×50)	5
5	热老化	最大拉力	约(280×100)	纵横向各5
		压缩性能	约(100×100)	5
		低温柔性	约(200×50)	5
6	单宽流量		至少(300×200)	2

6.2　规格尺寸

6.2.1　厚度

测量厚度时，去除排水板表面覆盖的无纺布，用分度值为0.01mm螺旋测微计(千分尺)测量，在排水板的平面两凹凸之间处测量，旋转到有两下“咔咔”声为止。在排水板长度方向每隔200 mm测量一点，共测量五点，以五点的平均值作为试验结果，修约到0.01 mm。

6.2.2　凹凸高度

试件采用正方形，边长约100mm，允许在小于一个凹凸的范围内增减宽度。将试件去除无纺布，放在光洁的平面，上面压一面积不小于试件尺寸的平板，施加2kPa的压力(包括平板质量)，然后用精度0.1mm的量具测量排水板平面上与平板之间的高度。每个试件每边测量一点，共测量四点。测量三个试件，取算术平均值作为试验结果，修约到1 mm。

6.2.3　宽度、长度

用最小分度值为1 mm的尺在宽度与长度方向均匀分布测量三处，取三个测量值的平均值作为试验结果，修约到1 mm。

6.2.4　单位面积质量

取约1 m长度的全幅宽试样，先称量整体质量(m)，再去除无纺布，称量质量(m_1)，测量试样的长度(L)和宽度(B)。

排水板主材的单位面积质量按式(1)计算：

$$\rho_{主材}=\frac{m_1}{L\times B} \quad \cdots\cdots (1)$$

式中：

$\rho_{主材}$——排水板主材单位面积质量，单位为克每平方米(g/m^2)；

m_1——去除无纺布排水板质量，单位为克(g)；

L——称量的排水板长度，单位为米(m)；

B——称量的排水板宽度，单位为米(m)。

无纺布的单位面积质量按式(2)计算：

$$\rho_{无纺布}=\frac{m-m_1}{L\times B}\cdots\cdots\cdots\cdots(2)$$

式中：

$\rho_{无纺布}$——无纺布单位面积质量，单位为克每平方米(g/m²)；

m——含无纺布排水板质量，单位为克(g)。

计算结果精确到 10 g/m²。

也可用整卷样品进行试验。

6.3 外观

目测观察。

6.4 拉伸性能

裁取试件时，试件的方向应能裁取完整的凹凸的宽度与长度，试件宽度不小于 100mm，试件允许在小于一个凹凸形状的范围内增加宽度。从凹凸形状的中间裁切试件，允许与样品的纵横向偏离。对于 F 类产品，试验时将无纺布揭去。

按 GB/T 328.9—2007 中 A 法进行试验，夹具间距 200mm，夹具可采用 Ω 形卡口式，避免夹碎试件，试件宽度 100mm，允许在小于一个凹凸宽度的范围内增减宽度。记录最大拉力(N/100mm)和断裂伸长率。分别取纵向和横向五个试件的平均值。

6.5 撕裂性能

按图 1 裁取试件，宽度取四个完整的凹凸，割口位于试样宽度中心线上，其深度为四个完整的凹凸，长度约 100 mm。将试件割口处的两边分别夹在试验机上，拉伸速度 100 mm/min，记录最大力(*N*)，分别取纵向和横向五个试件的平均值。对于 F 类产品，夹持时将无纺布揭去。

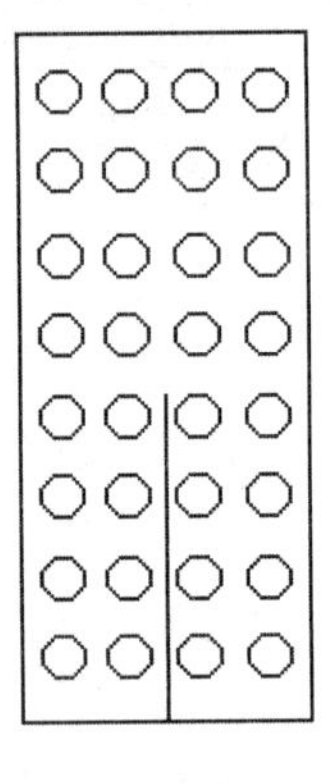

图1 撕裂强度试件

6.6 压缩性能

按 GB/T 1041 进行，试件采用正方形，边长不小于 100mm，每边的凹凸不少于六个，从凹凸形状的中间裁切试件，允许在小于一个凹凸形状的范围内增减宽度。压缩速度为 2 mm/min，记录压缩率为 10%范围内的最大压缩负荷。

6.7 低温柔性

试件尺寸允许在小于一个凹凸形状的范围内增减宽度和长度，在-5℃放置 2 h 后，绕直径 30 mm 弯曲轴，3 s 弯曲 180°，取纵向五个试件，凸出部位朝上，凹口作为下表面，绕轴弯曲。五个试件中至少四个试件无裂口认为试验通过。

6.8 热老化

将试件在(80±2)℃水平放置处理168 h后，取出在(23±2)℃放置4 h后试验。按6.4测定拉伸性能，计算最大拉力保持率。按6.6测定压缩性能，计算压缩强度保持率。按6.7测定低温柔性。

6.9 单宽流量

试件随机抽取，试件长度(水流动方向)至少300 mm，宽度至少200 mm，取两组试件。N类产品在试件的凹凸面覆加相同尺寸的，单位面积质量为(200±15)g/m²的聚酯无纺布。按GB/T 17633—1998进行试验，试验的法向压力为150 kPa，水力梯度0.1，接触面材料为闭孔泡沫橡胶，在渗流15 min后测量渗水量。按式(3)计算试件在20℃的单宽流量，取两个测量值的平均值作为试验结果，保留三位有效数字。

$$q_{压力/水力梯度} = \frac{R_T \cdot V}{W \cdot t} \quad \cdots\cdots (3)$$

式中：

$q_{压力/水力梯度}$——试件在一定压力与水力梯度下20℃时单宽流量，单位为升每秒每米[L/(s·m)]；

R_T——水温修正系数，参见附录A；

V——渗水量，单位为升(L)；

W——试件宽度，单位为米(m)；

t——渗水量V的时间，单位为秒(s)。

对试验中采用的法向压力、水力梯度及接触面材料有其他要求及规定的，应在试验结果中予以注明。

7 检验规则

7.1 检验分类

7.1.1 检验类型

按检验类型分为出厂检验和型式检验。

7.1.2 出厂检验

出厂检验项目包括：规格尺寸(外观、厚度、凹凸高度、宽度、长度、主材和无纺布单位面积质量)、最大拉力、断裂伸长率、压缩性能和低温柔性。

7.1.3 型式检验

型式检验项目包括第5章的全部要求。在下列情况下进行型式检验：

a) 新产品投产或产品定型鉴定时；
b) 正常生产时，每年进行一次；
c) 原材料、工艺等发生较大变化，可能影响产品质量时；
d) 出厂检验结果与上次型式检验结果有较大差异时；
e) 产品停产六个月以上恢复生产时。

7.2 组批

以同一类型、同一规格10 000 m²为一批，不足10 000 m²亦可作为一批。

7.3 抽样

在每批产品中随机抽取五卷进行外观、规格尺寸检查。

在上述检查合格后，从中随机抽取一卷取至少 2 m 长的全幅宽试样进行物理力学性能试验。

7.4 判定规则

7.4.1 规格尺寸

规格尺寸(厚度、凹凸高度、宽度、长度、主材和无纺布单位面积质量)和外观均符合 5.1、5.2 规定时，判其上述项目合格。若其中有两项试验结果不符合标准规定，则判该批产品不合格；若其中有一项试验结果不符合标准规定，对不合格的项，允许在该批产品中再随机抽五卷重新检验。若该项试验结果达到标准规定，则判该批产品合格；否则，判该批产品不合格。

7.4.2 物理力学性能

物理力学性能的试验结果均符合 5.3 的规定，则判该批产品物理力学性能合格。若有两项性能试验结果不符合标准规定，则判该批产品不合格；若其中仅有一项不符合标准规定，允许在该批产品中随机另取一卷进行单项复验。若该项符合标准规定，则判该批产品物理力学性能合格；否则，判该批产品不合格。

7.4.3 总判定

试验结果符合标准第 5 章全部要求时判该批产品合格。

8 标志、包装、运输和贮存

8.1 标志

产品外包装上应包括：

——生产商名称、地址；

——商标；

——产品标记；

——生产日期或批号；

——贮存和运输注意事项；

——检验合格标识。

8.2 包装

产品采用适于运输和贮存的方式包装。

8.3 运输

运输时应防止倾斜或侧压，必要时加盖苫布。

8.4 贮存

8.4.1 贮存时，不同类型、规格的产品应分别立放，不应混杂。

8.4.2 避免日晒雨淋，注意通风。贮存温度不应高于 45℃。

在正常贮存条件下，贮存期自生产之日起至少为一年。

附 录 A
（资料性附录）
水温修正系数 R_T 的确定

水温修正系数 R_T 按式(A.1)确定：

$$R_T = \frac{\eta_T}{\eta_{20}} = \frac{1.763}{1+0.0337T+0.00022T^2} \quad \cdots\cdots\cdots\cdots (A.1)$$

$$\eta_T = \frac{1.78}{1+0.337T+0.00022T^2}$$

式中：

R_T——修正到 20℃的修正系数；

η_T——T℃的动态粘滞系数，单位为毫帕秒(mPa·s)；

T——水温，单位为摄氏度(℃)；

η_{20}——20℃的动态粘滞系数，单位为毫帕秒(mPa·s)。

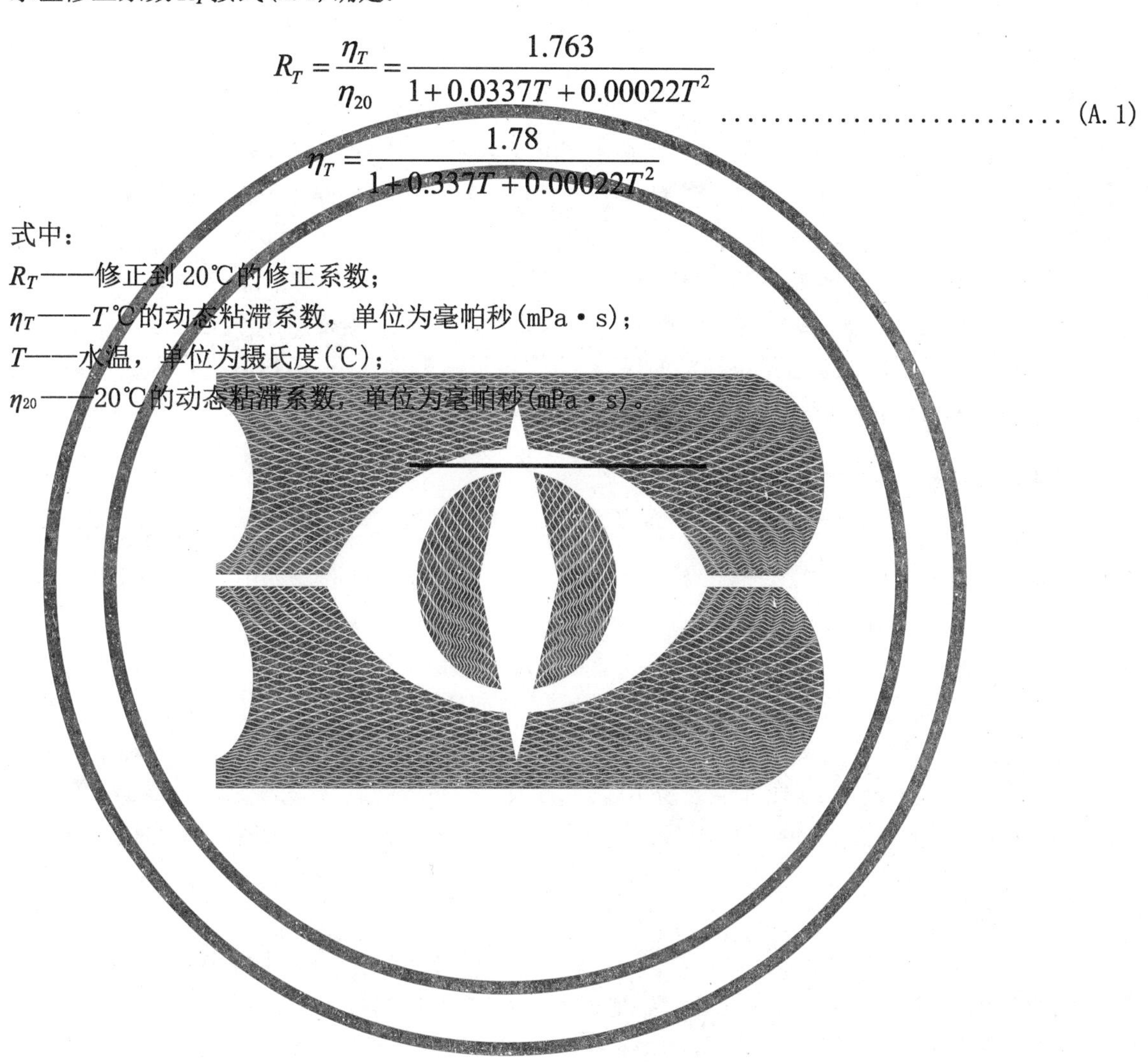

《塑料防护排水板》行业标准编制说明

1 工作简况

1.1 任务来源

根据国家发改委办公厅改办工业〔2006〕1093号《关于印发2006年行业标准项目计划的通知》，下达了《防水工程用排水板》行业标准计划，该项目由建筑材料工业技术监督研究中心、中国建筑材料科学研究院苏州防水研究院（原中国化学建筑材料公司苏州防水材料研究设计所）、南京水利科学研究院负责组织有关生产企业、质检机构、科研院所等参加起草。

在起草工作中，发现排水板有塑料和橡胶材质，差异很大，塑料类的有聚乙烯、聚丙烯和聚苯乙烯产品，聚苯乙烯主要采用聚苯乙烯泡沫回收料生产，产品使用寿命短，主要用于土工沉降。排水板除排水功能外，还有一个重要功能是对维护结构的保护，为此将标准名称改为《塑料防护排水板》，涵盖以聚乙烯、聚丙烯为主要材料，表面呈凹凸形状的塑料防护排水板。

1.2 主要工作过程

2006年9月22日在广东省佛山市顺德召开了第一次标准工作会议，来自全国的相关科研机构、质检机构、生产企业等18家单位20名代表参加了会议。会上交流了生产、使用排水板的情况与经验，讨论了标准的范围、产品分类、技术要求和试验方法等内容，安排了下一阶段标准的调研与试验验证工作，制定了工作计划，明确了分工。会议决定标准计划的制定与协调由建筑材料工业技术监督研究中心负责，标准验证试验工作由中国建筑材料检验认证中心、苏州防水材料研究设计所负责。

2007年～2009年，标准负责起草单位进行了标准的调研工作，收集了国内外产品标准与相关的技术资料，验证试验单位收集了国内外主要生产企业的试验样品，进行了第一阶段验证试验工作。针对排水板纵向通水量测试中存在的问题，广东科顺化工实业有限公司进行了仪器的改进与试制工作。在2008年年中与年末分别在北京与广东佛山市召开了两次小型工作协调会，讨论研究了标准制定工作中的问题，并安排了补充试验。

2009年8月23日在北京召开《防水工程用排水板》行业标准第二次工作会议。10家生产企业、科研院所、质检机构的13名代表参加了会议。根据上一阶段的试验验证，并参考了有关国外技术资料，决定将《防水工程用排水板》行业标准分为两个标准起草，即《塑料防护排水板》与《排水带》（另行申报计划制定）。会上讨论了《塑料防护排水板》行业标准征求意见稿（讨论稿），提出修改意见，形成征求意见稿（草案）。安排下一阶段工作，进行补充试验。

2010年6月在前期工作的基础上，提出了标准的征求意见稿与编制说明，向全国有关生产企业、使用单位、质检机构、科研院所等广泛征求意见。然后于2010年9月2日在北京召开了编制组第三次工作会议，统一了意见处理结论，确定了标准的送审稿。

2010年10月19日在北京，由全国轻质与装饰装修建筑材料标准化技术委员会主持，来自标准化主管部门、生产企业、科研院所、使用单位与质检机构的22名代表参加了标准审查会，一致通过了修改后的标准送审稿。

2 标准编制原则和主要内容

2.1 标准编制原则

本标准的编制原则是依据GB/T 1.1—2009给出的原则、严格按工信部〔2009〕87号文件相关要求和有关标准、政策法规进行编制的。制定本标准时充分考虑到满足我国的技术发展和生产需要，充分体现行业进步和发展趋势，符合国家产业政策，推动行业技术水平提高。标准文本格式、条款主要是根据GB/T 1.1—2009《标准化工作导则　第1部分：标准的结构和编写规则》进行编制，本标准的主要内容是对《塑料防护排水板》用于种植屋面、地下工程等排水用途的产品性能提出要求。规定了该产品的范围、分类、一般要求、技术要求、试验方法、检验规则以及标志、包装、运输及贮存等内容。

2.2 制定的理由和目的

标准所规定的塑料防护排水板主要指用聚乙烯、聚丙烯等材料制成的表面为凹凸形状，具有纵向通水性，使用时表面覆或不覆有聚酯、丙纶、维纶等无纺布过滤层，用于排水、防护，有部分蓄水功能的材料。

塑料防护排水板的主要功能：

a） 导水排水性。排水板表面具有凹凸中空的凹凸结构，可以快速有效将雨水或其他积水导出，减少甚至消除防水层的静水压，这种自动排水可以提高工程的防水性能，延长工程使用寿命。

b） 防水性能。塑料防护排水板材料本身就是一种很好的防水材料。采用可靠的搭接方式，可使排水板成为一种很好的辅助防水层。

c） 耐根穿刺性能。塑料防护排水板材料具有耐植物根穿刺性能，用于种植屋面，既可排水，又可提高屋面耐植物根穿刺的性能。

d） 防护性能。塑料防护排水板可以抵御土壤中酸碱的侵蚀，保护建筑物及其防水层。在地下工程回填土时，可以保护建筑物及其防水层免遭破坏。

e） 隔音及通风防潮性能。实验室试验表明：高密度聚乙烯（HDPD）排水板，可有效降低室内14 dB、500 Hz的噪声，有明显的降噪效应。排水板用于地面或墙面，可以发挥其防潮作用。

塑料防护排水板的用途：

a） 屋顶花园与地下车库顶板；

b） 地下建筑顶板、侧墙和底板；

c） 地下室防水与防水维修；

d） 隧道；

e） 垃圾填埋场等。

目前，国内有交通部制定颁布的JT/T 521—2004《公路工程土工合成材料 塑料排水板（带）》行业标准，主要用于水运、港口、铁路、水利、公路等土工工程。本标准产品主要用于种植屋面和地下工程等排水防护。排水板用于地下工程回填土时的防护、垃圾填埋场排水等方面，在种植屋面中能将种植土层中多余的水排出，防止植物烂根，同时避免种植土的流失。排水板在工程应用中所承受的侧压力不大，如种植屋面，其上的种植土深度一般不超过2 m，种植土密度一般不超过1 500 kg/m³，植物荷载不超过300 kg/m²，计算其压力为33 kPa，远低于公路、水利等土工工程应用需求。同时用于种植屋面其屋面的排水量并不大，并且当有暴雨时也可以从表面排水，因此对排水量的要求不高。但由于种植屋面使用年限要求高，一般不得少于15年，因此排水板的耐久性要求要比普通土工工程应用高，一些回收料生产的排水板是不能满足要求的。此外需要满足施工应用的机械破坏，对材料的拉伸性能、撕裂性能、低温柔性等都需要满足一定的要求。

目前国内地下工程与种植屋面用的排水板生产企业有近20家，主要采用表面凹凸形状的塑料排水板,此外也有采用橡胶排水板的,或采用具有排水功能的方便面网状材料、凸台格栅。国外使用情况和国内差不多,应用比国内早,有些产品在国内也有销售。目前国内没有适用于种植屋面与地下防水工程等的统一的排水板产品标准与试验方法。国内企业生产产品时有些按照土工工程的要求,有些采用自订企业标准,标准规定各不相同,影响产品的推广使用,需要制定统一的产品与试验方法标准。

3 标准编制情况和主要试验(或验证)情况分析

3.1 标准范围和分类

标准制定内容首先是产品的范围,本标准的产品应用领域是种植屋面、地下工程防水等防护方面。为了保证耐久性,采用的材料主要是聚乙烯和聚丙烯塑料,材料的外形是凹凸形状的成卷排水板。产品分类,考虑到工程应用,主要有两种,一种是已经在工厂与无纺布复合,一种是不含无纺布,在工程施工时,另外铺设无纺布。目前市场上用于种植屋面的排水板厚度主要为:0.50 mm、0.60 mm、0.70 mm、0.80 mm、1.00 mm。作为排水板凹凸的总高度会影响排水量,但也不是越高越好,引进的国外产品凹凸高度为 8 mm。本标准规定为:8 mm、12 mm、20 mm,其他规格由供需双方商定。若凹凸高度太高,抗压强度降低,排水量不会增加反而会下降。对于排水板,其宽度不小于 1 000 mm,便于与排水带区别。根据 JGJ 155《种植屋面防水工程技术规程》的要求,上面的过滤无纺布的单位面积质量为 200 g/m^2～400 g/m^2,因此本标准规定不小于 200 g/m^2,其他规格可由供需双方商定。由于规定了最小厚度,没有再规定单位面积质量,但需要企业在标记中明示。

3.2 标准试验项目和指标

为了防止产品在生产过程采用或掺入太多的回收废塑料对环境造成有害的影响,本标准规定了一般要求,企业有责任使产品在生产与使用过程中符合我国安全和环保标准的要求。

本标准技术要求中试验项目的设定,主要考虑到相应的工程应用,种植屋面中的排水保护功能,如压缩性能(抗压强度),用于种植屋面时,其上的种植土深度一般不超过 2 m,种植土密度一般不超过 1 500 kg/m^3,植物荷载不超过 300 kg/m^2,计算其压力为 33 kPa,远低于公路、水利等土工工程应用。在车库顶板种植方面,虽然会由于施工机械的原因造成排水板被压瘪,但此时排水板的排水功能并不重要,因为没有排水沟,主要靠土壤排水,当然排水板即使压到底也有一定排水功能,此时排水板主要起防护作用,为此标准规定抗压强度不小于 150 kPa,绝大部分试验样品满足该要求。为了防止采用大量的回收料,规定试件压缩到底是否破裂。由于需要排水,有纵向通水量要求,根据前面的压缩要求,纵向通水量的侧压力也规定为 150 kPa。种植屋面的排水量要求并不高,水大时可以从表面排水,因此根据试验验证情况定为 10 cm^3/s,样品都满足要求(见表 1)。为了满足产品施工使用的需要,需要有拉伸性能和撕裂性能。拉伸性能规定了伸长率 10%时的拉力、最大拉力、断裂伸长率项目。具体指标根据验证试验规定伸长率 10%时拉力不小于 350 N/100 mm,最大拉力不小于 600 N/100 mm,断裂伸长率不小于 25%。其中样品伸长率 10%时拉力都满足要求,有些样品的横向最大拉力不能达到,断裂伸长率部分样品横向不到 25%。撕裂强度根据验证试验要求规定为不小于 100 N,个别样品不满足要求。为了防止产品的脆裂规定了低温柔度项目,根据验证试验确定为 −10 ℃,样品都满足要求。为了保证产品的耐久性规定了热老化项目,热老化对产品性能影响较大的有拉伸性能保持率、压缩性能保持率和低温柔度,验证试验除了断裂伸长率保持率,其他项目都符合标准要求。

表 1　纵向通水量试验结果(侧压力 150 kPa)

试样编号	纵向通水量/(cm^3/s)	试样编号	纵向通水量/(cm^3/s)
A1	16.2	C	15.1
A2	15.9	D	16.0
B1	12.8	—	—
B2	13.6	—	—

3.3　试验方法和验证试验情况

试验方法尽量采用现行国家标准与行业标准规定的方法,以使试验结果具有可比性,同时针对排水板的特殊性进行适当调整。拉伸性能采用 GB/T 328.9—2007《建筑防水卷材试验方法　第 9 部分:高分子防水卷材　拉伸性能》中 A 法的矩形试件进行试验,夹具间距 200 mm,考虑到排水板的凹凸有大有小,只有采用完整的凹凸才能使试验结果的准确,因此规定试件宽度 100 mm,允许在小于一个凹凸的范围内增减宽度。由于试件宽,在拉伸过程中有可能试件没有断裂,但中间出现孔洞、裂口,引起功能的丧失,因此断裂伸长率规定记录出现裂口、孔洞时的伸长率为试验结果。撕裂强度以 4 个完整凹凸为试件宽度,采用裤型法试验,速度采用与拉伸性能相同的100 mm/min。压缩性能主要是为了保证压缩时有一定的排水能力,因此与纵向排水量综合考虑,以 20% 的压缩强度表示,根据试验由于排水板的高度不大,避免速度的冲击影响,采用 2 mm/min 速度。纵向通水量按 SL/T 235《土工合成材料测试规程》进行试验,记录渗流 15 min 时的渗水量,试验结果单位为 cm^3/s。试件平面承受的侧压为 150 kPa(根据压缩强度要求)。因为种植屋面与地下工程等的水头差较小,因此试验时两端水头的水位差采用 300 mm。需要注意的是目前许多试验设备对凹凸的高度有要求,通常为 8 mm,太高的凹凸无法装入设备,可以采用相同材质相同厚度的 8 mm 高度试样进行试验。由于凹凸高度越高排水量越大,若 8 mm 凹凸符合要求,则相同材质更高凹凸的排水板也符合要求。低温柔度采用弯曲轴试验,但考虑到排水板的形状,凹凸口朝外很难准确弯曲,并且此时相对的半径变大很多,不易开裂,因此只要求凹凸口朝向弯曲轴进行试验,温度条件采用 −10 ℃。热老化反映了产品的耐久性,一般高分子材料采用 80 ℃,试验时间为 168 h,然后测定其相关性能。

4　标准中所涉及的专利

通过资料查询、网上征询和征求意见阶段的反馈意见,直至目前没有产生标准内容有关专利所属权的请求,故本标准不涉及相关专利与知识产权。

5　产业化情况、经济效益分析

该产品在国家大力推广的种植屋面与防水工程中广泛使用,在国内已经形成一定的产业规模,国内生产该产品年总产量约 200 万 m^2,产值约 3 000 万元,按 GB/T 3533.1—2009《标准化经济效果评价原则和计算方法》附录 C 给出的计算公式初步计算,本标准发布应用以后,能产生约 700 万元的年社会经济效益。并对提高本行业的产品质量具有较大的指导和规范作用,也将为检测和仲裁提供科学的依据,从而产生巨大的经济效益。

6 采用国际标准和国外先进标准情况

目前没有收集到相关的国际标准和国外先进标准，验证试验收集了国外公司的样品和国外公司的产品说明书，国外公司产品说明书中的指标见表2。国内企业的企业标准与产品说明书中的指标见表3。

表2 国外产品指标

<table>
<tr><th rowspan="2">序号</th><th rowspan="2">项目</th><th rowspan="2">意大利
德高瓦</th><th rowspan="2">法国
永德宁</th><th colspan="4">匈牙利马斯特普拉斯特</th></tr>
<tr><th>TP8</th><th>TP20</th><th>TP8GEO</th><th>TP8GEO-TEO</th></tr>
<tr><td>1</td><td>长度/m</td><td>20</td><td>20</td><td>20</td><td>20</td><td>15</td><td>15</td></tr>
<tr><td>2</td><td>宽度/m</td><td>1.98</td><td>—</td><td>0.5～3.0</td><td>1.9</td><td>2.0</td><td>—</td></tr>
<tr><td>3</td><td>厚度/mm</td><td>—</td><td>0.5</td><td>—</td><td>—</td><td>—</td><td>—</td></tr>
<tr><td>4</td><td>凹凸薄膜厚度/mm</td><td>8</td><td>8</td><td>8</td><td>8</td><td>8</td><td>8</td></tr>
<tr><td>5</td><td>单位面积质量/(g/m²)</td><td>600</td><td>500</td><td>550</td><td>1 000</td><td>550</td><td>700</td></tr>
<tr><td>6</td><td>最大拉力/(N/100 mm)</td><td>800</td><td>—</td><td>—</td><td>—</td><td>—</td><td>—</td></tr>
<tr><td>7</td><td>断裂伸长率/%</td><td>25</td><td>—</td><td>—</td><td>—</td><td>—</td><td>—</td></tr>
<tr><td>8</td><td>抗压强度/kPa</td><td>250</td><td>150</td><td>250</td><td>180</td><td>250</td><td>250</td></tr>
<tr><td>9</td><td>空气层体积/(L/m²)</td><td>5.7</td><td>5.5</td><td>5.5</td><td>12 L/(m·s)</td><td>5.5</td><td>5.5</td></tr>
</table>

表3 国内产品的企业标准与说明书中的技术指标

<table>
<tr><th>序号</th><th>项目</th><th>广东科顺
Q/SDK020—2006</th><th colspan="2">北京金石联科
Q/FTJKG001—2004</th><th colspan="8">北京正菱产品说明书</th></tr>
<tr><td>1</td><td>长度/m</td><td>20</td><td colspan="2">20</td><td colspan="8">—</td></tr>
<tr><td>2</td><td>宽度/m</td><td>2</td><td colspan="2">2</td><td colspan="8">—</td></tr>
<tr><td>3</td><td>厚度/mm</td><td>0.7、0.8</td><td colspan="2">0.7、0.85</td><td colspan="8">—</td></tr>
<tr><td>4</td><td>凹凸薄膜厚度/mm</td><td>8</td><td colspan="2">8</td><td>10</td><td>20</td><td>20</td><td>10</td><td>10</td><td>80</td><td>20</td><td>20</td></tr>
<tr><td>5</td><td>单位面积质量/(g/m²)</td><td>700、800、900</td><td>700</td><td>850、1 000</td><td>760</td><td>850</td><td>850</td><td>700</td><td>850</td><td>2 500</td><td>900</td><td>1 000</td></tr>
<tr><td>6</td><td>最大拉力/(N/5cm)</td><td>350</td><td>300</td><td>400</td><td>300</td><td>—</td><td>—</td><td>300</td><td>400</td><td>600</td><td>200</td><td>250</td></tr>
<tr><td>7</td><td>断裂伸长率/%</td><td>25</td><td colspan="2">25</td><td>—</td><td>—</td><td>—</td><td>25</td><td>25</td><td>25</td><td>25</td><td>25</td></tr>
<tr><td>8</td><td>抗压强度/kPa</td><td>250</td><td>250</td><td>350</td><td>400</td><td>400</td><td>420</td><td>300</td><td>400</td><td>800</td><td>400</td><td>450</td></tr>
<tr><td>9</td><td>纵向通水量/(cm³/s)</td><td>5.6</td><td>5.6</td><td>5.4</td><td>5.6</td><td>11</td><td>7.0</td><td>5.6</td><td>5.6</td><td>20</td><td>11</td><td>11</td></tr>
</table>

7 本标准与现行的相关法律、法规及及相关标准(包括强制性标准)具有的一致性

经广泛调研和多方面征求意见，本标准有关技术参数、性能指标、技术要求符合现行法律、法规、规章及有关强制性标准要求并具有一致性。本标准相关的标准有JGJ 155—2007《种植屋面防水工程技术规程》，JT/T 521—2004《公路工程土工合成材料 塑料排水板(带)》，其中的指标与本标准的比较见表4。

表 4 JGJ 155、JT/T 521 要求

项目		JGJ 155	JT/T 521	本标准
单位面积质量/(g/m²)		500～900	—	(≥0.50mm 厚)
高度/mm	≥	7.5	—	8
抗压强度/kPa	≥	150	250	150
拉力/(N/50 mm)	≥	200	—	600 N/100 mm
断裂伸长率/%	≥	25	4	25
伸长率 10%时拉力/(N/100 mm)	≥	—	1 000	350
纵向通水量/(cm³/s)	≥	—	25(侧压力 350 kPa,水头 500 mm)	10(侧压力 150 kPa,水头 300 mm)

8 重大分歧意见的处理经过和依据

经征求意见稿阶段、送审稿阶段和报批稿审查会征求意见并对反馈意见做了认真分析研究和讨论,并对标准条文进行了完善和修改。在审查会议上,本标准的起草单位、科研院所、业内有关专家、学者、用户取得一致性意见,没有提出重大分歧意见。

9 标准性质

本标准为推荐标准。

10 贯彻标准的要求和措施建议

待本标准批准发布后,建议由标委会组织相关生产、检验、施工、设计等有关单位进行宣贯。

11 废止现行相关标准的建议

本标准首次制定,无相关建议。

12 其他应予说明的事项

无其他说明事项。

《聚苯乙烯防护排水板》行业标准编制说明

1 工作简况

1.1 任务来源

根据工业和信息化部工信厅科〔2011〕134号文件《关于印发2011年第二批行业标准制修订计划的通知》，下达了《聚苯乙烯防护排水板》行业标准计划，项目编号：2011-0972T-JC。该标准由建筑材料工业技术监督研究中心、中国建筑材料科学研究总院苏州防水研究院、南通沪望塑料科技发展有限公司负责，上海勘测设计研究院、中国建材检验认证集团股份有限公司、郑州三合防水材料有限公司等参加起草。

1.2 主要工作过程

2011年10月14日，标准负责起草单位在江苏苏州召开了《聚苯乙烯防护排水板》行业标准第一次工作会议。参加会议的有生产企业、科研院所、质检机构等9个单位的11名代表。会上明确了标准制定的内容，协调了分工，安排了之后的工作计划，落实了各单位的工作任务。会议明确行业标准与编制说明、调研工作由建筑材料工业技术监督研究中心负责。通过函调，收集资料、认真总结自20世纪90年代以来，我国开发研究与生产、使用产品的科研成果与经验，以及不同环境条件与不同时期的工程案例，为制定标准提供依据。苏州防水研究院、上海勘测设计研究院与中国建材检验认证集团股份有限公司负责验证试验工作，行业标准验证试验报告由苏州防水研究院汇总执笔起草。南通沪望塑料科技发展有限公司、上海凯迪科技实业公司等提供试验样品、技术资料与经费支持。

2012年1月～7月，验证试验在3个科研院所、质检机构分别进行，对产品规格尺寸、面积质量、物理力学性能进行了测定。上海勘测设计研究院对纵向通水量试验方法进行了研究、比较，并确定了采用单宽流量的试验方法。3个单位在2012年7月下旬分别提出了验证试验报告，为起草《聚苯乙烯防护排水板》行业标准(征求意见稿)提供了科学依据。

2012年9月16日，标准负责起草单位在上海召开了《聚苯乙烯防护排水板》行业标准第二次工作会议。在会上交流汇报了上一阶段验证试验和标准起草工作，讨论起草了《聚苯乙烯防护排水板》行业标准(征求意见稿)，修改了拉伸性能和压缩性能试验方法，安排了下一阶段补充验证试验和标准起草工作。会议决定：根据这次会议讨论提出的意见，将行业标准征求意见稿(草案)修改后，发到全国有关生产企业、建设部门、设计施工单位、质检机构等广泛征求意见，听取反映。根据补充验证试验结果和行业标准征求意见稿返回的意见，起草了《聚苯乙烯防护排水板》行业标准送审稿及编制说明，提交标准审查会议审查。

2013年11月21日全国轻质与装饰装修建筑材料标准化技术委员会建筑防水材料分技术委员会(SAC/TC 195/SC 1)在北京召开了该行业标准审查会，会上提出了一些修改意见与建议。经修改后，一致通过了《聚苯乙烯防护排水板》行业标准。

2 标准的编制原则和主要内容

2.1 标准编制的原则

本标准的编制原则是依据GB/T 1.1—2009给出的原则，严格按照工信部〔2009〕89号文件相关要求和有关标准、政策法规进行编制的。制定本标准应满足我国技术发展和生产需要，充分体现行业进步和发展趋势，符合国家产业政策，推动了行业技术水平的提高。本标准的主要内容是对聚苯乙烯防护排水板用于建筑工程(屋顶绿化与地下建筑)防护排水用途的产品性能提出要求，规定了该产品的范围、分类、一般要求、技术要求、试验方法、检验规则以及标志、包装、贮存和运输等内容。

2.2 制定的理由和目的

本标准规定的防护排水板适用于由聚苯乙烯材料制成的表面为凹凸形状，具有纵向通水功能，使用时表面覆或不覆无纺布过滤层，用于排水、防护、有部分蓄水功能的产品。

聚苯乙烯防护排水板的主要功能：

a) 导水排水性。排水板表面具有凹凸中空结构，可以快速将雨水或其他积水导出，减少甚至消除防水层的静水压。这可以避免土壤流失，土层滑移，植物烂根，延长工程的使用寿命。

b) 防护性能。聚苯乙烯防护排水板可以抵御土壤中酸碱侵蚀，保护建筑物及其防水层。在地下工程回填土时，可以保护建筑物外防水层不受破坏。

c) 绝热与防潮作用。聚苯乙烯防护排水板用于地面或墙面，可以发挥绝热与防潮作用。

聚苯乙烯防护排水板的用途：

a) 种植屋面；

b) 地下车库顶板、底板；

c) 地下工程墙面与底板；

d) 地下坑道等。

20世纪90年代初，我国开始研发、生产塑料排水板，采用的原材料是聚苯乙烯并掺入一部分回收料。聚苯乙烯防护排水板的生产设备和工艺比较简单，建设生产线的投资少，见效快，并且该产品耐温性好，气温较高的条件下不变形。与聚乙烯防护排水板相比，在相同的厚度和同样的形状下，其抗压强度较高。在国外，北美与东南亚地区大量采用聚苯乙烯防护排水板，而欧洲采用聚乙烯防护排水板，目前，我国南方大多采用聚苯乙烯防护排水板，北方采用聚乙烯防护排水板。

我国目前生产适用于绿色屋面系统(种植屋面)与地下工程排水板的企业有20多家，主要生产塑料排水板，也有一些企业生产橡胶排水板。生产塑料排水板的企业主要生产聚乙烯(PE)排水板；南通沪望塑料科技发展有限公司、上海凯迪科技实业公司、郑州三合防水材料有限公司、上海三彩科技发展有限公司等企业除生产PE排水板外，还生产聚苯乙烯(PS)排水板，年产量大约在500万 m^2 左右(表1)，除内销外，还有一定量出口。

表1 聚苯乙烯防护排水板的生产情况

生产年份	南通沪望塑料科技发展有限公司 m^2	上海凯迪科技实业公司 m^2	上海三彩科技发展有限公司 m^2	郑州三合防水材料有限公司 m^2
1999	400 000	1999年～2010年 年产量大约 1 000 000		1998年～2009年 年产量在 50 000～800 000
2000	500 000		800 000	
2001	550 000		800 000	
2002	600 000			
2003	1 000 000			
2004	700 000		900 000	

表 1（续）

<table>
<tr><th>生产年份</th><th>南通沪望塑料科技发展有限公司
m²</th><th>上海凯迪科技实业公司
m²</th><th>上海三彩科技发展有限公司
m²</th><th>郑州三合防水材料有限公司
m²</th></tr>
<tr><td>2005</td><td>800 000</td><td rowspan="6">1999 年～2010 年
年产量大约
1 000 000</td><td>800 000</td><td rowspan="5">1998 年～2009 年
年产量在
50 000～800 000</td></tr>
<tr><td>2006</td><td>850 000</td><td>600 000</td></tr>
<tr><td>2007</td><td>1 000 000</td><td>500 000</td></tr>
<tr><td>2008</td><td>1 200 000</td><td>400 000</td></tr>
<tr><td>2009</td><td>1 600 000</td><td></td></tr>
<tr><td>2010</td><td>2 000 000</td><td></td><td>850 000</td></tr>
<tr><td>2011</td><td>2 100 000</td><td>2 000 000</td><td></td><td>850 000</td></tr>
<tr><td>2012</td><td>2 600 000</td><td>2 000 000</td><td></td><td></td></tr>
<tr><td colspan="5">注：表内数据根据企业自报汇总，未进行核实。</td></tr>
</table>

表 2 列出了目前国内生产企业生产的聚苯乙烯防护排水板工程应用情况的部分案例。因收到的案例较多，只摘选了部分使用量较大的工程。从中可见，产品主要使用于：1）地下车库的顶板；2）屋顶绿化；3）地下工程的底板；4）屋面工程排水等。投入工程使用最长的已有 15 年的时间，目前使用情况良好。

表 2　聚苯乙烯防护排水板工程使用情况

<table>
<tr><th>序号</th><th>生产企业</th><th>工程名称</th><th>使用部位</th><th>使用量
m²</th><th>竣工年份</th><th>目前质量状况</th></tr>
<tr><td>1</td><td rowspan="10">南通沪望塑料科技发展有限公司</td><td>国家体育场</td><td>地下室顶板</td><td>26 000</td><td>2007</td><td>良好</td></tr>
<tr><td>2</td><td>上海世博园</td><td>屋顶墙面</td><td>21 000</td><td>2010</td><td>良好</td></tr>
<tr><td>3</td><td>上海浦东国际机场航站楼</td><td>屋顶</td><td>30 000</td><td>2007</td><td>良好</td></tr>
<tr><td>4</td><td>上海瑞丰大厦</td><td>地下车库顶板</td><td>20 000</td><td>2005</td><td>良好</td></tr>
<tr><td>5</td><td>上海万达商业广场</td><td>屋顶</td><td>12 000</td><td>2006</td><td>良好</td></tr>
<tr><td>6</td><td>上海虹桥机场华东空管中心</td><td>屋顶</td><td>20 000</td><td>2005</td><td>良好</td></tr>
<tr><td>7</td><td>上海城开万源</td><td>地下车库顶板</td><td>56 000</td><td>2006</td><td>良好</td></tr>
<tr><td>8</td><td>中国华威集团上海基地</td><td>地下车库顶板</td><td>60 000</td><td>2009</td><td>良好</td></tr>
<tr><td>9</td><td>沈阳保利百合花园</td><td>地下车库顶板</td><td>30 000</td><td>2007</td><td>良好</td></tr>
<tr><td>10</td><td>京沪高铁苏州站</td><td>屋顶</td><td>12 000</td><td>2009</td><td>良好</td></tr>
<tr><td>11</td><td rowspan="5">上海凯迪科技实业公司</td><td>上隽嘉苑</td><td>绿化</td><td>40 000</td><td>2010</td><td>好</td></tr>
<tr><td>12</td><td>金地格林</td><td>绿化</td><td>30 000</td><td>2011</td><td>好</td></tr>
<tr><td>13</td><td>无锡大剧院</td><td>地下车库顶板</td><td>30 000</td><td>2011</td><td>好</td></tr>
<tr><td>14</td><td>上海万达广场</td><td>绿化</td><td>100 000</td><td>2010</td><td>好</td></tr>
<tr><td>15</td><td>上海嘉里中心</td><td>地下车库顶板</td><td>30 000</td><td>2012</td><td>好</td></tr>
</table>

表 2（续）

序号	生产企业	工程名称	使用部位	使用量 m^2	竣工年份	目前质量状况
16	上海凯迪科技实业公司	上海绿地江桥城	绿化	80 000	2010	好
17		长春万科洋浦花园	绿化	30 000	2009	好
18		盐城宝龙城市广场	绿化	30 000	2011	好
19		上海金地佘山天境	绿化	50 000	2010	好
20		北京奥运工程（鸟巢、水立方、奥运村、奥林匹克森林公园）	绿化	200 000	2007	好
21	上海三彩科技发展有限公司	世纪大道杨高路地铁站	顶板	25 000	1998	良好
22		上海嘉里华庭	地下底板	12 000	2001	良好
23		上海铁路南站	顶板绿化	12 000	2004	良好
24		上海万科城市花园	顶板绿化	15 000	2005	良好
25		大宁绿化	顶板绿化	30 000	2005	良好
26		万科万里城	顶板绿化	16 000	2006	良好
27	郑州三合防水材料有限公司	郑州普罗旺世	车库顶板	30 000	2011	优
28		郑州康桥金域上郡	车库顶板	23 000	2011	优
29		新乡理想城	车库顶板	25 000	2012	优
30		石家庄市文化广场人防工程		50 000	2012	优
31		郑州市财政局屋顶花园	屋顶	8 000	2012	优
32		义乌都市中央公馆	车库顶板	20 000	2013	优

目前，国内仅有交通部制定颁布的 JT/T 521—2004《公路工程土工合成材料 塑料排水板（带）》行业标准，主要用于水运、港口、铁路、水利、公路等土工工程。已制定的 JC/T 2112—2012《塑料防护排水板》行业标准适用于种植屋面和地下防水工程。但标准包含的产品“适用于以聚乙烯、聚丙烯等树脂为主要原料”生产的防护排水板，不包括以聚苯乙烯为主要原料生产的防护排水板。两者材料性能之间有较大差异。聚乙烯、聚丙烯等树脂生产的防护排水板其拉力、断裂延伸率较高，抗变形与冲击性能较好，但生产成本较高。聚苯乙烯防护排水板耐温性好，在高温下不易变形；在相同的板厚与同样的形状下，压缩性能比聚乙烯防护排水板高，并有一定的拉力，排水防护性能与聚乙烯、聚丙烯等材料制成的产品一样，能满足工程上排水的要求。生产用的聚苯乙烯原料可以用新料也可以用再生料，根据工程性质与使用环境条件选择。有利于废物利用，资源再生，贯彻国家节能节材、绿色环保的方针。

聚苯乙烯防护排水板每年除国内销售外，还有一定量的出口，销往印度、英、法、德、澳大利亚等地区，为国家增加了外汇收入。因此，根据聚苯乙烯原材料的性能，规定其技术要求与相应的试验方法，制定国内统一的产品行业标准，有利于贯彻节能减排，资源再生的方针，促进该种产品质量的提高，保证工程建设质量。

3 标准编制情况和主要试验方法(或验证)情况分析

3.1 标准范围和分类

本标准包括的产品是以聚苯乙烯为主要原料生产的塑料防护排水板,适用于建筑工程的防护和排水。排水板的厚度不小于0.50 mm,凹凸高度为10 mm、15 mm、20 mm;排水板的宽度不小于1 000 mm。其他规格可由供需双方商定。排水板上面可覆或不覆无纺布。无纺布单位面积质量不小于200 g/m²。这与《塑料防护排水板》行业标准技术指标相同。

3.2 标准试验项目和指标

采用回收废塑料有利于资源再生,节能减排,但掺入过多和利用不当会对工程和环境造成有害的影响。因此,本标准中规定了"一般要求",生产企业有责任保证在产品生产和使用过程中,"不对人体、生物和环境造成有害的影响,所涉及与生产、使用有关的安全和环境要求应符合我国相关标准和规范的规定"。

为了满足运输、施工和使用上的需要,产品规定了最大拉力、撕裂性能与压缩率为10%内的最大强度。这些技术要求指标的规定一是考虑工程使用的要求;二是考虑聚苯乙烯材料本身的性能。该种材料压缩性能与耐高温性较好,具有一定的拉力、抗裂性能,能满足使用要求。

最大拉力反映了材料的自身强度,同时也为了满足防护要求,根据验证试验定为不小于300 N/100 mm。聚苯乙烯的断裂延伸率较小,本标准设此指标,为的是控制掺入过多的再生料,防止假冒伪劣产品。

撕裂强度根据验证试验结果定为30 N。

压缩率为10%内的最大强度是其重要应用性能,如地下车库顶板上的种植面,覆土深度一般不超过2 m,种植土密度一般不超过1 500 kg/m³,植物荷载不超过300 kg/m³,计算其压力为33 kg。此数值低于公路、水利等土工工程的要求。标准中规定其抗压强度不小于150 kPa,完全能满足绿色屋面系统中对排水板防护的要求。

低温柔性反映了材料特性及施工环境需要,根据验证试验定为−5 ℃。

热老化是反映材料的耐久性能,关系到种植屋面与地下防水工程的使用寿命。因此,本标准中规定了产品热老化性能指标,其试件经80 ℃、168 h热老化试验后,最大接力保持率不小于80%;抗压强度保持率不小于90%;低温柔性−5 ℃、无裂口。

单宽流量反映了产品的排水能力,屋顶绿化与地下车库顶板种植面用的防护排水板,除了雨水、灌溉用水,同时考虑覆土深度较大的情况下,通过排水板排的水量较小,标准中规定的单宽流量0.300[L/(s·m)](150 kPa,水力梯度0.1),大部分产品能满足使用要求。

验证试验表明:大部分试样能达到本标准中规定的技术要求。(见表3~表5)共九组试样,HW-PSD15~PD20为第一阶段的试样,共六个;PSD-10~PSD-25为第二阶段试样,共三个。

表3 本标准技术要求与企业产品标准的比较

序号	项目		本标准指标	沪望企业标准 Q/320683NAC01—2007	凯迪企业标准 DBJ/CT514—2008
1	厚度/mm	≥	0.50	±0.15	—
2	凹凸高度/mm	≥	10、15、20	8±1	15、20、30、40
3	宽度/mm	≥	1 000	2 000±10	1 130、1 250

表 3（续）

序号	项目			本标准指标	沪望企业标准 Q/320683NAC01—2007	凯迪企业标准 DBJ/CT514—2008
4	无纺布单位面积质量/(g/m²)		≥	200	—	150
5	最大拉力/(N/100mm)		≥	300	300、320	—
6	断裂延伸率/%		≥	3	6、7	—
7	撕裂性能/N		≥	30	—	—
8	压缩率为 10%内的最大强度/kPa		≥	150	360、200、150	200、150、100
9	低温柔性			−5 ℃无裂口	—	—
10	热老化(80 ℃，168 h)	最大拉力保持率/%	≥	80	—	—
		压缩率为 10%内的最大强度保持率/kPa	≥	90		
		低温柔性		−5 ℃无裂口		
11	单宽流量(150 kPa，水力梯度 0.1)/[L/(s·m)]		≥	0.300	—	0.6、0.9
12	纵向通水量(侧向压力 350 kPa)/(cm³/s)			—	5.6、9.8、12.5、13.6、20.5、22.2	—

表 4　规格尺寸与单位面积质量验证试验结果

项目	验证单位	试验编号								
		HW-PSD15	HW-PSS18	HW-PSS25	HW-PSS40	PD-15	PD-20	PSD-10	PSD-20	PSD-25
厚度 mm	A	—	—	—	—	—	—	0.51	0.69	0.71
	B	0.55	0.64	0.76	1.10	0.58	0.63	0.49	0.62	0.77
	C	0.56	0.63	0.78	1.10	0.59	0.62	0.50	0.63	0.75
凹凸高度 mm	A	—	—	—	—	—	—	9.91	19.69	23.31
	B	14.6	19.1	23.3	40.6	15.4	19.4	10.12	20.01	24.18
	C	15.1	19.6	23.9	40.7	15.5	19.3	10.2	20.0	24.1
单位面积质量 g/m²	A	—	—	—	—	—	—	653	838	920
	B	688	837	1 017	1 484	788	814	668	806	935
	C	692	841	1 014	1 469	771	820	671	809	942

表 5　物理力学性能验证试验结果

项目	验证单位	试验编号																	
		HW-PSD15		HW-PSS18		HW-PSS25		HW-PSS40		PD-15		PD-20		PSD-10		PSD-20		PSD-25	
		纵	横	纵	横	纵	横	纵	横	纵	横	纵	横	纵	横	纵	横	纵	横
最大拉力 N/100 mm	A	532	413	441	340	458	471	617	620	442	361	426	229	547	357	611	455	502	430
	B	452	362	403	332	431	375	482	470	392	320	426	368	577	296	493	411	664	383
	C	437	356	391	343	424	377	481	471	395	332	423	359	508	307	499	418	671	406

表 5（续）

项目	验证单位	试验编号																	
		HW-PSD15		HW-PSS18		HW-PSS25		HW-PSS40		PD-15		PD-20		PSD-10		PSD-20		PSD-25	
		纵	横	纵	横	纵	横	纵	横	纵	横	纵	横	纵	横	纵	横	纵	横
断裂延伸率 %	A	7.32	1.86	18.5	11.5	23.8	23.5	29	26.1	6.4	2.08	2.43	1.09	—	—	—	—	—	—
	B	4.5	3.3	4.1	4.1	4.0	3.4	4.6	3.1	3.4	2.6	3.8	3.4	—	—	—	—	—	—
	C	5.6	3.5	7.1	4.3	4.4	3.2	4.9	3.2	3.5	2.7	4.6	3.2	—	—	—	—	—	—
撕裂性能 N	A	18.8	27.9	12.8	6.53	22.6	32.2	54	116	7.32	58.2	17.1	42.2	3	6	8	4	14	5
	B	39	33	30	26	32	28	60	53	38	27	42	36	7	7	6	7	12	9
	C	34.6	35.1	29.7	29.1	31.4	31.6	55.1	48.2	34.1	25.9	43.7	34.9	5	6	9	8	9	10
压缩率为20%内的最大强度 kPa	A	193		241		234		160		198		150		压缩率为10%内的最大强度/kPa 151		137		99	
	B	185.4		277.5		278.9		166.0		273.9		230.0		177		160		147	
	C	196		281		274		172		281		226		184		166		149	
低温柔性	A	−15 ℃ 无裂纹		−15 ℃ 无裂纹		−10 ℃无裂纹，−15 ℃裂 2 块		−10 ℃无裂纹，−15 ℃裂 2 块		−10 ℃ 无裂纹		−15 ℃ 无裂纹		−5 ℃ 无裂口		−5 ℃ 无裂口		−5 ℃ 无裂口	
	B	−10 ℃ 无裂纹		−10 ℃ 裂 2 块		−10 ℃ 裂 1 块		−10 ℃纵裂 3 块，横裂 4 块		−10 ℃ 无裂纹		−10 ℃ 无裂纹		−5 ℃ 无裂口		−5 ℃ 无裂口		−5 ℃ 无裂口	
	C	−10 ℃ 无裂纹		−10 ℃纵裂 3 块，横裂 2 块		−10 ℃纵裂 2 块，横裂 1 块		−10 ℃ 裂 3 块		−10 ℃ 无裂纹		−10 ℃ 无裂纹		−5 ℃ 无裂口		−5 ℃ 无裂口		−5 ℃ 无裂口	
热老化 最大拉力保持率/%	A	91	98	92	110	114	109	118	112	94	82	108	101	98	81	103	113	96	103
热老化 断裂伸长率保持率/%	A	77	167	97	125	104	64	103	103	78	176	207	450	—	—	—	—	—	—
热老化 压缩强度保持率/%	A	96		145		201		203		193		262		压缩率为10%内的最大强度保持率/% 92		103		93	
热老化 低温柔性	A	−15 ℃ 无裂纹		−15 ℃ 无裂纹		−15 ℃ 无裂纹		−10 ℃ 有裂纹， 2 块断		−15 ℃ 裂 1 块		−15 ℃ 无裂纹		−5 ℃ 无裂口		−5 ℃ 无裂口		−5 ℃ 无裂口	
单宽流量 L/(s·m)	B	0.330		0.398		0.519		0.543		0.345		0.412		0.210		0.389		0.582	

3.3 试验方法和验证试验情况

试验方法尽量采用现行的国家标准和行业标准，以使试验结果具有可比性。产品规格尺寸、单位面积质量与物理力学性能（最大拉力、撕裂性能、抗压强度、低温柔性、热老化性能）的试验方法均采用JC/T 2112—2012《塑料防护排水板》行业标准中采用的方法，使同类型防护排水板的试验结果具有可比性。

在JC/T 2112—2012《塑料防护排水板》行业标准中纵向通水量按SL/T 235—1999《土工合成材料测试规程》进行试验，记录渗透流15 min时的渗水量，试验结果以cm^3/s表示，试验时试件平面承受的侧压力为150 kPa（根据压缩强度要求）。因为屋顶绿化与地下工程等的水头差较小，试验时两端水头的水位差采用300 mm。但由于设备条件与模具等因素，排水板凹凸高度太大无法装入试验设备，现标准规定采用8 mm凹凸高度的板进行试验。若此板纵向排水量符合标准要求，则相同材质、相同厚度、凹凸高度大于8 mm的排水板理应也符合标准要求。在本标准中，排水板的凹凸高度为10 mm、15 mm、20 mm三种规格，无8 mm规格。使用上述方法要加工对应于不同凹凸高度的模具，并改装设备。因此，本标准中，通过试验研究比较，采用测定单宽流量的方法测定其纵向排水量。试件长度（水流动方向）300 mm、宽度≥200 mm。N类产品在试件的凹凸面覆加相同尺寸、单位面积质量为$(200\pm15)g/m^2$的聚酯无纺布。按GB/T 17633—1998《土工布及其有关产品　平面内水流量的测定》进行测定。试验时试件上的法向压力为150 kPa，水力梯度0.1，接触面材料为闭孔泡沫橡胶，在渗流15 min后测量渗水量。试验中采用的法向压力、水力梯度及接触面材料有其他要求及规定的，应另行说明。

验证试验取了2个生产企业9个不同规格尺寸的产品，试验结果见表4、表5。表6列出按照本标准判定的试样各项性能“合格”与“不合格”的项目。从表4可见：最大拉力、压缩率为10%内的最大强度、热老化、单宽流量，9个试样基本都符合标准；低温柔性有3个试样B、C试验单位试验不合格；撕裂性能试验结果3家试验单位结果相差较大，B、C两家单位比较接近，第一阶段6个试样中有3个被2家验证试验单位判定合格。补充验证试验中3个样品都不合格。因此，要提高产品撕裂性能，一是提高原材料质量，改进工艺；二是试验方法有待统一、规范、细化，以降低试验结果的波动，提高试验的准确性与可比性。以B、C检测结果计算总体合格率为33%。影响产品不合格的主要因素是撕裂性能与低温柔性。

表6　行业标准实施的可行性分析

项目	验证单位	试验编号																	
		HW-PSD15		HW-PSS18		HW-PSS25		HW-PSS40		PD-15		PD-20		PSD-10		PSD-20		PSD-25	
		纵	横	纵	横	纵	横	纵	横	纵	横	纵	横	纵	横	纵	横	纵	横
最大拉力	A	—	—	—	—	—	—	—	—	—	—	—	×	—	—	—	—	—	—
	B	—	—	—	—	—	—	—	—	—	—	—	—	—	—	—	—	—	—
	C	—	—	—	—	—	—	—	—	—	—	—	—	—	—	—	—	—	—
断裂伸长率	A	—	—	—	—	—	—	—	—	—	×	—	—						
撕裂性能 30 N	A	×	×	×	×	×	—	—	—	×	—	×	—	×	×	×	×	×	×
	B	—	—	—	×	—	×	—	—	—	×	—	—	×	×	×	×	×	×
	C	—	—	×	×	—	—	—	—	—	×	—	—	×	×	×	×	×	×
压缩率为10%内的最大强度，150 kPa	A	—		—		—		—		—		—		—		×		—	
	B	—		—		—		—		—		—		—		—		×	
	C	—		—		—		—		—		—		—		—		×	
低温柔性，−5 ℃无裂口	A	—		—		—		—		—		—		—		—		—	
	B	—		×		—		×		—		—		—		—		—	
	C	—		×		×		×		—		—		—		—		—	

表 6（续）

项目		验证单位	试验编号																	
			HW-PSD15		HW-PSS18		HW-PSS25		HW-PSS40		PD-15		PD-20		PSD-10		PSD-20		PSD-25	
			纵	横	纵	横	纵	横	纵	横	纵	横	纵	横	纵	横	纵	横	纵	横
热老化	最大拉力保持率，≥80%	A	—	—	—	—	—	—	—	—	—	—	—	—	—	—	—	—	—	—
	压缩率为10%内的最大强度保持率，≥90%	A	—		—		—		—		—		—		—		—		—	
	低温柔性，−5 ℃无裂口	A	—		—		—		×		—		—		—		—		—	
单宽流量，0.300L/(s·m)		B	—		—		—		—		—		—		×		—		—	
注：A、B、C 为三家不同验证单位。																				

4　标准中所涉及的专利

通过资料查询，网上征询和征求意见阶段反馈的信息，直至今日尚未发现标准内容有关专利所有权的请求。故本标准不涉及相关专利与知识产权。

5　产业化情况、经济效益分析

聚苯乙烯防护排水板利用工业再生料、资料再生，节能减排，使用于绿色屋面系统与地下防水等工程排水防护，有利于水资源的利用与生态环境建设，改善城乡居住环境。目前，全行业年产量约 500 万 m^2，产值 5 000 万元左右。每年有少量出口，表 7 列出了南通沪望塑料科技发展有限公司近十年来的出口量与产值。1999 年开始出口土耳其，出口量仅 5 000 m^2，产值 15 万元人民币；随后，逐年扩大，2012 年出口澳大利亚销量达 132 000 m^2，产值达 264 万元人民币。本标准颁布实施后，产品产量能提高到新的水平，生产企业增产，产量提高，工程应用将日渐普遍，有利于节能减排、资源再生与环境绿化。

表 7　沪望历年来的产品出口情况

年份	国别	出口量 m^2	产值 万元
1999	土耳其	5 000	15
2000	日本	20 000	50
2001	文莱	22 000	55

表 7（续）

年份	国别	出口量 m^2	产值 万元
2002	泰国	30 000	66
2003	越南	40 000	84
2004	新加坡	45 000	90
2005	马来西亚	60 000	120
2006	印度	80 000	160
2007	英国	110 000	220
2008	法国	70 000	140
2009	德国	90 000	180
2010	马来西亚	115 000	230
2011	印度	128 000	156
2012	澳大利亚	132 000	264

6 采用国际标准和国外先进标准情况

目前未收集到该种产品有国际标准和国外先进标准。本标准中的技术指标是根据工程应用要求、企业标准和验证试验结果规定的。

沪望出口产品的技术指标见表 8。

表 8 沪望出口的 HW-PSD10 防护排水板的技术指标

型号	凹凸高度 mm	单位面积质量 g/m^2	材质	压缩强度 kPa	纵向通水量 cm^3/s	规格 mm
HW-PSD10	10	630	HIPS	320	5.6	6 660×1 200×10

7 本标准与现行的相关法律、法规及相关标准（包括强制性标准）具有的一致性

经广泛调研和多方面征求意见，本标准有关技术参数、性能指标、技术要求符合现行法律、法规、规章及有关强制性标准中的基本要求并具有一致性。与本标准相关的标准有 JC/T 2112—2012《塑料防护排水板》，JT/T 521—2004《公路工程土工合成材料　塑料排水板（带）》，其中的指标与本标准的比较见表 9。

表 9　本标准与 JC/T 2112—2012 和 JT/T 521 的比较

项目	JC/T 2112—2012	JT/T 521	本标准
单位面积质量/(g/m^2)	不小于生产商明示值	—	不小于生产商明示值
凹凸高度/mm	8、12、20	—	10、15、20
撕裂性能/N	100	—	30
抗压强度/kPa　≥	150	250	150
单位面积质量/(g/m^2)	不小于生产商明示值	—	不小于生产商明示值
拉力/(N/100mm)　≥	600	—	300
断裂延伸率/%　≥	25	4	3
低温柔性	−10 ℃无裂纹	—	−5 ℃无裂口
纵向通水量　≥	10 cm^3/s(侧向压力 150 kPa)	25 cm^3/s(侧压力 350 kPa，水头 500 mm)	单宽流量 0.300 L/(s・m)(侧压力 150 kPa，水力梯度 0.1)

8　重大分歧意见的处理经过和依据

目前尚无重大分歧意见。

9　标准性质

本标准为推荐性行业标准。

10　贯彻标准的要求和措施建议

本标准批准发布后，建议由标准负责起草单位组织有关生产企业、检验、施工、设计等单位进行宣贯。

11　废止现行相关标准的建议

本标准为首次制定，无相关建议。

12　其他应予说明的事项

无其他说明事项。

附录：相关生产企业介绍

● 北京东方雨虹防水技术股份有限公司

法人代表:李卫国
总裁:许利民
地址:北京市朝阳区高碑店北路康家园4号楼
邮编:100025
电话:010-59031800
传真:010-85785519
网址:www.yuhong.com.cn
邮箱:yuhong@yuhong.com.cn

主要产品:

用于种植屋面防水工程的ARC聚合物改性沥青耐根穿刺防水卷材系列、PMH高密度聚乙烯防水卷材系列、PMT热塑性聚烯烃(TPO)防水卷材系列;

用于屋面、地下防水工程的PMB高聚物改性沥青卷材系列、SAM自粘改性沥青防水卷材系列及合成高分子防水涂料系列等;

混凝土桥面工程的道桥用RDB高聚物改性沥青卷材系列;

用于厕浴间、厨房间的合成高分子防水涂料、刚性防水材料等。

企业业绩:

东方雨虹成立于1995年,二十余年来,为数以万计的重大基础设施建设、工业建筑和民用、商用建筑提供高品质、完备的系统解决方案,已成为领先的建筑建材服务商。公司在2017年获得"全国质量奖"、工信部"全国质量标杆"等荣誉认定。

追求高质量稳健发展,以主营防水业务为核心延伸上下游及相关产业链,公司形成建筑防水、民用建材、非织造布、建筑涂料、建筑修缮、节能保温、特种砂浆等业务板块合力的建筑建材系统服务能力。东方雨虹控股上海东方雨虹、香港东方雨虹、东方雨虹北美有限责任公司等50余家分子公司,在全国布局27个生产研发物流基地,实现300 km辐射半径,24 h使命必达。

东方雨虹不懈地追求可持续发展,以科技进步、产品优异、服务满意和安全环保推动规模化发展。公司获批建设特种功能防水材料国家重点实验室,拥有国家认定企业技术中心、院士专家工作站、博士后科研工作站等。研发体系日益完备,形成了产品研发、生产工艺装备、应用技术、工程施工技术四大研发中心。公司还成立职业技术学院,旨在提升标准化施工服务技能及培养具有全球竞争力的产业工人。为使科技研发与国际并轨,公司在美国宾夕法尼亚洲SpringHouseInnovationPark建立研发中心,与美国里海大学合作多个研发项目。

作为建筑建材系统解决方案的提供者,东方雨虹将专项系统成功应用于包括房屋建筑、高速公路、城市道桥、地铁及城市轨道、高速铁路、机场、水利设施等众多领域,包括人民大会堂、2008年北京奥运场馆鸟巢、水立方等中国标志性建筑和京沪高铁、北京地铁等国家重大基础设施建设项目。不断追求产品和服务质量的极致,不断追求用户价值的极致,东方雨虹与万科、恒大、华为等200余家大型企业集团建立了长期友好稳定的战略合作关系,优质的产品和服务正通过数百家大型装饰公司、连锁家装超市走进千家万户。

实现世界东方雨虹的梦想,全力为构筑和谐人居贡献力量,全面践行"为人类、为社会创造持久安全的环境"的企业使命,东方雨虹一直在路上。随着东方雨虹国际化战略的全面实施,公司生产的优质产品远销德国、巴西、澳大利亚、美国、加拿大、俄罗斯、日本、新加坡、韩国、中非、南非等超过100个国家和地区。

相关生产企业介绍

● 禹王防水建材集团有限公司

法人代表：柳志国

总经理：李廷

地址：辽宁省盘锦市经济开发区石油化工产业园

邮编：124022

电话：0427-6517155

传真：0427-6577880

网址：www.yuwang.com.cn

邮箱：yw@yuwang.com.cn

主要产品：

禹王防水建材集团现有辽宁、湖北、安徽、四川、广东五个生产基地、一个专业施工企业及聚酯无纺布生产企业。

主要产品有：(1)耐根穿刺类防水卷材：包括SBS耐根穿刺卷材、聚乙烯胎耐根穿刺卷材、金属铜胎耐根穿刺卷材、PVC耐根穿刺卷材等。主要用于种植屋面和顶板、水系景观工程。(2)其他类防水卷材：包括SBS改性沥青卷材、改性沥青聚乙烯胎卷材、湿铺防水卷材、聚酯胎预铺卷材、高分子自粘胶膜卷材、TPO卷材等，用于屋面、地下、地铁、隧道、桥梁等工程。(3)防水涂料：包括聚氨酯涂料、JS涂料、非固化涂料、喷涂速凝橡胶涂料、透明防水胶等，用于屋面、地下、室内、厕浴间、水池等工程。

企业业绩：

1. 参编标准情况

参编起草防水类标准78项。按标准级别包括：国家标准38项，行业标准23项，地方和团体标准17项；按标准类别包括：产品标准29项，试验方法标准27项，施工技术标准18项，其他标准4项。为防水行业标准化工作作出了积极贡献。

2. 耐根穿刺防水卷材应用

产品应用总量4 850万m^2，其中重点工程用量2 970万m^2。代表工程：北京东花市国瑞城(2006年)、北京解放军总医院9051二期(2008年)、海南省海口塔(2016年)、海航首府(2017年)等。应用至今无任何渗漏，防水、耐根效果显著。

3. 其他防水材料应用

产品先后应用于国家体育馆、鸟巢、首都机场、南京地铁、南京大屠杀纪念馆、天安门广场修缮、海口塔、港珠澳大桥等国家重大项目。

4. 企业其他业绩

先后获国家级守信企业、高新技术企业、市长质量奖、省级技术中心、辽宁名牌产品、标准化实验室等证书和奖牌150多项。与盘锦市质检所合作成立了“省级建筑防水材料产品质量监督检验中心”。

● 科顺防水科技股份有限公司

法人代表：陈伟忠

集团总裁：方勇

地址：广东省佛山市顺德区容桂街道红旗中路38号

邮编：528300

电话：0757-28503333

网址：www.keshun.com.cn

主要产品：

主要生产：改性沥青类防水卷材、高分子类防水卷材、耐根穿刺类防水卷材；聚氨酯防水涂料、聚合物水泥类防水涂料、丙烯酸类防水涂料和改性沥青类防水涂料；干粉砂浆类防水材料、密封胶和金属屋面防水材料。

可用于绿色种植屋面，停车屋面、上人屋面、广场车库顶板等的热塑性聚烯烃(TPO)耐根穿刺防水卷材；专门应用于屋顶花园，种植屋面，种植顶板，市政绿化等各种绿化防水工程的聚氯乙烯(PVC)耐根穿刺防水卷材：适用于需要绿化的建筑屋面、露台、市政桥梁、广场地坪面、地下室顶板等的 APF-800 自粘耐根穿刺防水卷材：用于各类种植屋面、种植顶板的防水及阻根层的 CKS 高聚物改性沥青耐根穿刺防水卷材。

企业业绩：

科顺防水科技股份有限公司(简称“科顺股份”，股票代码：300737)成立于 1996 年，历经 20 余年的稳健经营和高效发展，现已成长为以提供防水综合解决方案为主业，集工程建材、民用建材、工业涂料等多个业务板块为一体，业务范围涵盖海内外的综合建材公司。

科顺股份旗下设有工程防水品牌“CKS 科顺”、民用建材品牌“科顺家庭防水”、防水修缮品牌“ZT 筑通”及工业涂料品牌“PLADEN 铂盾”等品牌和业务板块，产品涵盖防水材料、砂浆材料、密封材料、工业涂料四大类 100 多个品种，一站式解决方案被广泛应用于多个国家与城市标志性建筑、市政工程、交通工程、住宅商业地产及特种工程等领域，与此同时，公司已经先后与恒大、碧桂园、万达、融创、中海、龙湖、富力、绿地、华夏幸福、招商蛇口、阳光城、中建三局等超过 100 家知名房企签订战略合作协议。

作为公司的核心主营业务，科顺防水已形成以防水材料研发、制造、销售为主体，包括技术服务和防水工程的多业态组合，现为中国建筑防水协会副会长单位，是行业协会认定的建筑防水行业领军企业及行业综合实力前三名，连续 8 年当选“房地产 500 强首选防水材料品牌”。

科顺股份于广东高明、江苏昆山、江苏南通、辽宁鞍山、山东德州、重庆长寿、陕西渭南、湖北荆门、广西崇左、安徽涡阳共布局 10 座生产及研发基地，拥有行业领先的环保处理设备，先进的进口生产设备，覆盖全国的生产战略布局，能够及时、高效地为顾客提供满意的产品和服务。

科顺股份旗下拥有广东依来德建材有限公司、深圳市科顺一零五六技术有限公司等 18 家全资子公司，并分别于广州、北京、上海、重庆、南宁、天津、深圳、佛山、成都、南昌、苏州、青岛设立 13 家销售分公司，于各大省会及重点城市设置 23 个办事处，全国拥有 600 多家经销及服务网点。

科顺股份研发中心是行业三大研发中心之一，近百人的研发团队囊括院士、博士后、博士、硕士等高学历科研人才。公司与中国科学院院士合作建有院士专家工作站、全国博士后科研工作站，另与清华大学、中国科技大学、中国建筑材料科学院苏州研究院等多家高校及研究院所均已签订研发合作协议。目前，公司拥有和正在申请的专利超过 180 项，通过省部级鉴定的科研成果超过 40 项，参编国家或行业标准 32 项，参编行业技术规范 16 项。先后获得国家火炬计划重点高新技术企业、中国建筑防水行业标准化实验室、知识产权管理体系认证等等荣誉和认证。

科顺股份拥有专业应用技术人员超过 150 人，年均提供 2 000 多份专业防水解决方案，为 800 多个施工现场提供技术咨询和施工指导；拥有工程管理人员超过 200 人，年均服务项目近 500 个；启动“蓝·领袖”职业防水人才培养计划，规划于广东高明开设独立的建筑防水人才培训学校，并建成由中国建筑防水行业协会颁发认证的职业技能培训基地，年均培训超过 2 500 人次。

科顺股份以奋斗者为本，力求每位员工都能在公司提供的广阔平台上得到充分的成长和人文关怀。“科顺学院”每年开展逾百场理论及拓展培训课程，为企业培育了大批优秀人才。公司有着丰富多彩的企业文化活动，企业内刊《科顺人》是公司上下的精神食粮。

优秀的企业是经济组织，满足顾客需求，创造更高价值，而伟大的企业则是社会组织，科顺以创新型、高品质的产品和服务，建立行业领导地位，与伟大建筑的共生共振，促进行业、社会发展，为亿万群众提供安稳无忧的美好生活。随着“技术科顺、诚信科顺、服务科顺”发展战略的推进，科顺股份将继续拓展运营思路、优化组织架构，聚焦渠道建设，以卓越的产品和服务回报社会，实现“大志有恒，筑百年科顺”的伟大愿景！

相关生产企业介绍

● 宏源防水科技集团有限公司

法人代表：郑风礼
总经理：郑贤国
地址：山东省寿光市台头镇政府西 2 000 米
邮编：262700
电话：0536-5526918
传真：0536-5526918
网址：www.hongyuan.cn
邮箱：hy-jtzl@hongyuan.cn

主要产品：

公司产品涵盖铁路、道桥、市政、民建、工业、军工等所有防水领域，计 8 大系列、100 多个品种，实现了品种全覆盖、功能全满足的产品链，主要产品有高聚物改性沥青卷材、自粘型卷材系列、耐根穿刺系列防水卷材、高分子卷材系列、防水涂料系列、道桥专用系列等。

企业业绩：

宏源防水现已发展成为集科研开发、生产销售和施工服务于一体的专业化防水系统供应商、国家高新技术企业、国家装配式建筑产业基地、中国建筑防水行业领军企业、山东省建筑防水行业龙头企业。公司下辖山东宏源、江苏宏源、吉林宏源、四川宏源、广东宏源五大生产基地，拥有现代化防水材料生产线 62 条，其中防水卷材年生产能力达 2.9 亿 m^2，涂料年生产能力达 29 万 t。公司先后荣获了“建筑防水行业质量金奖”“建筑防水行业技术进步一等奖”“山东名牌”“山东省守合同重信用企业”“山东省著名商标”“山东百年品牌重点培育企业”“2019 山东省制造业高端品牌培育企业”“潍坊市专利一等奖”“寿光市市长质量奖”等多项荣誉称号。

公司创新实力强，拥有 CNAS 实验室、俄罗斯院士工作站、省级企业技术中心、省级工程技术研究中心及省级工业设计中心等研发平台，研发团队集博士、硕士、研究员、高级工程师、技师等高层次创新人才近百人，承担国家火炬计划项目、山东省产业关键共性技术攻关重点项目、山东省技术创新项目、全国建设行业科技成果推广项目等省级以上科技项目 47 项，拥有核心专利技术 97 项，主/参编国家、行业、地方、团体标准 40 余项，成为行业创新发展的新高地。

公司产品先后通过了 CRCC 铁路产品认证、康居产品认证、中国环境标志产品认证和首批 AAA 级绿色产品认证，并入选了环境标志产品政府采购清单，产品应用于北京国际机场、南京奥体中心、大亚湾核电站、山东省博物馆新馆、青岛胶东国际机场、京沪高铁、北京地铁、哈尔滨地铁、南京南站、沈阳南站等国内工程项目及朝鲜柳京大厦、斯里兰卡大剧院、刚果(布)布拉柴维尔体育场等海外项目工程，其中山东省博物馆新馆工程、潍坊万达广场、潍坊文化艺术中心、寿光文化中心等项目被评为“中国建筑防水工程金禹奖——金奖”。

● 深圳市卓宝科技股份有限公司

法人代表：邹先华
总裁：郭建森
地址：深圳市福田区上梅林卓越城中心广场北区 2 栋 16 楼
邮编：518049
电话：0755-36800118
传真：0755-33052266
网址：www.zhuobao.com
邮箱：zhuobao@zhuobao.com

主要产品:

耐根穿刺试验系列防水卷材(SBS、BAC、PVC)、弹性体改性沥青防水卷材、塑性体改性沥青防水卷材、湿铺防水卷材、预铺防水卷材、自粘橡胶改性沥青防水卷材、聚氯乙烯(PVC)防水卷材、热塑性聚烯烃(TPO)防水卷材、装饰保温一体板、WICI 防水保温一体板。

商品名称:BAC 耐根穿刺自粘防水卷材、耐根穿刺弹性体(SBS)改性沥青防水卷材、耐根穿刺聚氯乙烯(PVC)防水卷材、BAC 系列自粘防水卷材、CLF 系列自粘防水卷材。

注册商标:贴必定、卓宝、BAC。

企业业绩:

深圳市卓宝科技股份有限公司总部位于深圳,布局全国,拥有天津、惠州、武汉、湖北、苏州、成都、佛山 7 大生产基地,在各大省会及重点城市设立 30 多家分公司。产品涵盖建筑防水、家装防水、装饰保温、虹吸排水四大类、数百个品种。获得 200 多项国家专利,2 项国家重点新产品。

卓宝科技秉承“做一项工程,树一座丰碑”的标准,产品广泛应用于重大基础设施建设、工业建筑和民用、商用建筑等,参与建设了公安部办公大楼、国家博物馆、华为深圳基地等众多经典工程,获得鲁班奖的优质工程数十个。优质的产品与服务使卓宝科技与恒大、保利、龙湖、金地、中南、中航等知名地产商建立了长期战略合作关系,连续多年荣登中国房地产 500 强开发商首选品牌。2014 年推出零缺陷防水服务系统,系统整合防水工程各个环节,联手太平财险打造防水工程保证保险体系,郑重承诺“一旦渗漏,双倍赔偿”。

2014 年卓宝公司的 BAC 防水卷材成为行业第一家通过耐根穿刺检测的自粘卷材。

2014 年卓宝公司的 PVC 柔性单层屋面系统、TPO 柔性单层屋面系统、WICI 单层屋面系统通过美国的 FM 认证。

2017 年卓宝公司的 S-CLF 卷材荣获行业技术进步一等奖。

● 潍坊市宇虹防水材料(集团)有限公司

法人代表:郑爱周

总经理:郑爱周

地址:山东省寿光市台头工业区

邮编:262735

电话:0536-5525638

传真:0536-5525638

网址:www.yuhongchina.com

邮箱:yuhongfangshui@163.com

主要产品:

弹性体改性沥青防水卷材、塑性体改性沥青防水卷材、高聚物改性沥青防水卷材、道桥用改性沥青防水卷材、自粘聚合物改性沥青防水卷材、预铺防水卷材、湿铺防水卷材、红芯高分子自粘防水卷材、强力交叉膜高分子自粘防水卷材、耐根穿刺防水卷材、聚氯乙烯防水卷材、氯化聚乙烯防水卷材、聚乙烯丙纶复合防水卷材、聚氨酯防水涂料、聚合物水泥防水涂料、水泥基渗透结晶型防水涂料、非固化防水涂料、喷涂速凝橡胶沥青防水涂料等 12 大类 100 多种规格的防水材料,涵盖高速路、隧道、地铁、道桥、市政、民建、工业、军工等所有防水领域,可为客户提供“一站式”建筑防水解决方案。

企业业绩:

公司拥有国家住宅性能研发基地、国家标准化实验室、山东省弹性体防水材料工程技术研究中心、山东省企业技术中心等科研平台,获得高新技术企业、防水防腐保温工程专业承包一级资质、建筑防水行业科学技术奖-工程技术奖(金禹奖)、行业领军企业、中国建筑防水行业质量奖金奖、中国建筑防水行业科技先锋企业、中国建筑防水行业 AAA 信用等级企业、绿色建筑选用产品证明商标准用证、山东省制造业高端品牌培育企业、中国建材企业100强、中国民营建材企业20强、中国建筑防水企业10强、山东省守合同重信用企业、山东省清洁生产企业、市长质量奖等荣誉,公司先后与恒大、中海、万科、远洋、万达、华润、世茂、荣盛、保利置业、敏捷、建业等全国40多家地产企业建立了长期的战略合作关系。同时,公司致力于高速铁路等国家战略性基础设施项目和海外市场的拓展,产品远销欧洲、非洲、东南亚等20多个国家和地区,产品大规模应用于青藏铁路、沪昆高铁、兰新高铁、哈大高铁、北京地铁、乌克兰大使馆、安哥拉大使馆等国内外大型工程。

● **四川蜀羊防水材料有限公司**

法人代表:骆晓彬

总经理:周冬华

地址:四川省成都市清江西路51号

邮编:610091

电话:028-87562592

传真:028-87531122

网址:www.sy-waterproof.com

邮箱:syfs@sy-waterproof.com

主要产品:

防水涂料、防水卷材、修缮等全系列防水、堵漏产品。

商品名称:研发、生产、销售、技术咨询为一体的专业防水系统服务商。

注册商标:蜀羊。

企业业绩:

蜀羊防水集团总部设在四川,拥有四川崇州生产基地、四川眉山生产基地、陕西咸阳生产基地、江西九江生产基地、山东(筹建中)五大生产基地,是一家集科研生产、销售施工、技术服务于一体的系统化防水服务商,是国家重点高新技术企业、国家"守合同重信用"企业、中国建筑防水协会副会长单位。

集团下辖四川蜀羊防水科技股份有限公司、四川省蜀羊防水工程有限公司、陕西蜀羊防水材料有限公司、陕西蜀羊防水工程有限公司、江西蜀羊防水材料有限公司、上海蜀羊防水材料科技有限公司六个全资子公司,西南、西北、华东、华中、华南、华北六大运营中心,是中国防水行业竞争力十强企业。

集团具备防水防腐保温工程施工一级资质,多项工程项目荣获建筑防水领域最高奖项"金禹奖"。主营产品包括"沥青卷材、自粘卷材、高分子卷材、防水涂料、高铁及道桥专用、固得邦家装"等系列,涵盖民用房屋建筑、基础设施建筑、工业建筑、商用建筑等建设领域,致力于为客户提供最完善的防水系统解决方案。产品被国家住建部连续9年评为"防水专项科技成果推广产品",并通过中国环境标志"十环认证"、CRCC铁路产品认证、CCPC交通产品认证。

集团技术研发实力雄厚,与中国建筑材料科学研究总院苏州防水研究院、四川大学等国内多家知名院校签署了产、学、研合作协议,拥有发明及实用新型专利60余项,参与了多项防水材料国家标准的编制工作,技术中心实验室于2014年被评定为全国防水行业标准化实验室。

集团是中国建筑防水行业信用评价AAA级信用企业、全国建筑业AAA级信用企业、四川省省级企业技术中心,先后获得"中国防水行业知名品牌""建筑防水行业质量奖""中国房地产开发企业500强首选供应商""中国房地产全行业支柱供应商""中国建材企业500强""四川名牌""四川省绿色建材标识产品"等多项荣誉。

作为中国防水行业竞争力十强企业,蜀羊防水秉承"专业为基、诚信为本、服务至上、价值致远"的企业理念,先后与万达、恒大、绿地、中海、保利、蓝光、华西希望、富力、荣盛、银泰、碧桂园、美的、步步高、中国中核、中国中铁、中国铁建、中国电建、中国华西、中国交通建设等100余家大型房地产商、市政建设单位、企业集团建立战略合作伙伴关系,品牌信誉深受客户信赖。

集团在发展的同时，亦不忘社会责任，一直积极投身公益事业，捐资捐物用于兴教助学、帮贫扶困、救灾助残等爱心行动，切实为建设美好社会贡献力量。

匠心做防水，务实做企业，有所执，才能极致！蜀羊防水始终执着于“为人类提供绿色、生态、环保的系统化防水服务”，以高品质产品、创新型技术、系统化服务、广泛共赢的合作模式，践行工匠精神、缔造精品工程，铸造“务实的系统化防水服务商”！

● **山东鑫达鲁鑫防水材料有限公司**

法人代表：孙美峰

总经理：季静静

地址：山东省潍坊市潍城区经济开发区豪德市场北大门福润得大厦11楼

邮编：261056

电话：0536-2103032

传真：0536-8171999

网址：www.xdlx.cn

邮箱：luxin@xdlx.cn

主要产品：

鲁鑫公司产品涵盖当前防水行业的全部前沿产品，包含建筑防水卷材、防水涂料、防腐涂料等，共计7大系列、100多个品种，基本实现品种全覆盖，功能全满足。其中鲁鑫牌高分子产品属国内领先进水平，引领中国高分子产品20年，品牌综合实力居行业内前十。公司拥有多条国际领先的高分子防水卷材（片材）、改性沥青防水卷材、防水涂料、排水保护板、防腐涂料等生产线。形成了年产防水卷材5 000万m^2，防水涂料10万t，高分子材料3 000万m^2的生产能力。产品应用涉及铁路、道桥、市政、民建、工业、军工等所有防水、防腐工程领域。

企业业绩：

产品使用于国家重点项目工程：水立方、鸟巢、北京奥运国家体育馆、国家核电、北京首都机场、南京博物馆、宁波大剧院、胜利油田。

产品使用于轨道交通：北京地铁、重庆地铁、哈尔滨地铁、徐州地铁、石家庄地铁、天津地铁、苏州地铁、长沙地铁、郑州地铁、广州地铁、深圳地铁、西安地铁、昆明地铁、厦门地铁、青岛地铁、杭州地铁、宁波地铁、长春地铁、济南地铁、成都地铁等近二十条地铁线。

企业集团合作：一汽大众、广汽菲亚特、娃哈哈集团、富士康科技集团、马钢集团、东风日产博世、日立显示器（苏州）、轻骑摩托、潍柴动力、纳爱斯集团、山鹰纸业等。

● **上海豫宏（金湖）防水科技有限公司**

法人代表：石全民

总经理：石九龙

地址：江苏省淮安市金湖县富强路8号

邮编：201508

电话：021-65275555

传真：021-65275555

网址：www.yuhong.cc

邮箱：sjl@yuhong.cc

主要产品：

主要产品有：(1)耐根穿刺类防水卷材：包括SBS耐根穿刺卷材、EPDM三元乙丙耐根穿刺卷材、PVC聚氯乙烯耐根穿刺卷材，HDPE高密度聚乙烯耐根穿刺卷材，均已通过了北京市园林科学研究院耐根穿刺检测。(2)其他类防水卷材:包括改性沥青卷材、三元乙丙橡胶防水卷材、反应粘湿铺卷材、高分子自粘胶膜卷材、PVC卷材、TPO卷材等。(3)防水涂料:包括聚氨酯涂料、JS涂料、非固化涂料、水泥基渗透结晶防水涂料、道桥用改性沥青防水涂料、喷涂速凝橡胶涂料。

企业业绩:

上海豫宏(金湖)防水科技有限公司是上海豫宏建材集团有限公司全资子公司,豫宏集团是一家集防水材料研发、生产、销售、施工及服务于一体的专业防水系统服务商。

豫宏集团现有上海、苏州、淮安、南阳四个防水材料生产基地、同时具备一级防水防腐保温施工资质。配备先进的改性沥青防水卷材、三元乙丙橡胶防水卷材、高分子防水卷材、防水涂料及沥青瓦生产线,公司与中国建材科研总院苏州防水研究院合作成立了研发应用中心,拥有极具竞争力的全品类防水材料生产实力。

公司先后荣获了AAA级企业信用等级证书、中国环境标志产品认证,标准化实验室、上海市建筑防水行业十大品牌等证书,主编了建筑防水系统构造图集(三十五)、浙江省标准图集、上海市推荐图集,中国建筑防水堵漏修缮定额标准、建筑防水技术系列丛书等。参与起草了多个国家标准、行业标准及团体标准。

产品应用于金砖国家新开发银行总部、浦东国际机场、虹桥国际机场、上海世茂深坑酒店、国家会展中心、上海白玉兰广场、杭州之门、阿里巴巴总部园区、中国商飞总部基地、宝钢总部基地、上海迪士尼乐园、上海世博轴、上海特斯拉超级工厂、南京南站、上海地铁、郑州地铁、洛阳地铁、郑州龙湖金融中心、西安地下综合管廊等重点工程。

● **北京圣洁防水材料有限公司**

法人代表:杜昕

总经理:孙锐

地址:北京市海淀区苏家坨镇柳林村东7号

邮编:100194

电话:010-62442964

传真:010-62443568

网址:www.bj-shengjie.com

邮箱:aishui_yu@126.com

主要产品:

GFZ点牌高分子增强复合防水卷材、GFZ点牌耐根穿刺增强复合防水卷材、GFZ高分子预铺反粘防水卷材、GFZ高分子自粘防水卷材(反应粘)、GFZ高分子自粘胶膜防水卷材、点牌聚合物水泥防水涂料C型、点牌复合防水涂料(JS)、点牌聚氨酯防水涂料、点牌水泥基渗透结晶防水涂料、点牌聚合物防水粘结料A型、点牌非固化橡胶沥青防水涂料(粘结料)。

企业业绩:

北京圣洁防水材料有限公司是一家集产品研发、生产、销售、施工于一体的综合性大型防水公司,拥有建筑防水工程专业承包一级资质,可承担国家大、中型等各种类型的建筑防水施工工程。

北京圣洁公司通过逐年的强化管理、提升素质、打造过硬的防水质量,顺利通过了ISO 9001国际质量体系认证、ISO 14001环境管理认证以及OHSAS18001职业健康安全管理体系认证。聚乙烯丙纶复合防水卷材及其产品成为北京奥运会"2008"工程建设指挥部推荐选用的名优产品。北京圣洁公司被中国防水协会誉为"全国建材系统质量、服务、信誉AAA企业"。2006年建设部第38号文件把圣洁公司聚乙烯丙纶复合防水卷材纳入《节能省地型建筑推广技术目录》产品,成为建设部确定的"科技成果推荐产品"向全国推广。

正是因为聚乙烯丙纶复合防水卷材取得了优异的防水效果,所以北京圣洁防水材料有限公司获得了参加编制国家防水领域60多个标准的资格。中国防水协会授予北京圣洁公司"全国防水行业科技创新奖"和"质量信得过知名品牌产品奖",并进入北京建材行业协会评定的"十强"企业、中国防水协会评定的全国防水"20强"企业。2009年圣洁公司的聚乙烯丙纶复合防水卷材在全国防水行业中第一批通过了北京市园林科学研究所2年的种植实物检测,成为全国同类产品第一家取得了2年种植实物检验报告的企业。实践证明本产品不但有耐根穿刺性能,并且对种植物生长有帮助、无危害。

本公司先后承接了奥林匹克公园、奥运村、丰台垒球场等众多奥运防水工程;承接了北京地铁5号线、6号线、8号线、10号线、15号线、16号线、八通线、亦庄线,深圳地铁7号线、深圳地铁9号线、合肥地铁1号线、大连地铁线、天津地铁1号线等地铁防水工程;承接了北京城市副中心、世界园艺博览会、新机场线等众多地下综合管廊工程。累计完成防水施工面积达15 000多万 m^2,众多防水工程得到了开发商、建设方的一致好评,为北京及全国的经济建设和社会发展做出了重要贡献。

● **河北四正北方新型材料科技有限公司**

法人代表:许天罡

董事长:刘焕弟

地址:河北省保定市顺平北工业园区,蒲上镇东南蒲村村东、保阜路北侧

邮编:072250

电话:0312-2177674

传真:0312-2177674

网址:www.beifangfangshui.com

邮箱:beifangfangshui@sina.com

主要产品:

用于种植屋面的耐根穿刺防水卷材、弹性体改性沥青防水卷材、塑性体改性沥青防水卷材、自粘防水卷材系列、高分子防水材料系列、防水涂料系列等。

企业业绩:

河北四正北方新型材料科技有限公司前身为保定市北方防水工程公司,始建于1993年,专注防水行业25年,是国内资深的防水材料生产、施工、销售一体化公司,是河北省防水行业的领军企业。

北方防水资金雄厚,拥有先进的生产设备和强大的研发能力。公司创立初期,董事长刘焕弟女士高瞻远瞩,以敏锐的战略眼光耗资千万引进了由国家建研院设计,核工业部加工的国内第一条先进的卷材生产线,其资金投入量是当时国内同类企业的数十倍。为了适应市场发展需要,创造更大的企业优势,公司于2013年在顺平经济开发区北园区内投入过亿资金建设了占地85 000 m^2 的研发生产基地,正式成立河北四正北方新型材料科技有限公司。如今公司已成功完成了从单一生产防水卷材的专业企业,向集科研、生产、销售、施工、服务为一体的综合性企业的飞跃。

前沿的生产技术成就了公司强劲的生产能力和优质的产品质量。目前公司卷材类产品年生产量为3500万 m^2,各种类型防水涂料年产10万t。此外,公司已通过ISO 9001国际质量管理体系、ISO 14001国际环境管理体系以及50430质量管理体系三标认证,对生产过程中影响产品质量和环境的各项因素严格控制。企业正在发展为全国大型基建工程和重点建筑项目的主要供应商,并延伸向全国市场提供各种防水材料和服务。

国家级施工资质,精良的施工应用技术,可追溯的质量监管体系和专业的施工队伍,是企业20多年来领跑防水行业的重要保证。公司可根据防水设计要求及现场情况量身打造系统防水方案,提供优化设计方案,彻底解决渗漏问题。近年来承揽了多项国家、省、市重点工程,并获得了合作方的一致认可,与各方建立了长期的合作关系。主要工程有北京首都机场、张家口卷烟厂、涞源滨湖新工、河北华中地产、石家庄正定管廊、阜平管廊等。

多年的精耕细作为企业树立了良好的品牌形象,赢得了良好的市场信誉,先后获得河北省著名品

牌、河北省名牌产品、河北建材五十强企业、消费者信得过产品、河北省优质产品、河北防水标杆企业、河北防水施工企业十强、安全生产标准化体系等诸多奖项荣誉。

● 雨中情防水技术集团有限责任公司

法人代表：耿进玉
总经理：耿进玉
地址：陕西省西安市高陵区泾河工业园泾渭十路
邮编：710200
电话：029-33736583
传真：029-33736576
网址：www. yuzq. com
邮箱：hhy@yuzq. com

主要产品：

改性沥青防水卷材、合成高分子防水卷材、防水涂料和高铁专用防水材料。

企业业绩：

凭借过硬的产品质量，“雨水情”牌防水材料先后荣获“国家免检”“陕西名牌”“甘肃名牌”“陕西省著名商标”等荣誉称号。系列产品更在西部地区连续多年产销第一。集团也连续多年被西安市政府和中国建筑防水协会授予“守合同重信用企业”和“企业信用等级 AAA 证书”。

雨中情防水产品及解决方案广泛应用于国家重点工程、市政工程、高速铁路、机场、地铁、住宅、商业地产及特种工程等领域，先后与绿地地产、恒大地产、万达地产、中海地产等知名房企以及三星电子、惠普等国际名企达成战略合作，并成为其优质供应商。

● 湖州红星建筑防水有限公司

法人代表：周松青
总经理：朱培良
地址：浙江省湖州市南浔镇车站北李家河
邮编：313009
电话：0572-3060010
传真：0572-3061010
网址：www. hongxing-zhejiang. com
邮箱：hongxing@hongxing-zhejiang. com

主要产品：

本公司生产的防水材料序列产品有：改性沥青防水卷材（SBS、APP）；种植屋面用耐根穿刺防水卷材；自粘聚合物改性沥青防水卷材；湿铺防水卷材；预铺防水卷材；聚氯乙烯（PVC）防水卷材；三元乙丙橡胶防水卷材；聚氨酯防水涂料，聚合物水泥防水涂料，水泥基渗透结晶型防水涂料、非固化橡胶沥青防水涂料等产品。

企业业绩：

新永固牌防水材料在 2012 年、2013 年被浙江省建材工业协会、浙江省建材产品质量管理中心评为“浙江省工程建设优质产品”“浙江省绿色环保优质建材产品”；2014 年开始连续被上海市化学建材行业协会评为“上海市防水行业三星级企业”；2016 年被中国建筑防水协会、国家建筑防水材料产品质量监督检验测试中心授予“比对验证合格实验室”；2016 年开始一直被浙江众诚资信评估有限公司授予诚信信用等级 AAA 级企业；2017 年被上海市化学建材行业协会评为“建筑防水材料推荐产品”；2018 年被中国高科技产业化研究会评为“全国监督检查产品质量合格企业”，2018 年又被浙江省科学技术厅授予

"浙江省科技型中小企业证书"。

公司是中国建筑防水协会常务理事单位、浙江省建筑防水协会副会长单位，生产管理在 ISO 9001 和 ISO 14001 体系下运行，并导入 5S 卓越绩效管理模式，防水卷材产品在历年的国家抽检中均符合国家标准的要求。

● **南通沪望塑料科技发展有限公司**

法人代表：许小华

总经理：许小华

地址：江苏省南通市通州区刘桥镇新联工业园富新路 18 号

邮编：313009

电话：0513-86849999

传真：0513-86848122

邮箱：shhuwa@huwa.com

主要产品：

pds 防护虹吸排水收集系统："pds"系统能够将种植顶板的渗入水有组织地通过高分子防护排（蓄）水异型片及虹吸排水槽排至集水井，并对集水井内的收集水进行循环再利用。该系统种植顶板能进行零坡度有组织排水，又可作为柔性保护层，替代传统的混凝土保护层、找坡层、隔离层、阻根防水层，代替传统排水过滤层，大大降低工程造价。

pds 防护虹吸排水收集系统经专家专项讨论，被列入 15CJ62-1 塑料防护排水板构造参考图集，并被住建部列为国家海绵城市建设重点推广并列第一名。该系统符合绿色建筑设计要求，实现海绵城市建设要求的"渗、滞、蓄、净、用、排"的六字方针。

企业业绩：

沪望科技是是 2008 年北京奥运会、2010 年上海世博会优质服务商，拥有 30 多项国家专利，并荣获"江苏省著名商标"、"上海建筑绿化行业信得过产品"等荣誉称号。

沪望科技参与国家体育场（鸟巢）、中央电视台、上海东方明珠电视塔、上海世博会中国馆、上海中心大厦、上海环球金融中心、上海浦东国际机场、上海虹桥国际机场、西藏林芝机场、成都双流国际机场、南京高铁站、苏州高铁站、西安高铁站、辽宁大伙房水库输水隧道、青岛胶州湾隧道等众多大型重点工程建设。产品远销欧美、俄罗斯以及东南亚等几十个国家和地区。